MySQL数据库

原理、设计与应用 第2版

黑马程序员 编著

U0253202

清华大学出版社
北京

内 容 简 介

本书是面向 MySQL 数据库初学者的入门教材,以通俗易懂的语言、丰富实用的案例,详细讲解 MySQL 数据库技术。

全书共 12 章。第 1 章讲解数据库的基本概念和 MySQL 的安装方法;第 2 章讲解 MySQL 的基本操作;第 3、4 章讲解数据表和数据库的设计;第 5、6 章讲解单表操作和多表操作;第 7～9 章讲解用户与权限、视图和事务;第 10、11 章讲解数据库编程和数据库优化;第 12 章讲解 Linux 环境下数据库的配置和部署。

本书附有配套资源,包括教学 PPT、教学大纲、教学设计、源代码、作业系统等。为了帮助读者更好地学习本书中的内容,黑马程序员还提供了在线答疑服务。

本书可作为高等院校计算机相关专业数据库基础课程的教材,也可作为广大 IT 技术人员和编程爱好者的读物。

图书在版编目(CIP)数据

MySQL 数据库原理、设计与应用/黑马程序员编著. —2 版. —北京:清华大学出版社,2023.4 (2024.4重印)

ISBN 978-7-302-63057-9

Ⅰ.①M⋯ Ⅱ.①黑⋯ Ⅲ.①SQL 语言—数据库管理系统 Ⅳ.①TP311.132.3

中国国家版本馆 CIP 数据核字(2023)第 045078 号

责任编辑:袁勤勇 杨 枫
封面设计:常雪影
责任校对:焦丽丽
责任印制:杨 艳

出版发行:清华大学出版社
    网 址:https://www.tup.com.cn,https://www.wqxuetang.com
    地 址:北京清华大学学研大厦 A 座   邮 编:100084
    社 总 机:010-83470000   邮 购:010-62786544
    投稿与读者服务:010-62776969,c-service@tup.tsinghua.edu.cn
    质量反馈:010-62772015,zhiliang@tup.tsinghua.edu.cn
    课件下载:https://www.tup.com.cn,010-83470236
印 装 者:三河市君旺印务有限公司
经 销:全国新华书店
开 本:185mm×260mm 印 张:20 字 数:490 千字
版 次:2019 年 4 月第 1 版 2023 年 5 月第 2 版 印 次:2024 年 4 月第 6 次印刷
定 价:59.00 元

产品编号:099630-01

序 言

本书的创作公司——江苏传智播客教育科技股份有限公司(简称"传智教育")作为我国第一个实现 A 股 IPO 上市的教育企业,是一家培养高精尖数字化专业人才的公司,主要培养人工智能、大数据、智能制造、软件开发、区块链、数据分析、网络营销、新媒体等领域的人才。传智教育自成立以来贯彻国家科技发展战略,讲授的内容涵盖了各种前沿技术,已向我国高科技企业输送数十万名技术人员,为企业数字化转型、升级提供了强有力的人才支撑。

传智教育的教师团队由一批来自互联网企业或研究机构,且拥有 10 年以上开发经验的 IT 从业人员组成,他们负责研究、开发教学模式和课程内容。传智教育具有完善的课程研发体系,一直走在整个行业的前列,在行业内树立了良好的口碑。传智教育在教育领域有 2 个子品牌:黑马程序员和院校邦。

一、黑马程序员—高端 IT 教育品牌

黑马程序员的学员多为大学毕业后想从事 IT 行业,但各方面的条件还达不到岗位要求的年轻人。黑马程序员的学员筛选制度非常严格,包括严格的技术测试、自学能力测试、性格测试、压力测试、品德测试等。严格的筛选制度确保了学员质量,可在一定程度上降低企业的用人风险。

自黑马程序员成立以来,教学研发团队一直致力于打造精品课程资源,不断在产、学、研 3 个层面创新自己的执教理念与教学方针,并集中黑马程序员的优势力量,有针对性地出版了计算机系列教材百余种,制作教学视频数百套,发表各类技术文章数千篇。

二、院校邦—院校服务品牌

院校邦以"协万千院校育人、助天下英才圆梦"为核心理念,立足于中国职业教育改革,为高校提供健全的校企合作解决方案,通过原创教材、高校教辅平台、师资培训、院校公开课、实习实训、协同育人、专业共建、"传智杯"大赛等,形成了系统的高校合作模式。院校邦旨在帮助高校深化教学改革,实现高校人才培养与企业发展的合作共赢。

(一)为学生提供的配套服务

1. 请同学们登录"传智高校学习平台",免费获取海量学习资源。该平台可以帮助同学们解决各类学习问题。

2. 针对学习过程中存在的压力过大等问题,院校邦为同学们量身打造了 IT 学习小助

手——邦小苑,可为同学们提供教材配套学习资源。同学们快来关注"邦小苑"微信公众号。

（二）为教师提供的配套服务

1. 院校邦为其所有教材精心设计了"教案＋授课资源＋考试系统＋题库＋教学辅助案例"的系列教学资源。教师可登录"传智高校教辅平台"免费使用。

2. 针对教学过程中存在的授课压力过大等问题,教师可添加"码大牛"QQ(2770814393),或者添加"码大牛"微信(18910502673),获取最新的教学辅助资源。

前　言

本书在编写的过程中，结合党的二十大精神进教材、进课堂、进头脑的要求，将知识教育与思想政治教育相结合，通过案例加深学生对知识的认识与理解，注重培养学生的创新精神、实践能力和社会责任感。在知识点讲解时将理论知识应用到教学实践中，以动手实践的方式加深学生对知识点的认识与理解。案例设计从现实生活出发，有效激发学生的学习兴趣和动手能力，充分发挥学生的主动性和积极性，增强学习信心和学习欲望。在知识讲解中加入了素质教育的相关内容，引导学生树立正确的世界观、人生观和价值观，进一步提升学生的职业素养，落实德才兼备的高素质卓越工程师和高技能人才的培养要求。此外，编者依据书中的内容提供了线上学习资源，体现现代信息技术与教育教学的深度融合，进一步推动教育数字化发展。

MySQL 是一个关系数据库管理系统，它是目前世界上流行的数据库产品之一，具有开源、免费、跨平台等特点，被广泛应用。目前，从各大招聘网站发布的招聘信息来看，软件开发和运维等岗位基本上都要求开发人员至少掌握一种数据库的使用，MySQL 是其中常见的数据库之一。掌握数据库技术已经被视为从事软件开发人才必备的基础能力之一。

为什么要学习本书

本书面向想要从事与计算机相关工作，但是还没有数据库基础或基础比较薄弱的读者。本书针对 MySQL 技术进行了深入分析，内容涵盖数据库的概念和原理、数据库基本操作、数据库设计、数据库编程、数据库优化及数据库配置和部署，使读者可以学以致用，具备解决实际问题的能力。

本书根据知识的难易程度，采用先易后难的方式安排章节顺序。在知识讲解时，从基本语法、注意事项、案例演示等多个角度进行详细讲解，以环环相扣的推进方式阐述每个概念的作用及相互之间的联系，帮助读者提高对 MySQL 数据库的整体认识，通过动手实践对所学知识进行练习，巩固所学内容。

如何使用本书

本书共分为 12 章，各章内容简要介绍如下。

第 1 章主要讲解 MySQL 数据库入门，内容包括数据库相关的基本概念，关系数据库的基本理论，以及 MySQL 的安装与配置。通过学习本章内容，读者可以对数据库的理论体系有整体的认识，并能够搭建 MySQL 开发环境。

第 2 章主要讲解 MySQL 的基本操作，内容包括数据库和数据表的创建、查看、修改和删除，以及数据的基本操作。本章内容是所有想要使用 MySQL 的初学者必须掌握的内容。

第 3、4 章主要讲解数据表和数据库的设计,主要内容有数据类型、表的约束、自动增长、字符集、校对集,以及数据库设计范式、数据库建模工具。通过学习这两章内容,读者可以根据实际需求设计一个合理、规范和高效的数据库。

第 5、6 章分别讲解单表操作和多表操作,主要内容有排序、限量、分组、聚合函数、运算符、联合查询、连接查询、子查询及外键约束。这两章内容是所有想要从事与数据库开发相关工作的人员必须掌握的内容。

第 7~9 章主要讲解用户、权限、视图和事务的基本概念和相关操作。通过学习这 3 章内容,读者可以运用相关知识管理 MySQL 中的用户,为用户分配合理的权限,为数据表创建视图,以及利用事务保证数据库操作的原子性、一致性、隔离性和持久性。

第 10 章主要讲解数据库编程,内容包括函数、存储过程、变量、流程控制、游标、触发器、事件和预处理 SQL 语句。通过学习本章内容,读者可以将编程思想与数据库相结合,编写符合实际需求的程序。

第 11 章主要讲解数据库优化,内容包括存储引擎、索引、锁机制、分表技术、分区技术、整理数据碎片及分析 SQL 的执行情况。通过学习本章内容,读者可以具备优化和提升 MySQL 性能的技能。

第 12 章主要讲解数据库配置和部署,在 Linux 系统中完成 MySQL 的安装、配置、数据备份、数据还原,以及多实例部署和主从复制。通过学习本章内容,读者可以具备 MySQL 运维的基础知识,能够通过主从复制提高数据库的负载能力。

在学习过程中,读者一定要亲自动手实践本书中的案例。学习完一个知识点后,要及时练习测试,以巩固学习内容。读者可以扫描封底的"作业系统二维码"登录作业系统,进行练习测试。

另外,如果读者在理解知识点的过程中遇到困难,建议不要纠结于某个地方,可以先往后学习。通常来讲,通过逐步学习,前面不懂和疑惑的知识一般也就能够理解了。在学习的过程中,读者一定要多动手实践,如果在实践的过程中遇到问题,建议多思考,厘清思路,认真分析问题发生的原因,并在问题解决后总结经验。

致谢

本书的编写和整理工作由江苏传智播客教育科技股份有限公司完成,主要参与人员有高美云、韩冬、张瑞丹、王颖等。团队成员在本书的编写过程中付出了辛勤的汗水,在此一并表示衷心的感谢。

意见反馈

尽管编写团队付出了最大的努力,但书中难免会有疏漏之处,欢迎读者朋友提出宝贵意见,我们将不胜感激。在阅读本书时,如发现任何问题或有疑惑之处,可以通过发送电子邮件至 itcast_book@vip.sina.com 与我们及时联系探讨。再次感谢广大读者对我们的深切厚爱与大力支持。

黑马程序员

2023 年 3 月于北京

目 录

第 1 章

MySQL数据库入门

学习目标：

- 了解数据库的概念,能够说出数据库、数据库管理系统和数据库系统的含义。
- 了解数据库管理技术的发展,能够说出数据库管理技术不同阶段的特点。
- 了解数据模型的概念和分类,能够说出数据模型的分类和常见术语的含义。
- 掌握关系运算的使用,能够根据不同的场景选择合适的运算符进行关系运算。
- 掌握 MySQL 的获取、安装和配置,能够独立安装和配置 MySQL。
- 掌握 MySQL 服务的管理,能够启动和停止 MySQL。
- 掌握用户登录与密码设置,能够使用命令完成用户的登录和密码的设置。
- 掌握 SQLyog 图形化工具的使用,能够完成数据库和表的基本操作。

数据库技术是一种计算机辅助管理数据的方法,是计算机数据处理与信息管理系统的核心技术。数据库技术产生于 20 世纪 60 年代末,它用于数据的组织和存储,并能够高效地实现数据的查询和处理。随着数据库技术的不断发展,数据库产品越来越多,由于具有开源、免费、跨平台等特点,MySQL 成为市场上流行的数据库产品之一。本章围绕 MySQL 数据库的入门知识进行详细讲解。

1.1 初识数据库

在正式学习 MySQL 之前,本节先对数据库基础知识进行简要介绍,旨在让读者对数据库有一个初步的认识。通过本节的学习,可以为读者后面的学习打下基础。

1.1.1 数据库概述

数据库(DataBase,DB)是一个存在于计算机存储设备上的数据集合,它可以简单地理解为一种存储数据的仓库。数据库能够长期、高效地管理和存储数据,其主要目的是能够存储(写入)和提供(读取)数据。

可以把数据库看作一个电子文件柜,用户可以对文件柜中的电子文件(数据)进行增加、删除、修改、查找等操作。需要注意的是,这里所说的数据不仅包括普通意义上的数字,还包括文字、图像、声音等,也就是说,凡是在计算机中用来描述事物的记录都可以称为数据。

数据库技术是计算机领域重要的技术之一,广泛应用于互联网、银行、政府部门、企事业单位、科研机构等领域。大多数学者认为数据库就是数据库系统(DataBase System,DBS),

其实数据库系统的范围比数据库大很多。数据库系统是指在计算机系统中引入数据库后的系统,除了数据库外,还包括数据库管理系统(DataBase Management System,DBMS)、数据库应用程序等。

为了帮助读者更好地理解数据库系统,下面通过图 1-1 来具体描述。

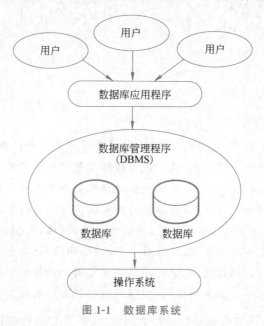

图 1-1　数据库系统

图 1-1 描述了数据库系统的几个重要部分,如数据库、数据库管理系统、数据库应用程序,具体解释如下。

(1)数据库。数据库提供了一个存储空间用来存储各种数据。

(2)数据库管理系统。对数据库的建立、维护、运行进行管理,还可以对数据库中的数据进行定义、组织和存取。通过数据库管理系统可以科学地组织、存储、维护和获取数据,常见的数据库管理系统包括 MySQL、Oracle、SQL Server、MongoDB 等。

(3)数据库应用程序。虽然已经有了数据库管理系统,但在很多情况下,数据库管理系统无法满足用户对数据库的管理。此时,就需要使用数据库应用程序与数据库管理系统进行通信、访问和管理 DBMS 中存储的数据。

1.1.2　数据管理技术的发展

任何技术都不是凭空产生的,而是有着对应的发展需求,数据库技术是应数据管理任务的需要而产生的。数据管理是指对数据进行分类、编码、存储、检索和维护,是数据处理的核心。

数据管理技术发展至今,主要经历了 3 个阶段,分别是人工管理阶段、文件系统阶段和数据库系统阶段。关于这 3 个阶段的介绍具体如下。

1. 人工管理阶段

在 20 世纪 50 年代中期以前,计算机主要用于科学计算,硬件方面没有磁盘等直接存取设备,只有磁带、卡片和纸带;软件方面没有操作系统和管理数据的软件;数据的输入、存取等,需要人工操作。人工管理阶段处理数据非常麻烦和低效,该阶段的数据管理技术具有如下 4 个特点。

(1) 数据不能在计算机中长期保存。

(2) 数据需要由应用程序自己进行管理。

(3) 数据是面向应用程序的,不同应用程序之间无法共享数据。

(4) 数据不具有独立性,完全依赖于应用程序。

2. 文件系统阶段

在 20 世纪 50 年代后期到 60 年代中期,硬件方面,有了磁盘等直接存取设备;软件方面,出现了操作系统,并且操作系统提供了专门的数据管理软件,称为文件系统;数据处理上,能够联机实时处理。数据以文件为单位保存在外存储器上,由操作系统管理。文件系统阶段的程序和数据分离,实现了以文件为单位的数据共享。

在文件系统阶段,数据管理技术具有如下两个特点。

(1) 数据能够在计算机的外存设备上长期保存,可以对数据反复进行插入、查询、修改和删除等操作。

(2) 通过文件系统管理数据,文件系统提供了文件管理功能和存取方法。虽然在一定程度上实现了数据独立和共享,但数据的独立与共享能力都非常薄弱。

3. 数据库系统阶段

从 20 世纪 60 年代后期开始,计算机的应用范围越来越广泛,管理的数据量越来越多,同时对多种应用程序之间数据共享的需求越来越强烈,文件系统的管理方式已经无法满足需求。为了提高数据管理的效率,解决多用户、多应用程序共享数据的需求,数据库技术应运而生,由此进入了数据库系统阶段。

在数据库系统阶段,数据管理技术具有如下 4 个特点。

(1) 数据结构化。数据库系统实现了整体数据的结构化,这里所说的整体结构化,是指在数据库中的数据不再仅仅针对某一个应用程序,而是面向整个系统。

(2) 数据的共享性高、冗余度低。数据面向整个系统,因此数据可以被多个用户、多个应用程序共享使用。数据共享可以大幅度地减少数据冗余,节约存储空间,避免数据之间的不相容性与不一致性。

例如,企业为所有员工统一配置即时通信和电子邮箱软件,若两个应用程序的用户数据(如员工姓名、所属部门、职位等)无法共享,就会出现如下问题。

① 两个应用程序各自保存自己的数据,数据结构不一致,无法互相读取。软件的使用者需要向两个应用程序分别录入数据。

② 相同的数据保存两份,会造成数据冗余,浪费存储空间。

③ 若修改其中一份数据,忘记修改另一份数据,就会造成数据的不一致。

使用数据库系统后,数据只需保存一份,其他软件都通过数据库系统存取数据,就实现了数据的共享,解决了前面提到的问题。

(3) 数据独立性高。数据的独立性包含逻辑独立性和物理独立性。其中,逻辑独立性是指数据库中数据的逻辑结构和应用程序相互独立;物理独立性是指数据物理结构的变化不影响数据的逻辑结构。数据独立性是由数据库管理系统提供的三级模式和二级映像保证的,数据的独立性原理会在三级模式和二级映像中详细讲解。

(4) 统一管理与控制。数据的统一管理与控制主要包括数据的安全性保护、完整性检查和并发控制。简单来说就是防止数据丢失,确保数据正确有效,并且在同一时间内,允许用户对数据进行多路存取,防止用户之间的异常交互。

例如,春节期间网上订火车票时,由于出行人数多、时间集中和抢票的问题,火车票数据在短时间内会发生巨大的变化,数据库系统要对数据统一控制,保证数据不能出现问题。

1.1.3 数据库系统的结构

为了规范用户对数据库的使用,美国国家标准学会(American National Standards Institute,ANSI)的数据库管理系统研究小组于 1978 年提出了 ANSI-SPARC 体系结构,即三级模式结构(或称为三层体系结构)。ANSI-SPARC 最终没有成为正式标准,但它仍然是理解数据库管理系统的基础。

数据库系统的三级模式结构是指数据库管理系统从 3 个层次来管理数据,分别是外部层(external level)、概念层(conceptual level)和内部层(internal level)。这 3 个层次分别对应 3 种不同的模式,分别是外模式(external schema)、概念模式(conceptual schema)和内模式(internal schema)。在外模式与概念模式之间,以及概念模式与内模式之间,还存在映像,即二级映像,二级映像是一种规则,它规定了外部层、概念层和内部层如何在系统内部进行联系和转换。通过二级映像,保证了数据库系统中数据的逻辑独立性和物理独立性。数据库系统的三级模式和二级映像结构,具体如图 1-2 所示。

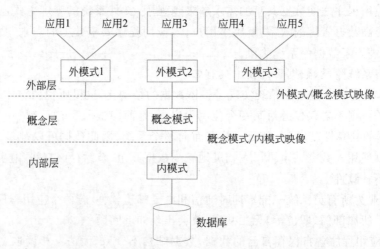

图 1-2　数据库系统的三级模式和二级映像结构

下面针对图 1-2 中外模式、概念模式、内模式、外模式/概念模式映像和概念模式/内模式映像进行具体解释。

(1) 外模式。外模式面向应用程序,用于描述应用程序中局部数据的逻辑结构和特征,并以视图的方式呈现给用户。一个应用只能对应一个外模式,一个外模式可以对应多个应用。

（2）概念模式。概念模式面向数据库设计人员，描述数据的整体逻辑结构，概念模式又称为模式或逻辑模式。

（3）内模式。内模式面向物理上的数据库，描述数据在磁盘中如何存储。内模式又称为物理模式或存储模式，一个数据库只有一个内模式。

（4）外模式/概念模式映像。外模式/概念模式映像用于定义外模式与概念模式之间的对应关系。每个外模式对应一个映像，映像定义包含在呈现给用户的视图中。如果改变了某个字段的类型、属性等，只需要对外模式/概念模式映像做出相应的改变，使外模式尽量保持不变，而应用程序是依据外模式编写的，从而应用程序也不用修改，保证了数据的逻辑独立性。

（5）概念模式/内模式映像。概念模式/内模式映像用于定义数据全局逻辑结构与存储结构的对应关系。数据库只有一个模式，也只有一个内模式，所以概念模式/内模式映像是唯一的。如果改变了数据库的存储结构，只需要对概念模式/内模式映像做出相应的改变，使概念模式尽量保持不变，从而不用修改应用程序，保证了数据的物理独立性。

📖多学一招：通过 Excel 电子表格理解三级模式和二级映像

由于三级模式比较抽象，为了更好地理解，下面将计算机中常用的 Excel 电子表格类比成数据库，并假设有一个商城使用电子表格来保存商品信息，对概念模式、内模式、外模式、外模式/概念模式映像和概念模式/内模式映像的具体描述如下。

（1）概念模式。概念模式类似 Excel 电子表格的列标题，它描述了商品表中包含的信息。商品信息表格如图 1-3 所示。

编号	商品名称	商品分类	商品价格	库存	销量

图 1-3　商品信息表格

在图 1-3 中，表格的横向称为行，纵向称为列，第一行为列标题，用来描述该列的数据表示什么含义。在数据库中，概念模式描述的信息还有很多，如多张表之间的联系、表中每一列的数据类型和长度等，这些内容会在后面的章节中讲到。

（2）内模式。将 Excel 电子表格另存为文件时，可以选择保存的文件路径和保存类型（如 XLS、XLSX 格式）等，这些与存储相关的描述信息相当于内模式。在数据库中，内模式描述数据的物理结构和存储方式，例如记录的存储方式是堆存储还是按照某个或某些属性值的升序或降序存储；索引按照什么方式组织，是 B＋树索引还是哈希索引；数据是否压缩存储，是否加密等。

（3）外模式。在打开一个 Excel 电子表格后，默认会显示表格中所有的数据，这个表格称为基本表。在将数据提供给其他用户时，考虑权限、安全控制等因素，只允许用户看到一部分数据，或不同用户看到不同的数据。外模式中对数据的描述是以视图的方式呈现给用户的，视图与基本表的关系如图 1-4 所示。

在图 1-4 中，基本表中的数据是实际存储的数据，而视图中的数据是通过查询基本表或计算得出来的。由此可见，外模式不仅可以为不同用户的需求创建不同的视图，且由于不同

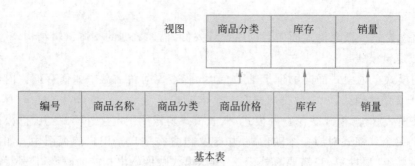

图 1-4　视图与基本表的关系

用户的需求不同,数据的显示方式也会多种多样。

(4) 外模式/概念模式映像。假如将图 1-4 中基本表的"库存"和"销量"拆分到另一张表中,此时概念模式就发生了更改,但由于数据库存在外模式/概念模式映像,可以继续为用户提供原有的视图,如图 1-5 所示。

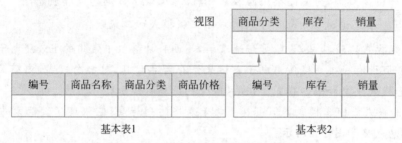

图 1-5　继续为用户提供原有的视图

(5) 概念模式/内模式映像。在 Excel 中将 XLS 文件另存为 XLSX 文件后,虽然更换了文件格式,但是打开文件后显示的表格内容一般不会发生改变。在数据库中,更换更先进的存储结构或创建索引以加快查询速度,内模式会发生改变。由于数据库具有概念模式/内模式映像,所以不会影响到原有的概念模式。

1.2　数据模型

1.2.1　数据模型概述

数据库技术是计算机领域中发展快速的技术之一,而数据模型是推动数据库技术发展的一条主线。数据模型中的"模型"一词在日常生活中并不陌生,一张地图、一架航模飞机都是具体的模型,模型是对现实世界中某个真实事物的模拟和抽象。例如,地图是一种经过简化和抽象了的空间模型,它以符号和文字描述地理环境的某些特征和内在联系,使之成为一种制图区域某一时刻(制图时刻)的模拟模型。

数据模型是现实世界数据特征的抽象,用来描述数据、组织数据和操作数据。数据模型是数据库系统的核心和基础,现有的数据库系统都是基于某种数据模型的。

数据模型按照不同的应用层次,主要分为概念数据模型(conceptual data model)、逻辑数据模型(logical data model)和物理数据模型(physical data model)。由于计算机不能直接处理现实世界中的具体事物,所以必须事先把具体的事物转换为计算机能够处理的数据。

为了把现实世界中客观存在的具体事物转换为计算机存储的数据,需要经历现实世界、信息世界和机器世界 3 个层次。下面通过图 1-6 描述客观对象转换为计算机存储数据的过程。

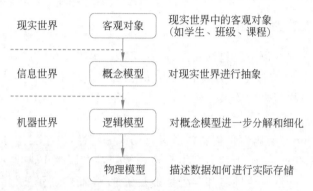

图 1-6　客观对象转换为计算机存储数据的过程

在图 1-6 中,客观对象转换为计算机存储数据的过程介绍如下。

(1)将现实世界中的客观对象抽象成信息世界的数据,形成概念数据模型。概念数据模型也称为信息模型,是现实世界到机器世界的中间层。这一过程由数据库设计人员完成。

(2)对概念数据模型进一步分解和细化,形成逻辑数据模型。逻辑数据模型是一种面向数据库系统的模型。任何一个数据库管理系统都是基于某种逻辑数据模型的,逻辑数据模型有多种,具体内容会在后面详细讲解。MySQL 数据库管理系统采用的逻辑数据模型为关系模型。这一过程由数据库设计人员或者数据库设计工具协助设计人员完成。

(3)通过物理数据模型描述数据如何进行实际存储。物理数据模型是一种面向计算机系统的模型,它是对数据最底层的抽象,描述数据在系统内部的表示方式和存取方法。例如,描述数据在磁盘上的表示方式和存取方法。这一过程主要由数据库管理系统完成。

数据模型描述的内容包括 3 部分,分别是数据结构、数据操作和数据约束,具体解释如下。

(1)数据结构。数据结构描述数据及数据之间的联系,主要研究数据本身的类型、内容、性质及数据之间的联系等。

(2)数据操作。数据操作是指对数据库中对象实例允许执行的操作的集合,主要包括查询和更新(插入、删除和修改)两大类。

(3)数据约束。数据约束是指数据与数据之间所具有的制约和存储规则,这些规则用以限定符合数据模型的数据库状态及其状态的改变,以保证数据的正确性、有效性和相容性。

了解了数据模型的概念和组成要素后,1.2.2 和 1.2.3 节将会详细讲解数据模型中的概念数据模型和逻辑数据模型的相关内容。物理数据模型主要由数据库管理系统完成,开发者需要根据实际需要编写相应的 SQL 语句,由数据库管理系统执行 SQL 语句来完成具体操作。关于 SQL 语句的编写会在后续章节中详细讲解。

1.2.2 概念数据模型

概念数据模型是现实世界到信息世界的一个中间层次,它能够全面、清晰、准确地描述信息世界。下面分别对概念数据模型中的常用术语、概念数据模型的表示方法进行介绍。

1. 概念数据模型中的常用术语

概念数据模型常用术语主要包括实体、属性、联系、实体型和实体集,具体解释如下。

(1) 实体(entity)。实体是指客观存在并可相互区别的事物。实体可以是具体的人、事、物,也可以是抽象的概念或联系。例如,学生、班级、课程、学生的一次选课、教师与学校的工作关系等都是实体。

(2) 属性(attribute)。属性是指实体所具有的某一特性,一个实体可以由若干属性来描述。例如,学生实体有学号、学生姓名和学生性别等属性。属性由两部分组成,分别是属性名和属性值。例如,学号、学生姓名和学生性别是属性名,而"1""张三""男"这些具体值是属性值。

(3) 联系(relationship)。概念数据模型中的联系是指实体与实体之间的联系,有一对一、一对多、多对多三种情况。

① 一对一(1∶1):每个学生都有一个学生证,学生和学生证之间是一对一的联系。

② 一对多(1∶n):一个班级有多个学生,班级和学生是一对多的联系。

③ 多对多(m∶n):一个学生可以选修多门课程,一门课程又可以被多个学生选修,学生和课程之间就形成了多对多的联系。

(4) 实体型(entity type)。实体型即实体类型,通过实体名及其属性名集合来抽象描述同类实体。如"学生(学号,学生姓名,学生性别)"就是一个实体型。

(5) 实体集(entity set)。实体集是指同一类型实体的集合,如全校学生就是一个实体集。

2. E-R 图

概念数据模型的表示方法有很多,其中常用的方法是实体-联系方法(entity relationship approach),该方法使用 E-R 图来描述现实世界的概念数据模型。

E-R 图也称为实体-联系图(entity relationship diagram),它是一种用图形表示的实体联系模型。在前面内容中已经介绍了 E-R 图涉及的相关术语,包括实体、属性和实体之间的联系等。E-R 图通用的表示方式如下。

- 实体:用矩形框表示,将实体名写在矩形框内。
- 属性:用椭圆框表示,将属性名写在椭圆框内。实体与属性之间用实线连接。
- 联系:用菱形框表示,将联系名写在菱形框内,用连线将相关的实体连接,并在连线旁标注联系的类型。

为了帮助读者理解实体、属性和实体之间的联系,下面使用 E-R 图描述学生与班级、学生与课程的联系,分别如图 1-7 和图 1-8 所示。

从图 1-7 和图 1-8 中可以看出,E-R 图接近于普通人的思维,即使不具备计算机专业知识,也可以理解其表示的含义。

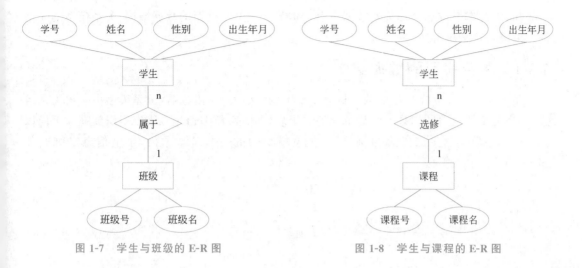

图 1-7　学生与班级的 E-R 图　　　　　　　　图 1-8　学生与课程的 E-R 图

1.2.3　逻辑数据模型

逻辑数据模型主要分为层次模型（hierarchical model）、网状模型（network model）、面向对象模型（object oriented model）和关系模型（relational model）。下面分别对这 4 种数据模型进行介绍。

（1）层次模型。层次模型是数据库系统最早出现的数据模型,层次模型用树状结构来表示数据之间的联系,它的数据结构类似一棵倒置的树,有且仅有一个根节点,其余的节点都是非根节点。层次模型中的每个节点表示一个记录类型,记录之间是一对多的联系,即一个节点可以有多个子节点。

（2）网状模型。在现实世界中事物之间的联系更多的是非层次的,使用层次模型表示非树状结构很不直接,网状模型则可以克服这一弊端。

网状模型用网状结构来表示数据之间的联系,网状模型的数据结构允许有一个以上的节点无双亲和至少有一个节点可以有多于一个的双亲。随着应用环境的扩大,基于网状模型的数据库,其结构会变得越来越复杂,不利于最终用户掌握。

（3）面向对象模型。面向对象模型用面向对象的思维方式与方法来描述客观实体,它继承了关系数据库系统已有的优势,并且支持面向对象建模,支持对象存取与持久化,支持代码级面向对象数据操作,是现在较为流行的新型数据模型。

（4）关系模型。关系模型以数据表的形式组织数据,实体之间的联系通过数据表的公共属性表示,结构简单明了,并且有逻辑计算、数学计算等坚实的数学理论做基础。关系模型是目前广泛使用的数据模型之一,也是本书重点讲解的内容。

1.3　关系数据库

关系数据库采用关系模型作为数据的组织方式,关系模型由 IBM 公司研究员 Edgar Frank Codd 于 1970 年发表的论文中提出,经过多年的发展,已经成为目前最常用、最重要的模型之一。除此之外,数据库当前的研究方向基本都是以关系数据库为主,以非关系数据库为辅，因此本书重点放在关系数据库上。本节针对关系模型的数据结构、关系模型的完整性约束进行详细讲解。

1.3.1　关系模型的数据结构

关系模型是建立在严格的数学概念基础上的，从用户角度来看，关系模型由一组关系组成，每个关系的数据结构是一张规范化的二维表，即关系模型通过二维表组织数据。下面以一个简单的学生信息二维表为例，讲解关系模型中的一些基本术语，学生信息二维表如图 1-9 所示。

字段(属性)

学号	姓名	性别	出行年月
1	张三	男	1996-02
2	李四	男	1996-04
3	小红	女	1996-09

记录(元组)

图 1-9　学生信息二维表

关系模型中的一些基本术语如下。

（1）关系（relation）。关系一词与数学领域有关，它是基于集合的一个重要概念，用于反映元素之间的联系和性质。一个关系对应一张二维表，如图 1-9 中的学生信息二维表。

（2）字段（field）。二维表中的列称为字段，一列即一个字段，每个字段都有一个字段名。根据不同的习惯，字段也可以称为属性。例如，图 1-9 所示的学生信息二维表中有 4 列，对应 4 个属性，分别是学号、姓名、性别和出生年月。

（3）记录（record）。二维表中的每行数据称为一条记录。记录也可以称为元组（tuple）。例如图 1-9 学生信息二维表中有 3 行数据，对应 3 条记录，分别是（1，张三，男，1996-02）、（2，李四，男，1996-04）、（3，小红，女，1996-09）。

（4）域（domain）。域是指字段的取值范围。例如，性别字段的域为男、女。

（5）关系模式（relation schema）。关系模式是对关系的描述，一般表示为"关系名(字段1，字段2，…，字段 n)"。例如，图 1-9 所示的学生信息二维表的关系模式描述如下。

学生（学号，姓名，性别，出生年月）

（6）键（key）。键又称为关键字或码。在二维表中，若要为某个记录设置唯一标识，需要用到键。实际应用中选定的键称为主键（primary key），一张表只能有一个主键，主键可以建立在一个或多个字段上，建立在多个字段上的主键称为复合主键。当两张表存在联系时，如果其中一张表的主键被另一张表引用，则需要在另一张表中建立外键（foreign key）。

例如，学生的学号具有唯一性，学号可以作为学生实体的键，班级的班级号也可以作为班级实体的键。如果学生表中拥有班级号的信息，就可以通过班级号这个键为学生表和班级表建立联系，如图 1-10 所示。

在图 1-10 中，学生表中的班级号表示学生所属的班级，在班级表中，班级号是该表的主

学生表

学号	姓名	性别	班级号
1	张三	男	1
2	李四	女	1
3	小明	男	2
4	小红	女	2

班级表

班级号	班级名称	班主任
1	软件班	张老师
2	设计班	王老师

图 1-10　学生表和班级表

键。班级表与学生表通过班级号可以建立一对多的联系,即一个班级中有多个学生。其中,班级表的班级号为主键,学生表的班级号为外键。

当两个实体的联系为多对多时,对应的数据表一般不通过键直接建立联系,而是通过一张中间表间接建立联系。例如,学生与课程的多对多联系,可以通过学生选课表建立联系,如图 1-11 所示。

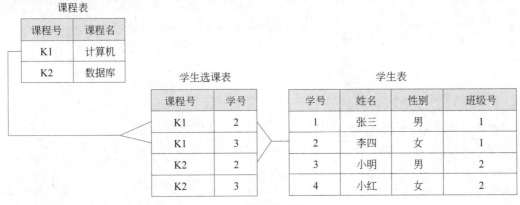

课程表

课程号	课程名
K1	计算机
K2	数据库

学生选课表

课程号	学号
K1	2
K1	3
K2	2
K2	3

学生表

学号	姓名	性别	班级号
1	张三	男	1
2	李四	女	1
3	小明	男	2
4	小红	女	2

图 1-11　学生表和课程表

在图 1-11 中,学生表与课程表之间通过学生选课表建立联系。学生选课表将学生与课程的多对多联系拆解成两个一对多联系,即一个学生选修多门课,一门课被多个学生选修。

1.3.2　关系模型的完整性约束

为了保证数据库中数据的正确性、有效性和相容性,需要对关系模型进行完整性约束,所约束的完整性通常包括实体完整性、参照完整性和用户自定义完整性,具体介绍如下。

(1) 实体完整性。实体完整性要求关系中的主键不能重复,且不能取空值。空值是指不知道、不存在或无意义的值。由于关系中的记录对应现实世界中互相之间可区分的个体,这些个体使用主键来唯一标识,若主键为空或重复,则无法唯一标识每个个体,所以需要保证实体完整性。例如,同一个数据表中,不能存在两条完全相同、无法区分的记录。

(2) 参照完整性。参照完整性定义了外键和主键之间的引用规则,要求关系中的外键要么取空值,要么取参照关系中的某个记录的主键值。例如,学生表中的班级号对应班级表的班级号,按照参照完整性规则,学生的班级号只能取空值或班级表中已经存在的某个班级号。当取空值时表示该学生尚未分配班级,当取某个班级号时,该班级号必须是班级表中已经存在的某个班级号。

（3）用户自定义完整性。用户自定义完整性是用户针对具体的应用环境定义的完整性约束条件,由数据库管理系统检查用户自定义的完整性。例如,创建数据表时,定义用户名不允许重复的约束。

1.3.3　关系运算

通过前面的学习可知,关系模型是由一组关系组成的,那么关系模型是如何进行运算的呢？关系模型可以使用关系代数来进行关系运算。关系代数是一种抽象的查询语言,是研究关系模型的数学工具。关系代数的运算对象是关系,运算结果也是关系。关系代数的运算符主要分为集合运算符和关系运算符两大类。其中集合运算符包括笛卡儿积、并、交、差,关系运算符包括除、选择、投影和连接,具体如表 1-1 所示。

表 1-1　关系代数运算符

集合运算符	含　义	集合运算符	含　义
×	笛卡儿积	÷	除
∪	并	σ	选择
∩	交	π	投影
−	差	⋈	连接

下面针对表 1-1 列举的这些关系代数运算符进行详细讲解。

1. 笛卡儿积

在数学中,笛卡儿积是对两个集合 A 和 B 进行相乘,假设集合 A={a, b},集合 B={0, 1, 2},则两个集合的笛卡儿积为{(a, 0), (a, 1), (a, 2), (b, 0), (b, 1), (b, 2)}。

在数据库中,广义笛卡儿积(简称为笛卡儿积)是对两个关系进行操作,产生的新关系中记录条数为两个关系中记录条数的乘积。假设有关系 R 和关系 S,关系 R 有 n 个字段,关系 S 有 m 个字段,R 和 S 的笛卡儿积(即 R×S)的结果是一个具有 n+m 个字段的新关系。在新关系中,记录的前 n 个字段来自 R,后 m 个字段来自 S,记录的总条数是 R 和 S 中记录的乘积。

下面通过一个例子演示笛卡儿积运算,如图 1-12 所示。

R×S

学号	学生姓名	班级号	班级名称
1	张三	001	软件班
1	张三	002	网络班
2	李四	001	软件班
2	李四	002	网络班

R

学号	学生姓名
1	张三
2	李四

S

班级号	班级名称
001	软件班
002	网络班

图 1-12　笛卡儿积运算

在图 1-12 中,关系 R 中有两个字段,分别为学号和学生姓名,关系 S 中有两个字段,分别为班级号和班级名称,可以得知 R×S 共有 2+2 个字段,分别为学号、学生姓名、班级号和班级名称。关系 R 中有两条记录,分别为(1,张三)和(2,李四),关系 S 中有两条记录,分别为(001,软件班)和(002,网络班),可以得知 R×S 共有 2×2 条记录,分别为(1,张三,001,软件班)、(1,张三,002,网络班)、(2,李四,001,软件班)和(2,李四,002,网络班)。

2. 并、交、差

并、交、差运算要求参与运算的两个关系具有相同数量的字段,其运算结果是一个具有相同数量字段的新关系。假设有关系 R 和关系 S,R∪S 表示合并两个关系中的记录,R∩S表示找出既属于 R 又属于 S 的记录,R−S 表示找出属于 R 但不属于 S 的记录。

下面通过一个例子演示并、交、差运算,如图 1-13 所示。

R			S			R∪S						
学号	学生姓名		学号	学生姓名		学号	学生姓名					
1	张三		1	张三		1	张三		R∩S		R−S		
2	李四		3	小明		2	李四		学号	学生姓名	学号	学生姓名	
						3	小明		1	张三	2	李四

图 1-13　并、交、差运算

图 1-13 中关系 R 中有两条记录,分别为(1,张三)、(2,李四),关系 S 中有两条记录,分别为(1,张三)、(3,小明)。R∪S、R∩S 和 R−S 的运算过程如下。

(1) R∪S 运算时,因为关系 R 和关系 S 中都有记录(1,张三),所以需要将该记录去重,可以得知 R∪S 的结果为(1,张三)、(2,李四)、(3,小明)。

(2) R∩S 运算时,记录(1,张三)既在关系 R 中,又在关系 S 中,可以得知 R∩S 的结果为(1,张三)。

(3) R−S 运算时,记录(2,李四)属于关系 R,但不属于关系 S,可以得知 R−S 最后的结果为(2,李四)。

3. 除

如果把笛卡儿积看作乘运算,则除运算是笛卡儿积的逆运算。假设有关系 R 和关系 S,除运算需满足 S 的字段集是 R 字段集的真子集,R÷S 的结果是 R 字段集减去 S 字段集的结果。例如,R(A,B,C,D)÷S(C,D)的结果由 A 和 B 两个字段构成。

下面通过一个例子演示除运算,如图 1-14 所示。

在图 1-14 中,R÷S1 表示查询学号为 2 的学生所选择的课程,由关系 R 可以得知学号为 2 的学生选择的课程号为 1、2、3。R÷S2 表示查询学号为 2 和 3 的学生共同选择的课程,根据关系 R 可以得知学号为 3 的学生选择的课程号为 1、2,学号为 2 的学生所选择的课程为 1、2、3,那么 R÷S2 的结果为 1、2。

R

课程号	学号
1	2
2	2
3	2
1	3
2	3
1	4

S1

学号
2

S2

学号
2
3

R÷S1

课程号
1
2
3

R÷S2

课程号
1
2

图 1-14   除运算

4.选择和投影

选择是在一个关系中将满足条件的记录找出来,即水平方向筛选;投影是在一个关系中去掉不需要的字段,保留需要的字段,即垂直方向筛选。

下面通过一个例子演示选择和投影运算,如图 1-15 所示。

R

学号	学生姓名	学生性别
1	张三	男
2	李四	女

$\sigma_{学号=1}(R)$

学号	学生姓名	学生性别
1	张三	男

选择

$\pi_{学号,学生姓名}(R)$

学号	学生姓名
1	张三
2	李四

投影

图 1-15   选择和投影运算

在图 1-15 中,选择操作 $\sigma_{学号=1}(R)$ 表示在关系 R 中查找学号为 1 的学生,也就是记录(1,张三,男);投影操作 $\pi_{学号,学生姓名}(R)$ 表示在关系 R 中查找学号和学生姓名,也就是保留学号字段和学生姓名字段,去掉了学生性别字段。

5.连接

连接是在两个关系的笛卡儿积中选取字段间满足一定条件的记录。由于笛卡儿积的结果可能会包括很多没有意义的记录,相比之下连接运算更为实用。

常用的连接方式有等值连接和自然连接。假设有关系 R 和关系 S,使用 A 和 B 分别表示 R 和 S 中数目相等且可比的字段组。等值连接是在 R 和 S 的笛卡儿积中选取 A、B 字段值相等的记录。自然连接是一种特殊的等值连接,要求 R 和 S 必须有相同的字段组,进行等值连接后再去除重复的字段组。

下面通过一个例子演示等值连接运算和自然连接运算,如图 1-16 所示。

在图 1-16 中,等值连接运算 R⋈S 需要先找出关系 R 和关系 S 的笛卡儿积,然后再从其中选取字段值相等的记录。已知关系 R 中有 4 条记录,关系 S 中有 3 条记录,R×S 共有 12 条记录,则等值连接运算结果为 R×S 中班级号相等的记录。自然连接运算 R⋈S 的结

R

学号	学生姓名	班级号
1	张三	1
2	李四	1
3	小明	2
4	小红	2

S

班级号	班级名称
1	软件班
2	设计班
3	网络班

R×S

学号	学生姓名	R.班级号	S.班级号	班级名称
1	张三	1	1	软件班
1	张三	1	2	设计班
1	张三	1	3	网络班
2	李四	1	1	软件班
2	李四	1	2	设计班
2	李四	1	3	网络班
3	小明	2	1	软件班
3	小明	2	2	设计班
3	小明	2	3	网络班
4	小红	2	1	软件班
4	小红	2	2	设计班
4	小红	2	3	网络班

R⋈S(等值连接)

学号	学生姓名	R.班级号	S.班级号	班级名称
1	张三	1	1	软件班
2	李四	1	1	软件班
3	小明	2	2	设计班
4	小红	2	2	设计班

R⋈S(自然连接)

学号	学生姓名	班级号	班级名称
1	张三	1	软件班
2	李四	1	软件班
3	小明	2	设计班
4	小红	2	设计班

图 1-16 等值连接运算和自然连接运算

果就是在等值连接运算的结果中去除重复的字段组,即班级号。

1.3.4 SQL 简介

结构化查询语言(Structured Query Language,SQL)是关系数据库语言的标准,同时也是一个通用的关系数据库语言。SQL 提供了管理关系数据库的一些语法,通过这些语法可以完成存取数据、删除数据和更新数据等操作。

下面分别对 SQL 的常用功能和 SQL 的语法规则进行介绍。

1. SQL 的常用功能

根据 SQL 的功能,可以将 SQL 划分为 4 部分,具体如下。

(1) 数据查询语言(Data Query Language,DQL),用于查询和检索数据,主要包括 SELECT 语句。SELECT 语句用于查询数据库中的一条数据或多条数据。

(2) 数据操作语言(Data Manipulation Language,DML),用于对数据库的数据进行添加、修改和删除操作,主要包括 INSERT 语句、UPDATE 语句和 DELETE 语句。INSERT 语句用于插入数据;UPDATE 语句用于修改数据;DELETE 语句用于删除数据。

(3) 数据定义语言(Data Definition Language,DDL),用于定义数据表结构,主要包括 CREATE 语句、ALTER 语句和 DROP 语句。CREATE 语句用于创建数据库、数据表; ALTER 语句用于修改数据库、数据表;DROP 语句用于删除数据库、数据表。

(4) 数据控制语言(Data Control Language,DCL),用于用户权限管理,主要包括 GRANT 语句、COMMIT 语句和 ROLLBACK 语句。GRANT 语句用于给用户授予权限; COMMIT 语句用于提交事务;ROLLBACK 语句用于回滚事务。

以上列举的 4 部分语言,在本书的后面章节中会对其语法和使用进行详细讲解,读者此时只需了解 SQL 的基本组成部分即可。

2. SQL 的语法规则

在通过 SQL 操作数据库时,需要编写 SQL 语句。一条 SQL 语句由一个或多个子句构成,下面演示一条简单的 SQL 语句,如下所示。

```
SELECT * FROM 表名;
```

上述 SQL 语句中,SELECT 和 FROM 是关键字,它们被赋予了特定含义,SELECT 的含义为"选择",FROM 的含义为"来自"。"SELECT *"与"FROM 表名"是两个子句,前者表示选择所有的字段,后者表示从指定的数据表中查询。"表名"是一个用户自定义的数据表的名称。

"没有规矩,不成方圆",作为一名合格的数据库开发工程师,在工作中应该遵守规则,注重团队合作意识,这有助于提高代码的可读性和项目的可维护性。在编写 SQL 语句时,应注意以下 4 点。

（1）运行在不同平台下的 MySQL 对数据库名、数据表名和字段名大小写的区分方式不同。在 Windows 平台下,数据库名、数据表名和字段名都不区分大小写,而在 Linux 平台下,数据库名和数据表名严格区分大小写,字段名不区分大小写。

（2）关键字在 MySQL 中不区分大小写,习惯上使用大写。用户自定义的名称习惯上使用小写。

（3）关键字不能作为用户自定义的名称使用,如果一定要使用关键字作为用户自定义的名称,可以通过反引号"`"将用户自定义的名称包裹起来,例如`select`、`default`。

（4）SQL 语句可以单行或者多行书写,以分号结束即可。

本书在讲解 SQL 语法时,对 SQL 语法中的特殊符号进行以下约定。

（1）使用"[]"括起来的内容表示可选项,如[DEFAULT]表示 DEFAULT 可写可不写。

（2）"[,…]"表示其前面的内容可以有多个,如"[字段名 数据类型] [,…]"表示可以有多个"[字段名 数据类型]"。

（3）"{}"表示必选项。

（4）"|"表示分隔符两侧的内容为"或"的关系。

（5）在"{}"中使用"|"表示选择项,在选择项中仅需选择其中一项,如{A|B|C}表示从A、B、C 中任选其一。

📖多学一招：SQL 与三级模式的关系

支持 SQL 的关系数据库管理系统同样支持关系数据库三级模式结构。SQL 与三级模式的关系如图 1-17 所示。

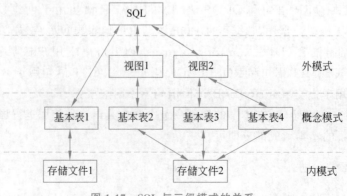

图 1-17　SQL 与三级模式的关系

在图 1-17 中,外模式包括若干视图或部分基本表,概念模式包括若干基本表,内模式包括若干存储文件,用户可以使用 SQL 对基本表和视图进行查询或其他操作。

1.4　常见的数据库产品

当今市场上有许多数据库产品,每种数据库都有自己的优势和缺点。无论是出于数据库的性能和易用性,还是出于商用和开源考虑,选择一款合适的数据库产品,成为重中之重。数据库系统一般分为关系数据库(Relational DataBase,RDB)和非关系数据库(NoSQL)两大类,下面针对常见的关系数据库产品和非关系数据库产品进行介绍。

1.4.1　常见的关系数据库产品

基于关系数据模型组织数据的数据库管理系统,一般称为关系数据库。随着数据库技术的发展,关系数据库产品越来越多,常见的关系数据库产品有以下 5 种。

1. Oracle

Oracle 是由甲骨文公司开发的一款关系数据库管理系统,在数据库领域一直处于领先地位。Oracle 数据库管理系统可移植性好、使用方便、功能强,适用于各类大、中、小型微机环境。与其他关系数据库相比,Oracle 虽然功能更加强大,但是它的价格也更高。

2. SQL Server

SQL Server 是由微软公司开发的一款关系数据库管理系统,它广泛应用于电子商务、银行、保险、电力等行业。

SQL Server 提供了对 XML 和 Internet 标准的支持,具有强大的、灵活的、基于 Web 的应用程序管理功能,而且界面友好、易于操作,深受广大用户的喜爱。

3. SQLite

SQLite 是一款非常轻量级的关系数据库管理系统,在使用前不需要安装与配置,能够支持 Windows、Linux、UNIX 等主流的操作系统,同时能够与很多编程语言相结合,如 C♯、PHP 和 Java 等。SQLite 适用于数据需求量少的嵌入式产品,如手机、智能手表等。

4. PostgreSQL

PostgreSQL 是加州大学计算机系开发的一款关系数据库管理系统,它提供了复杂查询、外键、触发器、视图、事务完整性、多版本并发控制等特性。PostgreSQL 支持大多数类型的数据库客户端接口和多种数据类型。PostgreSQL 是一个开源数据库,任何人都可以免费使用、修改和分发它。

5. MySQL

MySQL 最早由瑞典的 MySQL AB 公司开发,目前属于 Oracle 公司旗下产品。MySQL 是一个非常流行的开源数据库管理系统,广泛应用于中小型企业网站。MySQL 是以 C/S(Client/Server,客户端/服务器)模式实现的,支持多用户、多线程。

MySQL 具有跨平台的特性,它不仅可以在 Windows 平台上使用,还可以在 UNIX、Linux、和 macOS 等平台上使用,相对其他数据库而言,MySQL 的使用更加方便、快捷。

1.4.2　常见的非关系数据库产品

随着互联网 Web 2.0 的兴起,关系数据库在处理超大规模和高并发的 Web 2.0 网站的数据时,存在一些不足,需要采用更适合大规模数据集合、多重数据种类的数据库,通常将这种类型的数据库统称为非关系数据库。非关系数据库的特点在于数据模型比较简单,灵活性强,性能高。常见的非关系数据库产品有以下 6 种。

1. Redis

Redis 是一个使用 C 语言编写的键值数据库。键值数据库类似传统语言中使用的哈希表。使用者可以通过键来添加、查询或删除数据。键值存储数据库具有快速的搜索速度,通常用于处理大量数据的高访问负载,也用于一些日志系统。

2. MongoDB

MongoDB 是一个面向文档的开源数据库。MongoDB 使用 BSON 存储数据,BSON 是一种类似于 JSON 的二进制形式的存储格式,全称为 Binary JSON,它由 C++ 语言编写。文档型数据库可以看作键值数据库的升级版,并且允许键值之间嵌套键值,通常应用于 Web 应用。

3. HBase

HBase 是一个分布式的、面向列的开源数据库,是谷歌(Google)公司为 BigTable 数据库设计的分布式非关系数据库。HBase 数据库查找速度快,可扩展性强,更容易进行分布式扩展,通常用来应对分布式存储海量数据。

4. Cassandra

Cassandra 是 Facebook 为收件箱搜索开发的,用于处理大量结构化数据的分布式数据存储系统,Cassandra 由 Java 语言编写。

5. Elasticsearch

Elasticsearch 是一个分布式、高扩展、高实时的搜索与数据分析引擎数据库。Elasticsearch 是用 Java 语言开发的,并作为 Apache 许可条款下的开放源码发布,是一种流行的企业级搜索引擎。

6. Neo4J

Neo4J 是一个高性能的、开源的、基于 Java 语言开发的图形数据库,它允许将数据以网络(从数学角度称为图)的方式存储。Neo4J 将数据存储在节点或关系的属性中,其中节点即实体,而实体之间的关系则会被作为边。图形数据库专注于构建关系图谱,通常应用于社交网络、推荐系统等。

　　除了上述数据库外，为了打破国外技术封锁、掌握关键核心技术，我国在自主研发数据库方面给予了政策支持，国产数据库百花齐放，如 OceanBase、TBase、GaussDB、HYDATADB 等。数据库作为信息科技领域的核心组成部分，对于国家的信息安全、科技自主创新和数字经济的发展都起着重要作用。自主研发国产数据库可以促使国内企业在数据库领域进行技术创新，不再完全依赖于国外技术，这有助于提升国家的科技创新能力。知识学习是一场永无止境的旅程，而对于研发国产数据库来说，每一个学习者都可以为其做出贡献。因此，积极学习数据库知识，提高自身的专业素养，不仅有助于个人的职业发展，更能为国产数据库的研发做出实实在在的贡献。

1.5　MySQL 安装与配置

　　对数据库有了初步认识之后，要想使用 MySQL 数据库，需要先安装 MySQL 并对其进行相关的配置，具体如下。

　　（1）在 Windows 系统中，访问 MySQL 官方网站，获取 MySQL 社区版的 ZIP 压缩文件。本书使用 MySQL 的版本为 8.0.27。

　　（2）解压 MySQL 社区版的 ZIP 压缩文件，通过命令的方式安装 MySQL。

　　（3）创建 MySQL 配置文件 my.ini，在配置文件中添加 MySQL 的安装目录、数据库文件目录、端口号等配置项。

　　（4）通过命令完成 MySQL 的初始化，并启动 MySQL 服务。

　　（5）使用 root 用户登录 MySQL，登录成功后，修改 root 用户的登录密码为 123456。读者可以扫描右方二维码查看 MySQL 安装与配置的详细详解。

1.6　SQLyog 图形化工具

　　在日常开发中，当需要输入的命令较长时，使用命令行客户端工具输入命令很不方便。此时可以使用相对方便的图形化管理工具来操作 MySQL，从而提高效率。

　　SQLyog 是 Webyog 公司推出的一个高效、简洁的图形化管理工具，用于管理 MySQL 数据库。SQLyog 具有以下 3 个特点。

- 基于 MySQL C APIs 程序接口开发。
- 方便快捷的数据库同步与数据库结构同步。
- 强大的数据表备份与还原功能。

　　SQLyog 提供了个人版和企业版等版本，并发布了 GPL 协议开源的社区版。在这里选择使用开源的社区版。SQLyog 的下载和安装过程相对比较简单，社区版源代码托管在 GitHub 上，读者可以到 GitHub 网站自行获取。

　　下面以社区版 SQLyog Community 13.1.9（64-Bit）版本为例，演示如何登录 MySQL，具体步骤如下。

　　（1）双击 SQLyog 的安装包启动安装程序，安装包如图 1-18 所示。

　　（2）根据安装界面的提示信息一步一步操作，安装完成界面如图 1-19 所示。

　　（3）在图 1-19 中，单击"完成"按钮，即可启动 SQLyog，SQLyog 主界面如图 1-20 所示。

图 1-18   SQLyog 安装包

图 1-19   安装完成界面

图 1-20   SQLyog 主界面

在图 1-20 中,选择"文件"→"新连接"命令,会弹出"连接到我的 SQL 主机"对话框,单击对话框中的"新建"按钮,在 MySQL Host Address 文本框中输入 localhost,用户名文本框中输入 root,密码文本框中输入正确的密码(这里使用修改后的新密码 123456),端口文本框中输入 3306,如图 1-21 所示。

图 1-21   "连接到我的 SQL 主机"对话框

（4）图 1-21 中，MySQL Host Address 表示 MySQL 主机地址。单击"连接"按钮，即可连接数据库。连接成功后就会跳转到 SQLyog 主界面，如图 1-22 所示。

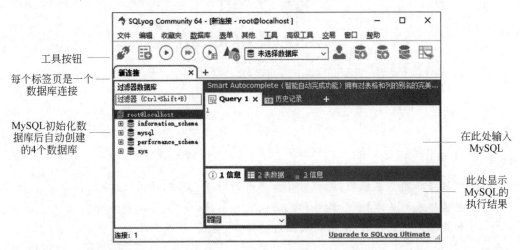

图 1-22　SQLyog 主界面

在图 1-22 中，左边是一个树状控件，root@localhost 表示当前使用 root 用户身份登录了地址为 localhost 的 MySQL 服务器。当前 MySQL 服务器中有 4 个数据库，这 4 个数据库是在安装 MySQL 后自动创建的，每个数据库都有特定用途，建议初学者不要对这些数据库进行更改操作。

单击每个数据库名称前面的"＋"按钮，可以查看数据库的内容，例如数据表、视图、存储过程、函数、触发器和事件等。关于这些内容会在后面的章节中详细讲解。

1.7　本章小结

本章对 MySQL 数据库的入门知识进行了详细讲解。首先介绍了数据库的基础知识，包括数据库概述、数据库管理技术的发展、数据库系统的结构、数据模型、关系运算、SQL 语言和常见的数据库产品；然后介绍了 MySQL 的安装与配置，包括 MySQL 的获取、安装、配置、管理、用户登录与设置密码，以及 MySQL 客户端的相关命令；最后使用 SQLyog 图形化管理工具对 MySQL 进行登录。通过本章的学习，希望初学者真正掌握 MySQL 数据库的基础知识，并且学会在 Windows 平台上安装与配置 MySQL，为后续的学习打下坚实的基础。

第 2 章
MySQL的基本操作

学习目标：

- 掌握数据库的基本操作，能够对数据库进行创建、查看、修改、选择和删除。
- 掌握数据表的基本操作，能够对数据表进行创建、查看、修改和删除。
- 掌握数据的基本操作，能够对数据进行添加、查询、修改和删除。

第 1 章实现了 MySQL 的启动和连接，在 MySQL 登录成功后，即可操作数据库。在 MySQL 中，操作数据库、数据表和数据是每个初学者必须掌握的内容，同时也是学习后续课程的基础。为了让初学者能够快速掌握数据库、数据表，以及数据的基本操作，本章对数据库和数据表的创建、查看和修改，以及数据的添加、查询、修改和删除进行详细讲解。

2.1 数据库操作

若要使用 MySQL 保存数据，首先要在 MySQL 中创建数据库，然后在数据库中创建数据表，最后将数据保存到数据表中。本节针对数据库的创建、查看、修改、选择和删除进行详细讲解。

2.1.1 创建数据库

MySQL 安装完成后，如果想要使用 MySQL 存储数据，必须先创建数据库。

创建数据库就是在数据库系统中划分一块存储数据的空间。在 MySQL 中，可以使用 CREATE DATABASE 或 CREATE SCHEMA 创建指定名称的数据库，创建数据库的基本语法格式如下。

```
CREATE {DATABASE | SCHEMA} [IF NOT EXISTS] 数据库名称
  [DEFAULT]
  {CHARACTER SET [=] 字符集名称
  | COLLATE [=] 校对集名称
  | ENCRYPTION [=] {'Y' | 'N'}
};
```

下面对创建数据库的基本语法进行讲解。

- CREATE {DATABASE | SCHEMA}：表示创建数据库，使用 CREATE DATABASE 或者 CREATE SCHEMA 都可以创建指定名称的数据库。

- IF NOT EXISTS：可选项，用于在创建数据库前判断要创建的数据库的名称是否已
  经存在，只有在要创建的数据库的名称不存在时才会执行创建数据库的操作。
- CHARACTER SET：可选项，用于指定数据库字符集。如果省略此项，则使用
  MySQL 服务器配置的默认字符集。
- COLLATE：可选项，用于指定校对集，省略则使用字符集对应的默认校对集。
- ENCRYPTION：可选项，用于为数据库加密，允许的值有 Y（启用加密）和 N（禁用
  加密）。

为了帮助读者理解数据的创建，下面演示如何创建一个名称为 test 的数据库，具体
SQL 语句及执行结果如下。

```
mysql>CREATE DATABASE test;
Query OK, 1 row affected (0.02 sec)
```

从上述执行结果可以看出，执行创建数据库的 SQL 语句后，SQL 语句下面输出了一行
提示信息"Query OK, 1 row affected (0.02 sec)"。该提示信息可以分为 3 部分来解读，第
一部分"Query OK"表示 SQL 语句执行成功；第二部分"1 row affected"表示执行上述 SQL
语句后影响了数据库中的一条记录；第三部分"(0.02 sec)"表示执行上述 SQL 语句所花费
的时间是 0.02 秒。

如果在创建数据库时，要创建的数据库已经存在，则会出现错误提示信息。例如，再次
使用 CREATE DATABASE 语句创建数据库 test，具体示例如下。

```
mysql>CREATE DATABASE test;
ERROR 1007 (HY000): Can't create database 'test'; database exists
```

从上述示例结果可以看出，创建数据库 test 时，服务器返回了一条错误信息，提示信息
为无法创建数据库 test，该数据库已存在。

2.1.2　查看数据库

如果要查看 MySQL 中已存在的数据库，可以根据不同的需求选择不同的语句进行查
看。下面讲解 MySQL 中两种查看数据库的语句。

1. 查看所有数据库

查看 MySQL 中所有数据库的语句，其基本语法格式如下。

```
SHOW {DATABASES | SCHEMAS}[LIKE 'pattern' | WHERE expr];
```

下面对上述语法格式的各部分进行讲解。
- SHOW {DATABASES | SCHEMAS}：表示使用 SHOW DATABASES 或 SHOW
  SCHEMAS 查看已存在的数据库。
- LIKE 'pattern'：可选项，表示 LIKE 子句，可以根据指定匹配模式匹配数据库，
  'pattern'为指定的匹配模式，可以通过"％"和"_"这两种模式对字符串进行匹配。其
  中，"％"表示匹配一个或多个字符；"_"表示匹配一个字符。

- WHERE expr：可选项，表示 WHERE 子句，用于根据指定条件匹配数据库。

为了帮助读者理解，下面演示如何查看 MySQL 中所有的数据库，具体示例如下。

```
mysql>SHOW DATABASES;
+--------------------+
| Database           |
+--------------------+
| information_schema |
| mysql              |
| performance_schema |
| sys                |
| test               |
+--------------------+
5 rows in set (0.03 sec)
```

从上述示例结果可以看出，MySQL 中有 5 个数据库。其中，除了 test 是手动创建的数据库外，其余 4 个数据库都是在安装 MySQL 后自动创建的。建议初学者不要随意删除或修改 MySQL 自动创建的数据库，避免造成服务器故障。

下面对 MySQL 自动创建的 4 个数据库的主要作用进行简要介绍。

- information_schema：主要存储数据库和数据表的结构信息，如用户表信息、字段信息、字符集信息。
- mysql：主要存储 MySQL 自身需要使用的控制和管理信息，如用户的权限。
- performance_schema：用于存储系统性能相关的动态参数，如全局变量。
- sys：系统数据库，包括了存储过程、自定义函数等信息。

2. 查看指定数据库的创建信息

查看指定数据库的创建信息，其基本语法格式如下。

```
SHOW CREATE {DATABASE | SCHEMA} 数据库名称;
```

下面演示如何查看 test 数据库的创建信息，具体示例如下。

```
mysql>SHOW CREATE DATABASE test;
+----------+---------------------------------------------------+
| Database | Create Database                                   |
+----------+---------------------------------------------------+
| test     | CREATE DATABASE `test`                            |
|          | /*!40100 DEFAULT CHARACTER SET utf8mb4            |
|          | COLLATE utf8mb4_0900_ai_ci */                     |
|          | /*!80016 DEFAULT ENCRYPTION='N' */                |
+----------+---------------------------------------------------+
1 row in set (0.00 sec)
```

上述结果中显示了 test 数据库的创建信息，其中包含默认字符集为 utf8mb4 的信息、校对集为 utf8mb4_0900_ai_ci 的信息和默认未加密的信息。以"/ * !"开头并以" * /"结尾的内容是 MySQL 中用于保持兼容性的信息。"/ * !"后面的数字是版本号，表示只有当

MySQL 的版本号等于或高于指定的版本时才会被当成语句的一部分被执行,否则将被当成注释,其中,40100 表示的版本为 4.1.0,80016 表示的版本为 8.0.16。

2.1.3　修改数据库

数据库创建后,如果想要修改数据库,可以使用 ALTER DATABASE 语句实现,其基本语法格式如下。

```
ALTER {DATABASE | SCHEMA}[数据库名称]
{[DEFAULT] CHARACTER SET [=] 字符集
| [DEFAULT] COLLATE [=] 校对集
| [DEFAULT] ENCRYPTION [=] {'Y' | 'N'}
| READ ONLY [=] {DEFAULT | 0 | 1}};
```

下面对修改数据库语法中的各部分进行讲解。

- ALTER {DATABASE | SCHEMA}:表示修改指定名称的数据库,可以写成 ALTER DATABASE 或 ALTER SCHEMA 的形式。
- 数据库名称:可选项,表示要修改哪个数据库,如果省略数据库名称,则该语句适用于当前所选择的数据库,若没有选择数据库,会发生错误。
- CHARACTER SET:可选项,用于指定默认的数据库字符集。
- COLLATE:可选项,用于指定校对集。
- ENCRYPTION:可选项,用于为数据库加密。
- READ ONLY:用于控制是否允许修改数据库及其中的数据,允许的值为 DEFAULT、0(非只读)和 1(只读)。

下面演示如何修改数据库的字符集,假设创建了一个 gbk 字符集的 dms 数据库,然后将其字符集修改为 utf8mb4。修改后,查看 dms 数据库的创建语句,以确认字符集是否修改成功,具体示例如下。

(1) 创建 dms 数据库,并指定字符集为 gbk,具体 SQL 语句及执行结果如下。

```
mysql>CREATE DATABASE dms CHARACTER SET gbk;
Query OK, 1 row affected (0.01 sec)
```

(2) 将 dms 数据库的字符集修改为 utf8mb4,具体 SQL 语句及执行结果如下。

```
mysql>ALTER DATABASE dms CHARACTER SET utf8mb4;
Query OK, 1 row affected (0.01 sec)
```

从上述执行结果可以看出,修改 dms 数据库字符集的语句已经成功执行。

(3) 查看 dms 数据库的创建语句,确认 dms 数据库的字符集是否为 utf8mb4,具体 SQL 语句及执行结果如下。

```
mysql>SHOW CREATE DATABASE dms;
+----------+------------------------------------------------+
| Database | Create Database                                |
```

```
+----------+----------------------------------------------------+
| dms      | CREATE DATABASE `dms`                              |
|          | /* !40100 DEFAULT CHARACTER SET utf8mb4 COLLATE    |
|          |   utf8mb4_0900_ai_ci */                            |
|          | /* !80016 DEFAULT ENCRYPTION='N' */                |
+----------+----------------------------------------------------+
1 row in set (0.00 sec)
```

上述执行结果中,dms 数据库的字符集为 utf8mb4,说明字符集修改成功。由于没有设置校对集,dms 数据库使用了 utf8mb4 字符集对应的默认校对集 utf8mb4_0900_ai_ci。

2.1.4   选择数据库

MySQL 中可能存在多个数据库,在使用 SQL 语句对数据库中的数据表进行操作前,需要指定要操作的数据表来自哪个数据库。指定的方式有两种,第一种是将数据表的名称写成"数据库名称.数据表名称"的形式;第二种是先使用 USE 语句选择数据库,选择后,在后续的 SQL 语句中可以直接写数据表的名称。由于第二种方式比较简单,在实际工作中一般都会使用第二种方式。

在 MySQL 中,USE 语句用于选择某个数据库作为后续操作的默认数据库。USE 语句的基本语法格式如下。

```
USE 数据库名称;
```

上述语法格式中,USE 语句后的";"可以省略。使用 USE 语句选择数据库后,它会一直生效,直到退出 MySQL 或执行了不同的 USE 语句为止。

下面演示如何选择 test 数据库作为后续操作的数据库,具体示例如下。

```
mysql>USE test;
Database changed
```

从上述示例结果可以看出,当前所选择的数据库已经更改。如果想要查看当前选择的是哪个数据库,可以使用"SELECT DATABASE();"语句查看,具体示例如下。

```
mysql>SELECT DATABASE();
+------------+
| DATABASE() |
+------------+
| test       |
+------------+
1 row in set (0.00 sec)
```

从上述示例结果可以看出,当前选择的数据库名称为 test。

📖多学一招:在登录 MySQL 时选择数据库

若要选择数据库,除了可以在登录 MySQL 后使用 USE 关键字实现外,还可以在用户登录 MySQL 时直接选择要操作的数据库,基本语法格式如下。

```
mysql -u 用户名 -p 密码 数据库名称
```

上述语法格式中,需要指定要选择的数据库名称,登录 MySQL 后,就会自动选择要操作的数据库。

例如,以 root 用户身份登录 MySQL 时,想要选择 test 数据库,已知 root 用户的密码为 123456,具体命令如下。

```
#方式 1,在登录时显示用户密码,选择数据库
mysql-uroot-p123456 test
#方式 2,在登录时隐藏用户密码,选择数据库,密码为 123456
mysql-uroot-p test
Enter password: ******
```

2.1.5　删除数据库

当一个数据库不再使用时,为了释放存储空间,需要将该数据库删除。删除数据库就是将已经创建的数据库从磁盘中清除。数据库被删除之后,数据库中所有的数据也一同被删除。在工作中,为了避免因错误执行删除数据库操作而导致重要的数据丢失,应该养成认真严谨的工作态度,坚守良好的职业道德。

在 MySQL 中,删除数据库的基本语法格式如下。

```
DROP {DATABASE|SCHEMA} 数据库名称;
```

在上述语法格式中,DROP DATABASE 或 DROP SCHEMA 表示删除数据库,两者功能相同,"数据库名称"表示要删除的数据库的名称。

下面以删除一个名称为 test 的数据库为例进行演示,具体示例如下。

```
mysql>DROP DATABASE test;
Query OK, 0 rows affected (0.01 sec)
```

需要注意的是,执行 DROP DATABASE 命令后,MySQL 不会给出任何确认提示而直接删除数据库。删除数据库后,数据库中的数据也会被删除。因此,在执行删除数据库的操作时应谨慎,以免删错,建议在删除数据库之前先备份数据库。备份数据库的相关知识在第 12 章中进行讲解。

读者可以通过 SHOW DATABASES 语句查看 test 数据库是否删除成功,具体示例如下。

```
mysql>SHOW DATABASES LIKE 'test';
Empty set (0.00 sec)
```

从上述执行结果可以看出,当前 MySQL 服务器中不存在 test 数据库,说明该数据库已经被成功删除了。

2.2　数据表操作

在 MySQL 数据库中,所有的数据都存储在数据表中,若要对数据执行添加、查看、修改、删除等操作,需要先在指定的数据库中准备一张数据表。本节详细讲解如何在 MySQL

中创建、查看、修改及删除数据表。

2.2.1　创建数据表

创建数据表是指在已经创建的数据库中建立新数据表。通过 CREATE TABLE 语句可以创建数据表，该语句的基本语法格式如下。

```
CREATE [TEMPORARY] TABLE [IF NOT EXISTS] 数据表名称 (
    字段名 数据类型 [字段属性]…
) [表选项];
```

上述语法格式的具体说明如下。

- TEMPORARY：可选项，表示临时表，临时表仅在当前会话（从登录 MySQL 到退出 MySQL 的整个期间）可见，并且在会话结束时自动删除。
- IF NOT EXISTS：可选项，表示只有在数据表名称不存在时，才会创建数据表，这样可以避免因为存在同名数据表导致创建失败。
- 数据表名称：数据表的名称。
- 字段名：字段的名称。
- 数据类型：字段的数据类型，用于确定 MySQL 存储数据的方式。常见的数据类型有整数类型（如 INT）、字符串类型（如 VARCHAR）等，数据类型会在第 3 章详细讲解。
- 字段属性：可选项，用于为字段添加属性，每个属性有不同的功能。常用的属性有 COMMENT 属性和约束属性，COMMENT 属性用于为字段添加注释说明；约束属性用于保证数据的完整性和有效性。约束属性会在第 3 章进行具体讲解。
- 表选项：可选项，用于设置数据表的相关选项，如存储引擎、字符集、校对集等。

存储引擎是 MySQL 处理数据表的 SQL 操作的组件，数据的存储、修改和查询都离不开存储引擎。在创建数据表时，可以在表选项中指定存储引擎，如果没有指定存储引擎，则默认使用 InnoDB 存储引擎。

通过"SHOW ENGINES；"语句可以查看 MySQL 服务器存储引擎的状态信息，输出结果如图 2-1 所示。

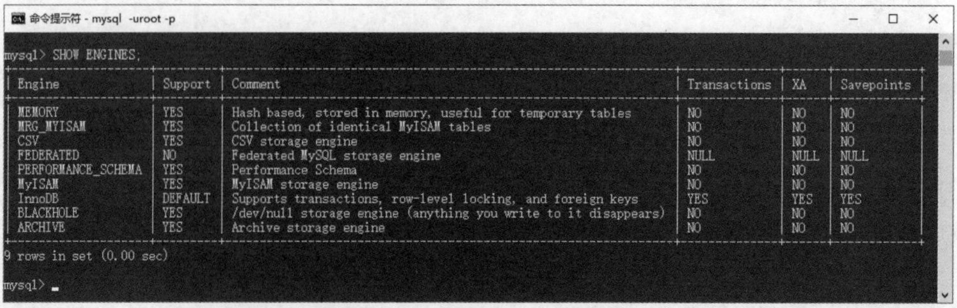

图 2-1　查看 MySQL 服务器存储引擎的状态信息

在图 2-1 中，Engine 列表示存储引擎名称，Support 列表示是否支持，Comment 列表示注释说明,Transactions 列表示是否支持事务,XA 列表示是否支持分布式事务,Savepoints 列表示是否支持事务保存点。

InnoDB 存储引擎是默认存储引擎,具有良好的事务管理、崩溃修复和并发控制能力,相比其他存储引擎通用性更强,如果没有特殊需要,推荐使用 InnoDB 存储引擎。

需要注意的是,在操作数据表之前,应使用"USE 数据库名称"选择数据库,否则会抛出 No database selected 错误。

下面演示如何在 school 数据库下创建一个用于保存学生信息的 student 数据表,具体示例如下。

(1) 创建 school 数据库,具体 SQL 语句及执行结果如下。

```
mysql>CREATE DATABASE school;
Query OK, 1 row affected (0.01 sec)
```

(2) 选择 school 数据库,具体 SQL 语句及执行结果如下。

```
mysql>USE school;
Database changed
```

(3) 创建 student 数据表,具体 SQL 语句及执行结果如下。

```
mysql>CREATE TABLE student (
    ->    id INT COMMENT '学号',
    ->    name VARCHAR(20) COMMENT '姓名'
    ->) COMMENT '学生表';
Query OK, 0 rows affected (0.01 sec)
```

上述 SQL 语句中,INT 用于设置字段数据类型为整型;VARCHAR(20)用于设置字段数据类型为可变长度的字符串,小括号中的数字 20 表示字符串的最大长度;COMMENT 用于在创建数据表时添加注释说明,该注释说明会保存到数据表结构中。

上述 SQL 语句执行完成后,即可创建一个包含 id 和 name 字段的 student 数据表,其中,id 字段的数据类型为 INT,注释说明为"学号";name 字段的数据类型为 VARCHAR(20),注释内容为"姓名"。student 数据表的注释说明为"学生表"。

2.2.2　查看数据表

创建数据表后,如何确认数据库中是否存在创建完成的数据表,以及数据表的结构是否正确呢? MySQL 提供了相关 SQL 语句,用于查看数据库中存在的数据表、查看数据表的相关信息及查看数据表的创建语句,下面分别进行详细讲解。

1. 查看数据库中存在的数据表

选择数据库后,可以通过 SHOW TABLES 语句查看数据库中存在的所有数据表,基本语法格式如下。

```
SHOW TABLES [LIKE 'pattern' | WHERE expr];
```

上述语法格式中,LIKE 子句和 WHERE 子句为可选项,如果不添加可选项,表示查看当前数据库中所有的数据表;如果添加可选项,则按照 LIKE 子句的匹配结果或 WHERE子句的匹配结果查看数据表。LIKE 子句和 WHERE 子句的用法与 2.1.2 节查看数据库的语法相同。例如,"SHOW TABLES LIKE '％new％';"语句,表示查看名称中含有 new 的数据表。需要注意的是,LIKE 后的匹配模式必须使用单引号或双引号包裹。

下面演示如何查看 school 数据库中所有的数据表,具体示例如下。

```
mysql>USE school;
Database changed
mysql>SHOW TABLES;
+------------------+
| Tables_in_school |
+------------------+
| student          |
+------------------+
1 row in set (0.00 sec)
```

从上述示例结果可以看出,school 数据库中只有一个 student 数据表。

2. 查看数据表的相关信息

除了上述查看数据表的方式外,还可以通过 SHOW TABLE STATUS 语句查看数据表的相关信息,如数据表的名称、存储引擎、创建时间等,基本语法格式如下。

```
SHOW TABLE STATUS [FROM 数据库名称] [LIKE 'pattern'];
```

下面演示如何查看 student 数据表的详细信息,具体示例如下。

```
mysql>SHOW TABLE STATUS LIKE 'student'\G
*************************** 1. row ***************************
           Name: student
         Engine: InnoDB
        Version: 10
     Row_format: Dynamic
           Rows: 0
 Avg_row_length: 0
    Data_length: 16384
Max_data_length: 0
   Index_length: 0
      Data_free: 0
 Auto_increment: NULL
    Create_time: 2022-05-20 15:19:43
    Update_time: NULL
     Check_time: NULL
      Collation: utf8mb4_0900_ai_ci
       Checksum: NULL
 Create_options:
        Comment:
1 row in set (0.00 sec)
```

上述 SQL 语句中,结束符"\G"用于将显示结果纵向排列。示例输出的数据表信息中包含很多字段名称,在这里仅讲解常见的字段名称,其他字段的含义读者可在 MySQL 手册中查看,此处不再赘述,数据表的相关信息如表 2-1 所示。

表 2-1　数据表的相关信息

字 段 名 称	说　　明
Name	数据表的名称
Engine	数据表的存储引擎
Version	数据表的版本号
Row_format	行格式,Dynamic 表示动态
Data_length	当使用 MyISAM 存储引擎时,表示数据文件的长度;当使用 InnoDB 存储引擎时,表示为集群索引分配的内存;单位均为字节
Create_time	数据表的创建时间
Update_time	数据表的最近修改时间
Collation	数据表的字符集

在表 2-1 中,Row_format 字段的值除 Dynamic 外,还有 Fixed(固定)、Compressed(压缩)、Redundant(冗余)和 Compact(紧凑)。其中,动态行的行长度可变,固定行的行长度不变。

3. 查看数据表的创建语句

通过 SHOW CREATE TABLE 语句可以查看创建数据表的具体 SQL 语句及数据表的字符编码,基本语法格式如下。

```
SHOW CREATE TABLE 数据表名称;
```

上述语法格式中,数据表名称是指要查看的数据表的名称。

需要说明的是,在使用 MySQL 客户端工具执行 SHOW CREATE TABLE 语句时,由于返回结果中的字段非常多,需要换行显示,容易造成字段和数据显示错乱的问题。为此,MySQL 客户端工具提供了一种将结果以纵向结构显示的功能,在字段非常多时,可以使用结束符"\G"替代";",让显示结果整齐美观,示例语法如下。

```
SHOW CREATE TABLE 数据表名称\G
```

下面演示如何查看 student 数据表的创建信息,具体示例如下。

```
mysql>SHOW CREATE TABLE student\G
*************************** 1. row ***************************
       Table: student
 Create Table: CREATE TABLE `student` (
  `id` int DEFAULT NULL COMMENT '学号',
  `name` varchar(20) DEFAULT NULL COMMENT '姓名'
) ENGINE=InnoDB DEFAULT CHARSET=utf8mb4 COLLATE=utf8mb4_0900_ai_ci
1 row in set (0.01 sec)
```

上述示例结果中,Table 表示查询的数据表名称,Create Table 表示创建该数据表的 SQL 语句,在 SQL 语句中,包含了字段信息、COMMENT(注释说明)、ENGINE(存储引擎)、DEFAULT CHARSET(字符集)及 COLLATE(校对集)等内容。

📖多学一招:MySQL 中的注释

MySQL 支持单行注释和多行注释,用于对 SQL 语句进行解释说明,并且注释内容会被 MySQL 忽略。

单行注释以--或#开始,到行末结束。需要注意的是,--后面一定要加一个空格,而#后面的空格可加可不加。单行注释的使用示例如下。

```
SELECT * FROM student;        --单行注释
SELECT * FROM student;        #单行注释
```

多行注释以/ * 开始,以 * /结束,其使用示例如下。

```
/*
  多行注释
*/
SELECT * FROM student;
```

上述内容演示了单行注释和多行注释的使用,在开发中编写 SQL 语句时,建议合理添加单行或多行注释,以方便阅读和理解。

2.2.3 查看表结构

通过 MySQL 提供的 DESC 语句或 SHOW COLUMNS 语句可以查看指定数据表的结构。下面对这两个语句进行详细讲解。

1. 使用 DESC 语句查看表结构

在 MySQL 中,通过 DESC 语句可以查看数据表的结构信息,包括所有字段或指定字段的信息,基本语法格式如下。

```
#查看所有字段的信息
DESC 数据表名称;
#查看指定字段的信息
DESC 数据表名称 字段名;
```

上述语法格式中,DESC 还可以写成 DESCRIBE 或 EXPLAIN,其功能都是相同的。DESC 语句执行成功后,会返回以下信息。

- Field:表示数据表中字段的名称。
- Type:表示数据表中字段对应的数据类型。
- Null:表示该字段是否可以存储 NULL 值。
- Key:表示该字段是否已经建立索引(索引相关内容会在第 6 章具体讲解)。
- Default:表示该字段是否有默认值,如果有默认值则显示对应的默认值。
- Extra:表示与字段相关的附加信息。

下面演示如何查看 school 数据库中 student 数据表的表结构信息，具体示例如下。

```
mysql>DESC student;
+-------+-------------+------+-----+---------+-------+
| Field | Type        | Null | Key | Default | Extra |
+-------+-------------+------+-----+---------+-------+
| id    | int         | YES  |     | NULL    |       |
| name  | varchar(20) | YES  |     | NULL    |       |
+-------+-------------+------+-----+---------+-------+
2 rows in set (0.00 sec)
```

2. 使用 SHOW COLUMNS 语句查看表结构

在 MySQL 中，通过 SHOW COLUMNS 语句也可以查看数据表的结构信息，其基本语法格式如下。

```
#语法格式 1
SHOW [FULL] COLUMNS FROM 数据表名称 [FROM 数据库名称];
#语法格式 2
SHOW [FULL] COLUMNS FROM 数据库名称.数据表名称;
```

上述语法格式中，可选项 FULL 表示显示详细内容，在不添加的情况下查询结果与 DESC 的结果相同；在添加 FULL 选项时此语句不仅可以查看到 DESC 语句查看的信息，还可以查看到字段的权限、注释说明等。通过"FROM 数据库名称"或"数据库名称.数据表名称"可以查看指定数据库下的数据表结构信息。

下面演示如何查看 school 数据库中 student 表结构的详细信息，具体示例如下。

```
mysql>SHOW FULL COLUMNS FROM student;
+----------+-------------+--------------------+------+-----+
| Field    | Type        | Collation          | Null | Key |
+----------+-------------+--------------------+------+-----+
| id       | int         | NULL               | YES  |     |
| name     | varchar(20) | utf8mb4_0900_ai_ci | YES  |     |
+----------+-------------+--------------------+------+-----+

+---------+-------+----------------------------------+---------+
| Default | Extra | Privileges                       | Comment |
+---------+-------+----------------------------------+---------+
| NULL    |       | select,insert,update,references  | 学号    |
| NULL    |       | select,insert,update,references  | 姓名    |
+---------+-------+----------------------------------+---------+
2 rows in set (0.00 sec)
```

从上述示例结果可以看出，SHOW FULL COLUMNS 语句除与 DESC 语句查看了相同字段外，还查看了 Collation(校对集)、Privileges(权限)和 Comment(注释说明)信息。

2.2.4　修改数据表

在实际开发时，如果创建的数据表不符合实际需求，可以对数据表进行修改，以满足需

求,例如修改数据表的名称和表选项。下面分别讲解如何修改数据表的名称,以及对字段的
名称、数据类型、指定字段和排列位置等进行修改、增加或删除。

1. 修改数据表的名称

在 MySQL 中,修改数据表名称的语句有两种,下面分别进行讲解。

(1) ALTER TABLE 语句。使用 ALTER TABLE 语句修改数据表名称,具体语法格
式如下。

```
ALTER TABLE 旧数据表名称 RENAME [TO|AS] 新数据表名称;
```

上述语法格式中,RENAME 后面可以添加 TO 或 AS,也可以省略 TO 或 AS,效果
相同。

(2) RENAME TABLE 语句。使用 RENAME TABLE 语句修改数据表的名称,基本
语法格式如下。

```
RENAME TABLE 旧数据表名称 1 TO 新数据表名称 1[, 旧数据表名称 2 TO 新数据表名称 2]…;
```

上述语法格式中,RENAME TABLE 后面必须添加 TO,该语法可以同时修改多个数
据表的名称。

下面演示如何将 student 数据表的名称修改为 stu。修改完成后,查看当前数据库中的
数据表以确认数据表名称是否修改成功,具体示例如下。

(1) 使用 ALTER TABLE 语句将数据表的名称修改为 stu,具体 SQL 语句及执行结果
如下。

```
mysql>ALTER TABLE student RENAME TO stu;
Query OK, 0 rows affected (0.05 sec)
```

(2) 使用 SHOW TABLES 语句查看当前数据库中的数据表,具体 SQL 语句及执行结
果如下。

```
mysql>SHOW TABLES;
+---------------+
| Tables_in_dms |
+---------------+
| stu           |
+---------------+
1 row in set (0.00 sec)
```

从上述执行结果可以看出,student 数据表的名称已经成功修改为 stu。

2. 修改字段名

在 MySQL 中,通过 ALTER TABLE 语句的 CHANGE 子句和 RENAME COLUMN
子句都可以修改字段名。需要注意的是,RENAME COLUMN 子句只能修改字段名。如
果只修改字段名称的话,使用 RENAME COLUMN 子句更加方便。下面分别进行讲解。

（1）CHANGE 子句。使用 CHANGE 子句不仅可以修改字段名,也可以修改数据类型,其基本语法格式如下。

```
ALTER TABLE 数据表名称 CHANGE [COLUMN] 旧字段名 新字段名 数据类型[字段属性];
```

上述语法格式中,"旧字段名"为修改前的字段名;"新字段名"为修改后的字段名;"数据类型"指修改后字段的数据类型,不能为空,即使新字段的数据类型与旧字段的数据类型相同,也必须设置。另外,CHANGE 子句不仅可以修改字段的名称和数据类型,还可以修改字段的约束、排列位置,后续会一一讲解。

（2）RENAME COLUMN 子句。使用 RENAME COLUMN 子句修改字段名,其基本语法格式如下。

```
ALTER TABLE 数据表名称 RENAME COLUMN 旧字段名 TO 新字段名;
```

上述语法格式中,"旧字段名"和"新字段名"的含义与 CHANGE 子句相同,这里不再赘述。

下面演示如何将数据表中 id 字段的名称修改为 stuno。修改完成后,查看数据表结构,以确认字段名是否修改成功,具体示例如下。

（1）使用 ALTER TABLE 语句的 RENAME COLUMN 子句修改字段名,具体 SQL 语句及执行结果如下。

```
mysql>ALTER TABLE stu RENAME COLUMN id TO stuno;
Query OK, 0 rows affected (0.02 sec)
Records: 0 Duplicates: 0 Warnings: 0
```

（2）使用 DESC 语句查看数据表结构,具体 SQL 语句及执行结果如下。

```
mysql>DESC stu;
+-------+-------------+------+-----+---------+-------+
| Field | Type        | Null | Key | Default | Extra |
+-------+-------------+------+-----+---------+-------+
| stuno | int         | YES  |     | NULL    |       |
| name  | varchar(20) | YES  |     | NULL    |       |
+-------+-------------+------+-----+---------+-------+
2 rows in set (0.00 sec)
```

从上述执行结果可以看出,字段名 id 成功修改为 stuno。

3. 修改字段数据类型

在 MySQL 中,通过 ALTER TABLE 语句的 MODIFY 子句和 CHANGE 子句都可以修改字段的数据类型,其中 CHANGE 子句在本节中已经讲过,将旧字段名与新字段名设置成相同的字段名,然后为其设置新的数据类型即可。下面讲解 MODIFY 子句。

使用 MODIFY 子句修改字段的数据类型,基本语法格式如下。

```
ALTER TABLE 数据表名称 MODIFY [COLUMN] 字段名 新数据类型;
```

上述语法格式中,新数据类型指修改后的数据类型。

虽然 MODIFY 子句和 CHANGE 子句都可以修改字段数据类型,但是 CHANGE 子句需要写两次字段名,而 MODIFY 的语法相对简洁。

下面演示如何将数据表 stu 中 name 字段的数据类型改为 CHAR(14)。修改完成后,查看当前数据表的结构以确认字段数据类型是否修改成功,具体示例如下。

(1) 使用 MODIFY 子句修改 name 字段的数据类型,具体 SQL 语句及执行结果如下。

```
mysql>ALTER TABLE stu MODIFY name CHAR(14)
    ->COMMENT '姓名';
Query OK, 0 rows affected (0.02 sec)
Records: 0 Duplicates: 0 Warnings: 0
```

(2) 使用 DESC 语句查看数据表 stu 的表结构,确认数据类型是否修改成功,具体 SQL 语句及执行结果如下。

```
mysql>DESC stu;
+----------+-------------+------+-----+---------+-------+
| Field    | Type        | Null | Key | Default | Extra |
+----------+-------------+------+-----+---------+-------+
| stuno    | int         | YES  |     | NULL    |       |
| name     | char(14)    | YES  |     | NULL    |       |
+----------+-------------+------+-----+---------+-------+
2 rows in set (0.00 sec)
```

从上述执行结果可以看出,字段 name 的数据类型修改成功。

4. 添加指定字段

在 MySQL 中,数据表创建之后如果想要添加新字段,可以使用 ALTER TABLE 语句的 ADD 子句来完成,并且可以添加一个或多个字段。

使用 ADD 子句添加一个字段,其基本语法格式如下。

ALTER TABLE 数据表名称 ADD [COLUMN] 新字段名 数据类型 [FIRST | AFTER 字段名];

上述语法格式中,FIRST 参数表示将数据表中新字段名添加为数据表的第一个字段;AFTER 参数表示将新字段添加到指定字段的后面。若不指定字段添加位置,则新字段默认添加到数据表的最后。

使用 ADD 子句添加多个字段,其基本语法格式如下。

ALTER TABLE 数据表名称
ADD [COLUMN] (新字段名 1 数据类型 1, 新字段名 2 数据类型 2, …);

上述语法格式中,ADD 子句同时新增多个字段时不能指定字段的添加位置,新字段默认添加到数据表的最后。

下面演示如何在数据表 stu 中添加一个 CHAR(1)类型的性别字段 gender。添加完成后,查看数据表结构,以确认字段是否添加成功,具体示例如下。

（1）使用 ALTER TABLE 语句的 ADD 子句添加 gender 字段，不指定字段的添加位置，具体 SQL 语句及执行结果如下。

```
mysql>ALTER TABLE stu ADD gender CHAR(1) COMMENT '性别';
Query OK, 0 rows affected (0.02 sec)
Records: 0 Duplicates: 0 Warnings: 0
```

从上述执行结果可以看出，添加字段的语句已经执行成功了。

（2）使用 DESC 语句查看数据表结构，确认字段是否添加成功，具体 SQL 语句及执行结果如下。

```
mysql>DESC stu;
+---------+----------+------+-----+---------+-------+
| Field   | Type     | Null | Key | Default | Extra |
+---------+----------+------+-----+---------+-------+
| stuno   | int      | YES  |     | NULL    |       |
| name    | char(14) | YES  |     | NULL    |       |
| gender  | char(1)  | YES  |     | NULL    |       |
+---------+----------+------+-----+---------+-------+
3 rows in set (0.00 sec)
```

从上述执行结果可以看出，字段 gender 已经添加到数据表的最后，并且设置该字段的数据类型显示为 char(1)，表示 CHAR(1) 类型。

5.修改字段排列位置

在 MySQL 中，如果想要在数据表创建之后修改字段的排列位置，可以使用 ALTER TABLE 语句的 MODIFY 子句或 CHANGE 子句来实现。

使用 MODIFY 子句修改字段的排列位置，其基本语法格式如下。

```
#语法 1,将某个字段修改为表的第一个字段
ALTER TABLE 数据表名称 MODIFY 字段名 数据类型 FIRST;
#语法 2,将字段名 1 移动到字段名 2 的后面
ALTER TABLE 数据表名称 MODIFY 字段名 1 数据类型 AFTER 字段名 2;
```

上述语法格式中，FIRST 表示将表中指定的字段修改为表的第一个字段；AFTER 表示将字段名 1 移动到字段名 2 的后面。字段的数据类型如果不需要修改，和原来的数据类型保持一致即可。

CHANGE 子句除了可以修改字段名称和字段的数据类型外，还可以修改字段的排列位置。使用 CHANGE 子句修改字段的排列位置，其基本语法格式如下。

```
#语法 1,将某个字段修改为表的第一个字段
ALTER TABLE 数据表名称 CHANGE 字段名 字段名 数据类型 FIRST;
#语法 2,将字段名 1 移动到字段名 2 的后面
ALTER TABLE 数据表名称 CHANGE 字段名 1 字段名 1 数据类型 AFTER 字段名 2;
```

上述语法格式中，FIRST 和 AFTER 所表示的含义与 MODIFY 子句中的 FIRST 和

AFTER 相同。由于 CHANGE 子句还可以修改字段名和数据类型,如果不需要修改,和原来的字段名、数据类型保持一致即可。

下面演示如何将 stu 数据表中的 gender 字段移动到 name 字段之前。移动完成后,查看数据表结构,以确认移动结果是否正确,具体示例如下。

(1) 使用 ALTER TABLE 语句的 CHANGE 子句移动字段的位置,具体 SQL 语句及执行结果如下。

```
mysql>ALTER TABLE stu CHANGE name name CHAR(14) AFTER gender;
Query OK, 0 rows affected (0.07 sec)
Records: 0 Duplicates: 0 Warnings: 0
```

从上述执行结果可以看出,修改字段排列顺序的语句已经成功执行。

(2) 使用 DESC 语句查看数据表结构,确认字段顺序是否修改成功,具体 SQL 语句及执行结果如下。

```
mysql>DESC stu;
+----------+-------------+------+-----+---------+-------+
| Field    | Type        | Null | Key | Default | Extra |
+----------+-------------+------+-----+---------+-------+
| stuno    | int         | YES  |     | NULL    |       |
| gender   | char(1)     | YES  |     | NULL    |       |
| name     | char(14)    | YES  |     | NULL    |       |
+----------+-------------+------+-----+---------+-------+
3 rows in set (0.00 sec)
```

从上述执行结果可以看出,gender 字段已经成功移动到 name 字段的前面。

6. 删除指定字段

数据表创建成功后,不仅可以修改字段,还可以删除字段。删除字段是指将某个字段从数据表中删除。在 MySQL 中,可以使用 ALTER TABLE 语句的 DROP 子句删除指定字段,其基本语法格式如下。

```
ALTER TABLE 数据表名称 DROP [COLUMN] 字段名 1 [, DROP 字段名 2] …;
```

上述语法格式中,DROP 子句可以删除一个或多个字段。

下面演示如何将 stu 数据表中的 gender 字段删除。删除完成后,查看数据表结构,以确认字段是否删除成功,具体示例如下。

(1) 使用 ALTER TABLE 语句的 DROP 子句删除 gender 字段,具体 SQL 语句及执行结果如下。

```
mysql>ALTER TABLE stu DROP gender;
Query OK, 0 rows affected (0.15 sec)
Records: 0 Duplicates: 0 Warnings: 0
```

从上述执行结果可以看出,删除字段的语句已经成功执行。

（2）使用 DESC 语句查看数据表结构，确认字段是否删除成功，具体 SQL 语句及执行结果如下。

```
mysql>DESC stu;
+---------+----------+------+-----+---------+-------+
| Field   | Type     | Null | Key | Default | Extra |
+---------+----------+------+-----+---------+-------+
| stuno   | int      | YES  |     | NULL    |       |
| name    | char(14) | YES  |     | NULL    |       |
+---------+----------+------+-----+---------+-------+
2 rows in set (0.00 sec)
```

从上述执行结果可以看出，gender 字段已经成功从 stu 数据表中删除。

2.2.5　删除数据表

删除数据表是指删除数据库中已存在的表。在删除数据表的同时，数据表中存储的数据也将被删除。

在 MySQL 中，使用 DROP TABLE 语句可以删除数据表，该语句可以同时删除一张或多张数据表，基本语法格式如下。

```
DROP [TEMPORARY] TABLE [IF EXISTS] 数据表名称 1[，数据表名称 2]…;
```

上述语法格式的具体说明如下。

- TEMPORARY：可选项，表示临时表，如果要删除临时表，可以通过该选项来删除。
- IF EXISTS：可选项，表示在删除之前判断数据表是否存在，使用该可选项可以避免删除不存在的数据表导致语句执行错误。

需要说明的是，在开发时应谨慎使用数据表删除操作，因为数据表一旦删除，表中的所有数据都将被清除。

下面演示如何删除 stu 数据表，并在删除完成后，确认该表是否删除成功，具体示例如下。

（1）使用 DROP TABLE 语句删除 stu 数据表，具体 SQL 语句及执行结果如下。

```
mysql>DROP TABLE stu;
Query OK, 0 rows affected (0.02 sec)
```

（2）使用 SHOW TABLES 语句查看当前数据库中的数据表，确认 stu 数据表是否被删除成功，具体 SQL 语句及执行结果如下。

```
mysql>SHOW TABLES;
Empty set (0.00 sec)
```

从上述执行结果可以看出，当前数据库中没有 stu 数据表，说明该数据表删除成功。

2.3　数据操作

通过前面的学习,相信读者已经能够完成数据库和数据表的创建、查看、修改等基本操作了。然而,要想对数据库中的数据进行添加、修改和删除,还需要学习数据操作语言。本节讲解如何对数据进行操作。

2.3.1　添加数据

数据表创建好之后,可以向数据表中添加数据。添加数据又称为插入数据。在MySQL 中,使用 INSERT 语句可以向数据表中添加单条数据或者多条数据。下面对数据表中数据的添加操作进行详细讲解。

1. 添加单条数据

在 MySQL 中,向数据表中添加单条数据的语法格式如下。

```
INSERT [INTO] 数据表名称
[(字段名[, …])]
{VALUES | VALUE} (值[, …]);
```

上述语法格式的具体说明如下。
- 关键字 INTO 可以省略,省略后效果相同。
- 数据表名称是指需要添加数据的数据表的名称。
- 字段名表示需要添加数据的字段名称,字段的顺序需要与值的顺序一一对应,多个字段名之间使用英文逗号分隔。
- VALUES 和 VALUE 可以任选其一,通常情况下使用 VALUES。
- 值表示字段对应的数据,多个值之间使用英文逗号分隔。

需要注意的是,使用 INSERT 语句添加数据时,字段名是可以省略的。如果不指定字段名,那么值的顺序必须和数据表定义的字段顺序相同。如果指定需要添加数据的字段名时,添加的值的顺序要和指定的字段名顺序保持一致。

下面针对向所有字段添加数据和向部分字段添加数据分别进行讲解。

(1) 向所有字段添加数据。

向数据表中所有字段添加数据时,可以指定所有字段名,也可以省略所有字段名。接下来,分别演示如何以指定所有字段名的方式添加数据,以及如何以省略所有字段名的方式添加数据。

① 以指定所有字段名的方式添加数据。在 school 数据库中创建一个用于存储教师信息的教师表 teacher,创建教师表的示例代码如下。

```
mysql>CREATE TABLE teacher (
    ->   teacherno INT COMMENT '教师编号',
    ->   tname VARCHAR(8) COMMENT '姓名',
    ->   gender VARCHAR(2) COMMENT '性别',
    ->   title VARCHAR(12) COMMENT '职称',
```

```
    ->   birth VARCHAR(16) COMMENT '出生年月',
    ->   sal INT COMMENT '基本工资'
    ->) COMMENT '教师表';
Query OK, 0 rows affected (0.02 sec)
```

使用 INSERT 语句向教师表中添加一条数据，教师编号为 1001，性别为男，职称为教授，出生年月为 1976-01-02，姓名为王志明，基本工资为 9000，具体示例如下。

```
mysql> INSERT INTO teacher (teacherno, gender, title, birth, tname, sal)
    -> VALUES (1001, '男', '教授', '1976-01-02', '王志明', 9000);
Query OK, 1 row affected (0.02 sec)
```

上述 SQL 语句中，在添加数据时，字段的顺序要与 VALUES 中值的顺序一一对应。由示例结果 Query OK 可知，添加数据的语句执行成功。

② 以省略所有字段名的方式添加数据。在 school 数据库中向教师表添加一条数据，教师编号为 1002，姓名为王丹，性别为女，职称为讲师，出生年月为 1980-07-12，基本工资为 5000 元，具体示例如下。

```
mysql> INSERT INTO teacher VALUES
    -> (1002, '王丹', '女', '讲师', '1980-07-12', 5000);
Query OK, 1 row affected (0.01 sec)
```

在上述 SQL 语句中，添加的数据顺序与创建数据表时的字段顺序相同，分别表示教师编号、姓名、性别、职称、出生年月和基本工资。

（2）向部分字段添加数据。

在 school 数据库中向教师表中添加一条数据，教师编号为 1003，姓名为李庆，职称为讲师，出生年月为 1982-08-22，基本工资为 5500，省略性别字段，具体示例如下。

```
mysql> INSERT INTO teacher (teacherno, tname, title, birth, sal) VALUES
    -> (1003, '李庆', '讲师', '1982-08-22', 5500);
Query OK, 1 row affected (0.01 sec)
```

上述 SQL 语句没有为 gender 字段赋值，MySQL 会自动为其添加空值 NULL。

📖多学一招：使用 INSERT 语句的 SET 子句添加数据

INSERT 语句除了前面讲过的语法外，还可以使用 SET 子句为表中指定的字段或者全部字段添加数据，其基本语法格式如下。

```
INSERT [INTO] 数据表名称 SET 字段名 1=值 1[, 字段名 2=值 2, …];
```

上述语法格式中，字段名表示需要添加数据的字段名称，值表示添加的数据。如果在 SET 关键字后面指定了多个"字段名＝值"的数据对，则每个数据对之间使用逗号分隔，最后一个数据对后面不加逗号。

下面演示如何使用 INSERT 语句的 SET 子句向教师表中添加一条数据，教师编号为 1004，性别为女，出生年月为 1993-12-02，姓名为王红，职称为助教，具体示例如下。

```
mysql>INSERT INTO teacher SET teacherno=1004, gender='女',
    -> birth='1993-12-02', tname='王红', title='助教';
Query OK, 1 row affected (0.01 sec)
```

上述 SQL 语句中，没有为 sal 字段赋值，MySQL 会自动为其添加空值 NULL。

2. 添加多条数据

当公司同时入职了一批新员工时，如果使用单条数据的添加方式，操作会比较烦琐。为简化操作，MySQL 中可以使用单条 INSERT 语句同时添加多条数据，其基本语法格式如下。

```
INSERT [INTO] 数据表名称 [(字段名[,…])] {VALUES | VALUE}
(第 1 条记录的值 1, 第 1 条记录的值 2, …),
(第 2 条记录的值 1, 第 2 条记录的值 2, …),
…
(第 n 条记录的值 1, 第 n 条记录的值 2, …);
```

上述语法格式中，如果未指定字段名，则值的顺序要与数据表的字段顺序一致；如果指定了字段名，则值的顺序要与指定的字段名顺序一致。当添加多条数据时，多条数据之间用逗号分隔。需要注意的是，在添加多条数据时，若其中一条数据添加失败，则整条添加语句都会失败。

在实际开发中，我们应该根据实际情况选择合适的方法解决问题，加强节约时间和资源的意识，注重提高效率，强化时间管理，合理利用时间。下面演示使用一条 INSERT 语句向教师表中添加多条数据，测试数据如表 2-2 所示。

表 2-2   测试数据

teacherno	tname	gender	title	birth	sal
1005	张贺	男	讲师	1978-03-06	6400
1006	韩芳	女	教授	1971-04-21	9200
1007	刘阳	男	讲师	1973-09-04	5800

使用 INSERT 语句向教师表中添加表 2-2 中的教师信息，具体示例如下。

```
mysql>INSERT INTO teacher VALUES
    -> (1005,'张贺','男','讲师','1978-03-06',6400),
    -> (1006,'韩芳','女','教授','1971-04-21',9200),
    -> (1007,'刘阳','男','讲师','1973-09-04',5800);
Query OK, 3 rows affected (0.01 sec)
Records: 3 Duplicates: 0 Warnings: 0
```

从上述示例结果可以看出，INSERT 语句成功执行。在执行结果中，"Records：3"表示记录了 3 条数据，"Duplicates：0"表示添加的 3 条数据没有重复，"Warnings：0"表示添加数据时没有警告。

2.3.2   查询数据

使用 INSERT 语句向数据表中添加数据后，为了查看已经添加的数据，需要进行数据的查询操作。数据的查询操作是 MySQL 中比较常用,也是非常重要的功能之一。下面介绍两种基本的数据查询方式,其他更复杂的操作会在第 5 章和第 6 章中详细讲解。

1. 查询数据表中指定字段

在 MySQL 中,查询多个字段时,可以在 SELECT 语句的字段列表中指定要查询的字段,指定的字段可以是数据表中的全部字段,也可以是部分字段。执行查询后会返回数据表中指定字段的值。

在 SELECT 语句中,查询一个或多个字段的基本语法格式如下。

```
SELECT 字段名[, …] FROM 数据表名称;
```

上述语法格式中,字段名表示要查询的字段名称,多个字段名之间使用逗号分隔。如果要查询数据表中所有的字段,则需要列出表中所有字段的名称。

下面通过案例演示如何指定数据表中部分字段来查询数据。假设在教师节来临之际,学校给所有教师准备了一份礼品,现需要从教师表中查询所有教师名单,根据名单发放礼品,具体示例如下。

```
mysql>SELECT tname FROM teacher;
+--------+
| tname  |
+--------+
| 王志明  |
| 王丹    |
| 李庆    |
| 王红    |
| 张贺    |
| 韩芳    |
| 刘阳    |
+--------+
7 rows in set (0.00 sec)
```

上述 SELECT 语句中指定了教师表中的 tname 字段,从示例结果可以看出,只显示了 tname 字段的数据。

2. 查询数据表中所有数据

在 SELECT 语句中,使用通配符 * 可以匹配数据表中所有的字段,该方式与在 SELECT 语句的字段列表中指定数据表中全部字段的效果类似,且查询结果的字段顺序和数据表中定义的字段顺序一致,其基本语法格式如下。

```
SELECT * FROM 数据表名称;
```

下面演示如何查询教师表中添加的全部数据,具体示例如下。

```
mysql>SELECT * FROM teacher;
```

```
+-----------+--------+--------+-------+------------+------+
| teacherno | tname  | gender | title | birth      | sal  |
+-----------+--------+--------+-------+------------+------+
| 1001      | 王志明 | 男     | 教授  | 1976-01-02 | 9000 |
| 1002      | 王丹   | 女     | 讲师  | 1980-07-12 | 5000 |
| 1003      | 李庆   | NULL   | 讲师  | 1982-08-22 | 5500 |
| 1004      | 王红   | 女     | 助教  | 1993-12-02 | NULL |
| 1005      | 张贺   | 男     | 讲师  | 1978-03-06 | 6400 |
| 1006      | 韩芳   | 女     | 教授  | 1971-04-21 | 9200 |
| 1007      | 刘阳   | 男     | 讲师  | 1973-09-04 | 5800 |
+-----------+--------+--------+-------+------------+------+
7 rows in set (0.00 sec)
```

从上述示例结果可以看出,成功查询出教师表中王志明、王丹、李庆、王红、张贺、韩芳和刘阳的信息。

2.3.3　修改数据

数据表中的数据添加成功后,可以对数据进行修改。例如,某员工职位变更了,就需要修改数据表中该员工的职位字段的数据。在 MySQL 中,使用 UPDATE 语句可以修改数据表中部分记录的字段数据或修改数据表中所有记录的字段数据。下面对数据表中数据的修改操作进行详细讲解。

1. 修改数据表中部分记录的字段数据

修改数据表中部分记录的字段数据是指根据指定条件修改数据表中的一条或者多条记录。使用 UPDATE 语句修改部分记录的字段数据时,需要通过 WHERE 子句指定修改数据的条件。

修改数据表中部分记录的字段数据的基本语法格式如下。

```
UPDATE 数据表名称 SET 字段名 1=值 1[,字段名 2=值 2,…] WHERE 条件表达式;
```

上述语法格式的说明具体如下。

* SET 子句用于指定表中要修改的字段名及相应的值。其中,字段名是要修改的字段的名称,值是相应字段被修改后的值。如果想要在原字段的值的基础上修改,可以使用加(＋)、减(－)、乘(＊)、除(/)运算符进行运算,例如"字段名＋1"表示在原字段基础上加 1。
* WHERE 子句用于指定数据表中要修改的记录,WHERE 后跟条件表达式,只有满足了指定条件的记录才会被修改。

下面演示如何修改数据表中部分记录的字段数据。使用 UPDATE 语句将教师王红的基本工资(sal)的值修改为 4800,具体示例如下。

```
mysql>UPDATE teacher SET sal=4800 WHERE tname='王红';
Query OK, 1 row affected (0.02 sec)
Rows matched: 1 Changed: 1 Warnings: 0
```

从上述示例结果可以看出,UPDATE 语句执行成功,其中"1 row affected"表示 1 行数据受到影响,"Rows matched:1"表示匹配到 1 行数据,"Changed:1"表示改变了 1 行数据,"Warnings:0"表示没有警告。

使用 SELECT 语句查询王红的信息,确认工资是否为 4800 元,具体示例如下。

```
mysql>SELECT * FROM teacher WHERE tname='王红';
+-----------+-------+--------+-------+------------+------+
| teacherno | tname | gender | title | birth      | sal  |
+-----------+-------+--------+-------+------------+------+
| 1004      | 王红  | 女     | 助教  | 1993-12-02 | 4800 |
+-----------+-------+--------+-------+------------+------+
1 row in set (0.00 sec)
```

从上述示例结果可以看出,王红的基本工资成功修改为 4800 元。

2.修改数据表中所有记录的字段数据

在使用 UPDATE 语句修改数据时,如果没有添加 WHERE 子句,则会修改数据表中所有记录的字段数据。由于修改所有记录的字段数据的风险比较大,实际工作中应谨慎操作。

修改数据表中所有记录的字段数据的基本语法格式如下。

```
UPDATE 数据表名称 SET 字段名 1=值 1[,字段名 2=值 2,…];
```

上述语法格式中,SET 子句用于指定表中要修改的字段名及相应的值。其中,字段名是要修改的字段的名称,值为相应字段名被修改后的值。

下面演示如何使用 UPDATE 语句修改所有记录的字段数据。将教师表中所有教师的基本工资增加 500 元,具体示例如下。

(1)使用 UPDATE 语句修改所有教师的基本工资,将 sal 字段的值在原来的基础上增加 500 元,具体 SQL 语句及执行结果如下。

```
mysql>UPDATE teacher SET sal=sal+500;
Query OK,7 rows affected (0.01 sec)
Rows matched: 7 Changed: 12 Warnings: 0
```

从上述执行结果可以看出,UPDATE 语句执行成功。

(2)使用 SELECE 语句查询教师表中所有的数据,确认 sal 字段的值是否按照需求完成修改,具体 SQL 语句及执行结果如下。

```
mysql>SELECT * FROM teacher;
+-----------+-------+--------+-------+------------+------+
| teacherno | tname | gender | title | birth      | sal  |
+-----------+-------+--------+-------+------------+------+
| 1001      | 王志明 | 男     | 教授  | 1976-01-02 | 9500 |
| 1002      | 王丹  | 女     | 讲师  | 1980-07-12 | 5500 |
| 1003      | 李庆  | NULL   | 讲师  | 1982-08-22 | 6000 |
| 1004      | 王红  | 女     | 助教  | 1993-12-02 | 5300 |
```

```
| 1005          | 张贺    | 男      | 讲师    | 1978-03-06   | 6900   |
| 1006          | 韩芳    | 女      | 教授    | 1971-04-21   | 9700   |
| 1007          | 刘阳    | 男      | 讲师    | 1973-09-04   | 6300   |
+-----------+-------+--------+-------+------------+------ +
7 rows in set (0.00 sec)
```

上述执行结果显示的是全员修改后的数据,与修改之前的数据相比,所有教师的工资都增加了 500 元。

2.3.4　删除数据

在 MySQL 中,除了可以对数据表中的数据进行添加、更新操作外,还可以对数据表中的数据进行删除操作。使用 DELETE 语句可以删除数据表中的部分数据或全部数据。下面对数据表中数据的删除操作进行讲解。

1. 删除数据表中部分记录的数据

删除数据表中部分记录的数据是指根据指定条件删除数据表中的某一条或者某几条数据,需要使用 WHERE 子句指定删除数据的条件。

删除数据表中部分记录的数据的基本语法格式如下。

```
DELETE FROM 数据表名称 WHERE 条件表达式;
```

上述语法格式中,数据表名称是指要删除的数据表的名称,WHERE 子句用于设置删除的条件,只有满足条件表达式的数据,才会被删除。

需要注意的是,DELETE 语句用于删除整条记录,不能用于只删除某个字段的值。如果要删除某个字段的值,可以使用 UPDATE 语句,将要删除的字段设置为空值。

下面演示如何使用 DELETE 语句删除教师表中姓名为刘阳的教师,具体示例如下。

(1) 使用 DELETE 语句删除姓名为刘阳的教师,具体 SQL 语句及执行结果如下。

```
mysql>DELETE FROM teacher WHERE tname='刘阳';
Query OK, 1 row affected (0.01 sec)
```

从上述执行结果可以看出,DELEET 语句执行成功。

(2) 使用 SELECE 语句查询员工姓名为刘阳的教师,确认其是否删除,具体 SQL 语句及执行结果如下。

```
mysql>SELECT * FROM teacher WHERE tname='刘阳';
Empty set (0.00 sec)
```

从上述执行结果可以看出,查询的数据返回的结果为空,说明姓名为刘阳的教师已经被删除了。

2. 删除数据表中全部记录的数据

若要删除数据表中全部记录的数据,在使用 DELETE 语句时,直接省略 WHERE 子句即可。由于删除全部数据的风险比较大,实际工作中应谨慎操作。

删除数据表中全部记录的数据的基本语法格式如下。

```
DELETE FROM 数据表名称;
```

上述语法格式中,数据表名称是指要删除的数据表的名称。

下面演示如何使用 DELETE 语句删除教师表中全部记录的数据,具体示例如下。

(1) 使用 DELETE 语句删除全部教师数据,具体 SQL 语句及执行结果如下。

```
mysql>DELETE FROM teacher;
Query OK, 6 rows affected (0.00 sec)
```

从上述执行结果可以看出,DELEET 语句执行成功。

(2) 使用 SELECE 语句查询教师表 teacher 中的数据,确认其是否删除,具体 SQL 语句及执行结果如下。

```
mysql>SELECT * FROM teacher;
Empty set (0.00 sec)
```

从上述执行结果可以看出,查询的数据返回的结果为空,说明教师表中的所有数据被删除成功。

2.4　动手实践：电子杂志订阅表的操作

数据库的学习在于多看、多学、多思考、多动手。接下来请结合本章所学的知识完成电子杂志订阅表的操作,具体需求如下。

(1) 创建一个 mydb 数据库,并选择该数据库作为后续操作的数据库。

(2) 在 mydb 中创建一张电子杂志订阅表(subscribe),该数据表中主要包含 4 个字段,分别为编号(id)、订阅邮件的邮箱地址(email)、订阅确认状态(status)、邮箱确认的验证码(code),其中,订阅确认状态的值为 0 或 1,0 表示未确认,1 表示已确认。已知电子杂志订阅表的表结构,如表 2-3 所示。

表 2-3　电子杂志订阅表的表结构

字 段 名 称	数 据 类 型	说　　明
id	INT	编号
email	VARCHAR(60)	订阅邮件的邮箱地址
status	INT	订阅确认状态(0：未确认,1：已确认)
code	VARCHAR(10)	邮箱确认的验证码

(3) 为电子杂志订阅表添加 5 条测试数据,如表 2-4 所示。

表 2-4   测试数据

编　号	邮　箱　地　址	订阅确认状态	邮箱确认验证码
1	tom123@mail.test	1	TRBXPO
2	lucy123@mail.test	1	LOICPE
3	lily123@mail.test	0	JIXDAMI
4	jimmy123@mail.test	0	QKOLPH
5	joy123@mail.test	1	JSMWNL

（4）查看已经通过邮箱确认的电子杂志订阅信息。

（5）将编号为 4 的订阅确认状态设置为"已确认"。

（6）删除编号为 5 的电子杂志订阅信息。

说明：读者可以参考本书配套源码包中的操作文档，按照上述需求完成动手实践。

2.5   本章小结

本章主要对数据库和数据表的基本操作，以及数据表中数据的操作进行了详细讲解。首先讲解了数据库操作，包括创建、查看、修改、选择和删除数据库；然后讲解了数据表操作，包括创建、查看、修改和删除数据表；最后讲解了数据操作，包括添加、查询、修改和删除数据。通过本章的学习，希望读者能够掌握数据库、数据表及数据的基本操作，为后续学习打下坚实的基础。

第 3 章

数据表设计

学习目标：

- 熟悉数据类型的使用，能够区分 SQL 语句中不同类型数据的表示方式。
- 掌握数据表的相关约束的使用方法，能够在数据表中设置默认值约束、非空约束、唯一约束和主键约束。
- 掌握字段自动增长的设置，能够在创建数据表或修改数据表时为字段设置自动增长。
- 了解字符集和校对集的概念，能够说出字符集与校对集之间的联系。
- 掌握字符集和校对集的设置，能够设置服务器、数据库、数据表和字段的字符集和校对集。

在数据库中，数据表用来组织和存储各种数据，它是由表结构和数据组成的。在设计表结构时，经常需要根据实际需求，选择合适的数据类型、约束、字符集和校对集，以及为主键字段设置自动增长。本章围绕数据类型、表的约束、自动增长、字符集与校对集进行详细讲解。

3.1 数据类型

使用 MySQL 存储数据时，不同的数据类型决定了 MySQL 存储数据方式的不同。MySQL 提供了多种数据类型，其中主要包括数值类型、日期和时间类型、字符串类型。只有掌握这些数据类型的用法，才能正确编写 SQL 语句。作为一名合格的数据库开发工程师，要建立规范编写 SQL 语句的意识，养成规范化书写的好习惯。本节针对这些数据类型进行详细讲解。

3.1.1 数值类型

现实生活中有各种各样的数字，如考试成绩、商品价格等。在 MySQL 中，如果希望保存数字，可以将数字保存为数值类型，这样可以很方便地进行数学计算，而如果将数字保存为字符串类型，则不利于数学计算。数值类型主要包括整数类型、浮点数类型、定点数类型、BIT(位)类型，下面分别进行讲解。

1. 整数类型

整数类型用于保存整数，根据取值范围的不同，整数类型主要包括 TINYINT、SMALLINT、MEDIUMINT、INT 和 BIGINT。整数类型又分为无符号(UNSIGNED)和有符号(SIGNED)两种情况,无符号不能保存负数,而有符号可以保存负数。整数类型的字节数和取值范围如表 3-1 所示。

表 3-1　整数类型的字节数和取值范围

类 型 名	字 节 数	无符号数取值范围	有符号数取值范围
TINYINT	1	0～255	-128～127
SMALLINT	2	0～65 535	-32 768～32 767
MEDIUMINT	3	0～16 777 215	-8 388 608～8 388 607
INT	4	0～4 294 967 295	-2 147 483 648～2 147 483 647
BIGINT	8	$0～2^{64}-1$	$-2^{63}～2^{63}-1$

从表 3-1 中可以看出,不同整数类型所占用的字节数和取值范围都是不同的。其中,占用字节数最小的是 TINYINT,占用字节数最大的是 BIGINT。不同整数类型的取值范围可以根据字节数计算出来,如 TINYINT 类型的整数占用 1 字节,1 字节是 8 位,那么 TINYINT 类型无符号数的最大值就是 2^8-1(即 255),有符号数的最大值就是 2^7-1(即 127)。同理,可以算出其他不同整数类型的取值范围。

需要注意的是,整数类型默认情况下是有符号的,如果使用无符号数据类型,需要通过 UNSIGNED 关键字修饰数据类型。例如,描述数据表中的 age(年龄)字段,可以使用"age TINYINT UNSIGNED"表明 age 字段是无符号的 TINYINT 类型。

在实际应用中选择数据类型时的注意事项如下。

(1) 若一个数据将来可能参与数学计算,推荐保存为整数、浮点数或定点数类型;若只用来显示,则推荐保存为字符串类型。例如,商品库存可能需要进行增加、减少或求和等操作,可以保存为整数类型;用户的身份证号、电话号码一般不需要计算,可以保存为字符串类型。

(2) 数据表的主键推荐使用整数类型,与字符串相比,整数类型的处理效率更高,查询速度更快。

(3) 当插入值的数据类型与字段的数据类型不一致,或使用 ALTER TABLE 修改字段的数据类型时,MySQL 会尝试尽可能将现有的值转换为新类型。例如,字符串'123'、'-123'、'1.23'与数字 123、-123、1.23 可以互相转换;1.5 转换为整数时,会被四舍五入,结果为 2。

下面通过案例演示整数类型的使用及注意事项,具体示例如下。

(1) 在 dms 数据库中创建 my_int 数据表,选取 INT 和 TINYINT 两种类型测试,具体 SQL 语句及执行结果如下。

```
mysql>USE dms;
Database changed
mysql>CREATE TABLE my_int (
    -> int_1 INT,
    -> int_2 INT UNSIGNED,
    -> int_3 TINYINT,
    -> int_4 TINYINT UNSIGNED
    -> );
Query OK, 0 rows affected (0.04 sec)
```

上述 SQL 语句中,定义 int_1 字段的数据类型为有符号的 INT 类型;定义 int_2 字段的数据类型为无符号的 INT 类型;定义 int_3 字段的数据类型为有符号的 TINYINT 类型;定义 int_4 字段的数据类型为无符号的 TINYINT 类型。

(2)添加数据进行测试。当数值在合法的取值范围内时,可以正确添加,反之则添加失败,并提示错误信息,具体 SQL 语句及执行结果如下。

```
#添加成功测试
mysql>INSERT INTO my_int VALUES (1000, 1000, 100, 100);
Query OK, 1 row affected (0.00 sec)
#添加失败测试
mysql>INSERT INTO my_int VALUES (1000, -1000, 100, 100);
ERROR 1264 (22003): Out of range value for column 'int_2' at row 1
```

从上述执行结果可以看出,由于 -1000 超出了无符号 INT 类型的取值范围,所以导致数据添加失败,并提示 int_2 字段超出取值范围的错误信息。

2. 浮点数类型

浮点数类型用于保存小数。浮点数类型有两种,分别是 FLOAT(单精度浮点数)和 DOUBLE(双精度浮点数)。DOUBLE 的精度比 FLOAT 高,但是 DOUBLE 消耗的内存是 FLOAT 的两倍,DOUBLE 的运算速度比 FLOAT 慢。

对于 FLOAT 类型,当一个数字的整数部分和小数部分加起来超过 6 位时就有可能损失精度;对于 DOUBLE 类型,当一个数字的整数部分和小数部分加起来超过 15 位时就有可能损失精度。浮点数在进行数学计算时可能会损失精度。因此,浮点数类型适合将小数作为近似值存储而不是作为精确值存储。

为了帮助读者更好地理解,下面选取单精度浮点数进行演示,具体示例如下。

(1)创建数据表 my_float,具体 SQL 语句及执行结果如下。

```
mysql>CREATE TABLE my_float (
    ->   f1 FLOAT,
    ->   f2 FLOAT
    -> );
Query OK, 0 rows affected (0.01 sec)
```

上述 SQL 语句中,在创建数据表 my_float 时,定义 f1 字段和 f2 字段的数据类型都为 FLOAT。

(2)添加数据进行测试。添加未超出精度的数据,具体 SQL 语句及执行结果如下。

```
#第 1 条语句
mysql>INSERT INTO my_float VALUES (111111, 1.11111);
Query OK, 1 row affected (0.00 sec)
```

(3)添加超出精度的数据,具体 SQL 语句及执行结果如下。

```
#第 2 条语句
mysql>INSERT INTO my_float VALUES (1111111, 1.111111);
```

```
Query OK, 1 row affected (0.00 sec)
#第 3 条语句
mysql>INSERT INTO my_float VALUES (1111114, 1111115);
Query OK, 1 row affected (0.00 sec)
#第 4 条语句
mysql>INSERT INTO my_float VALUES (11111149, 11111159);
Query OK, 1 row affected (0.00 sec)
```

（4）查询 my_float 数据表中的数据,具体 SQL 语句及执行结果如下。

```
mysql>SELECT * FROM my_float;
+----------+----------+
| f1       | f2       |
+----------+----------+
| 111111   | 1.11111  |
| 1111110  | 1.11111  |
| 1111110  | 1111120  |
| 11111100 | 11111200 |
+----------+----------+
4 rows in set (0.00 sec)
```

从上述执行结果可以看出,第一条语句添加的数据没有超出精度,数据原样输出,结果为 111111 和 1.11111;第二条语句中 f1 字段的第 7 位为 1,四舍五入后为 0,f2 字段的第 7 位为 1,四舍五入后为 0,结果为 1111110 和 1.11111;第三条语句中 f1 字段的第 7 位为 4,四舍五入后为 0,f2 字段的第 7 位为 5,四舍五入后进位,结果为 1111110 和 1111120;第四条语句的 f1 和 f2 字段都为 8 位,第 8 位被忽略,第 7 位四舍五入,结果为 11111100 和 11111200。

3. 定点数类型

定点数类型用于保存确切精度的小数,如金额。MySQL 中的定点数类型使用 DECIMAL 或 NUMERIC 表示,两者被视为相同的类型。以 DECIMAL 为例,定点数类型的定义方式如下。

```
DECIMAL(M,D)
```

上述定义中,M 表示整数部分加小数部分的总长度,取值范围为 0~65,默认值为 10,超出范围会报错;D 表示小数点后可存储的位数,取值范围为 0~30,默认值为 0,且必须满足 D≤M。例如,DECIMAL(5,2)表示能够存储总长度为 5,并且包含 2 位小数的任何值,它的取值范围是-999.99~999.99,系统会自动根据存储的数据来分配存储空间。若不允许保存负数,可通过 UNSIGNED 关键字将定点数类型修饰为无符号数据类型。

为了帮助读者更好地理解,下面以 DECIMAL 定点数类型进行测试,具体示例如下。

（1）创建数据表 my_decimal,具体 SQL 语句及执行结果如下。

```
mysql>CREATE TABLE my_decimal (
    -> d1 DECIMAL(4,2),
```

```
      ->  d2 DECIMAL(4,2)
      ->);
Query OK, 0 rows affected (0.01 sec)
```

上述 SQL 语句中,在创建数据表 my_decimal 时,定义字段名 d1、d2,数据类型都为 DECIMAL,DECIMAL(4,2)表示的取值范围是-99.99~99.99。

(2) 添加数据进行测试,当添加的小数部分超出范围时,会四舍五入并出现警告,具体 SQL 语句及执行结果如下。

```
mysql>INSERT INTO my_decimal VALUES (1.234, 1.235);
Query OK, 1 row affected, 2 warnings (0.00 sec)
#查看警告
mysql>SHOW WARNINGS;
+-------+------+------------------------------------------+
| Level | Code | Message                                  |
+-------+------+------------------------------------------+
| Note  | 1265 | Data truncated for column 'd1' at row 1  |
| Note  | 1265 | Data truncated for column 'd2' at row 1  |
+-------+------+------------------------------------------+
2 rows in set (0.00 sec)
#查询结果
mysql>SELECT * FROM my_decimal;
+------+------+
| d1   | d2   |
+------+------+
| 1.23 | 1.24 |
+------+------+
1 row in set (0.00 sec)
```

上述 SQL 语句中,由于 DECIMAL(4,2)只能保存小数点后 2 位,第一个值 1.234 的小数点后第 3 位为 4,四舍五入后为 0,结果为 1.23;第二个值 1.235 的小数点后第 3 位为 5,四舍五入后进位,结果为 1.24。从警告信息可以看出,因为小数部分超出范围,出现了 Data truncated(数据截断)警告。

(3) 添加数据进行测试,当添加的小数部分四舍五入导致整数部分进位时,会插入失败,具体 SQL 语句及执行结果如下。

```
mysql>INSERT INTO my_decimal VALUES (99.99, 99.999);
ERROR 1264 (22003): Out of range value for column 'd2' at row 1
```

上述 SQL 语句中,第一个值 99.99 在 DECIMAL(4,2)的取值范围内,第二个值 99.999 的小数点后第三位为 9,四舍五入后进位,结果为 100.00,整数部分超出了取值范围,因此数据插入失败,出现 Out of range value(超出取值范围)错误。

4. BIT(位)类型

BIT(位)类型用于存储二进制数据,该类型的定义方式如下。

```
BIT(M)
```

上述定义中,M 表示位数,范围为 1~64。

下面演示如何用 BIT(位)类型字段保存字符 A。为了方便演示,本案例会用到 MySQL 中的 ASCII()、BIN()和 LENGTH()函数。其中,ASCII()函数用于查看指定字符的 ASCII 码,BIN()函数用于将十进制数转换为二进制数,LENGTH()函数用于获取字符串长度。首先查询出字符 A 的二进制和长度,然后根据获取到的长度创建数据表,并将字符 A 的 ASCII 码值添加到数据表中,最后将数据表中的查询结果转为二进制数字显示,具体步骤如下。

(1)查询字符 A 的 ASCII 码值,将获取的 ASCII 码值转换为二进制,并计算出长度,具体 SQL 语句及执行结果如下。

```
mysql>SELECT ASCII('A');
+------------+
| ASCII('A') |
+------------+
| 65         |
+------------+
1 row in set (0.00 sec)
```

上述 SQL 语句中,使用 ASCII()函数查看字符 A 的 ASCII 码;从执行结果可以看出,字符 A 的 ASCII 码值为 65。

(2)将获取到的字符 A 的 ASCII 码值转换为二进制,并计算出长度,具体 SQL 语句及执行结果如下。

```
mysql>SELECT BIN(65), LENGTH(BIN(65));
+---------+-----------------+
| BIN(65) | LENGTH(BIN(65)) |
+---------+-----------------+
| 1000001 | 7               |
+---------+-----------------+
1 row in set (0.01 sec)
```

上述 SQL 语句中,使用 BIN()函数将 65 转换为二进制数,使用 LENGTH()函数获取字符串长度。从执行结果可以看出,字符 A 对应的二进制数为 1000001,长度为 7。

(3)创建数据表 my_bit,并添加数据,具体 SQL 语句及执行结果如下。

```
#创建数据表 my_bit
mysql>CREATE TABLE my_bit (b BIT(7));
Query OK, 0 rows affected (0.03 sec)
#添加数据
mysql>INSERT INTO my_bit VALUES (65);
Query OK, 1 row affected (0.01 sec)
```

上述 SQL 语句中,在创建数据表 my_bit 时,设置字段名为 b,数据类型为 BIT,并且存储位数为 7;向数据表 my_bit 添加值为 65 的一条记录。

（4）查询数据，验证数据是否添加成功，具体 SQL 语句及执行结果如下。

```
mysql>SELECT * FROM my_bit;
+------------+
| b          |
+------------+
| 0x41       |
+------------+
1 row in set (0.00 sec)
```

从上述执行结果可以看出，b 字段的值为十六进制数 0x41。

（5）将十六进制数转换为二进制数显示，具体 SQL 语句及执行结果如下。

```
mysql>SELECT BIN(b) FROM my_bit;
+----------+
| BIN(b)   |
+----------+
| 1000001  |
+----------+
1 row in set (0.00 sec)
```

从上述结果可以看出，b 字段的值转换为二进制数的结果为 1000001。

📖 多学一招：MySQL 中的直接常量

直接常量是指在 MySQL 中直接编写的字面常量，如数字 123、字符串'abc'等，常用于在 INSERT 语句中编写插入的数据。直接常量有多种语法形式，具体如下。

（1）十进制数。十进制数语法近似于日常生活中的数字，如 123、1.23、-1.23，以及科学记数法 1E2、1E-2（E 不分大小写）。

（2）二进制数。在二进制字符串前加前缀 b，形如"b'1000001'"。通过"SELECT b'1000001';"语句可以查看二进制数转换为十六进制数的结果，即 0x41。

（3）十六进制数。十六进制数有两种表示方式，形如"x'41'"和"0x41"。其中，十六进制数 41 对应十进制数 65。通过"SELECT HEX(65);"可以查看十进制数 65 转换为十六进制数的结果，即 41。

（4）字符串。MySQL 支持单引号和双引号定界符，如'abc'和"abc"。若要在单引号或双引号字符串中书写单引号或双引号，则需要在单引号或双引号前面加上反斜线"\"转义，即"\'"和"\""，这种方式称为转义字符。常用的转义字符如表 3-2 所示。

表 3-2　常用的转义字符

转义字符	含　　义	转义字符	含　　义
\0	空字符（NUL）	\t	制表符（HT）
\r	回车符（CR）	\b	退格（BS）
\n	换行符（LF）	\'	单引号
\"	双引号	\%	%（常用于 LIKE 条件）
\\	反斜线	_	_（常用于 LIKE 条件）

表 3-2 中的转义字符区分大小写,例如,\b 会被当成退格符,但\B 则被当成字符 B。

当字符串用双引号定界符时,该字符串中的单引号不需要转义;同理,当字符串用单引号定界符时,该字符串中的双引号不需要转义。

(5)布尔值。布尔值有 TRUE 和 FALSE 两个(不区分大小写),通常用于逻辑判断,表示事物的"真"和"假"。在 SELECT、INSERT 等语句中使用布尔值时,TRUE 会转换为 1,FALSE 会转换为 0。

(6)NULL 值。NULL 值通常用来表示没有值、值不确定等含义。例如,在插入一条商品数据时,暂时不知道该商品的库存量,可将库存量设为 NULL,以后再修改。

3.1.2　日期和时间类型

为了方便在数据库中存储日期和时间,MySQL 提供了一些表示日期和时间的数据类型,分别是 YEAR、DATE、TIME、DATETIME 和 TIMESTAMP。MySQL 中的日期和时间类型如表 3-3 所示。

表 3-3　日期和时间类型

类型名	字节数	范围	格式	描述
YEAR	1	1901～2155	YYYY	年份值
DATE	3	1000-01-01～9999-12-31	YYYY-MM-DD	日期值
TIME	3	−838:59:59～838:59:59	HH:MM:SS	时间值或持续时间
DATETIME	8	1000-01-01 00:00:00～9999-12-31 23:59:59	YYYY-MM-DD HH:MM:SS	日期和时间值
TIMESTAMP	4	1970-01-01 00:00:01～2038-01-19 03:14:07	YYYY-MM-DD HH:MM:SS	日期和时间值,保存为时间戳

在表 3-3 中,日期格式 YYYY-MM-DD 中的 YYYY 表示年,MM 表示月,DD 表示日;时间格式 HH:MM:SS 中的 HH 表示小时,MM 表示分钟,SS 表示秒数。

下面针对不同的日期和时间类型分别进行讲解。

1. YEAR 类型

YEAR 类型用于存储年份数据。在 MySQL 中,可以使用以下 3 种格式指定 YEAR 类型的值。

(1)4 位字符串或数字,可表示的年份范围为'1901'～'2155'或 1901～2155。例如,输入'2022'或 2022,插入数据库中的值均为 2022。

(2)两位字符串'00'～'99'。其中,'00'～'69'的值会被转换为 2000—2069 的年份,'70'～'99'的值会被转换为 1970—1999 的年份。例如,输入'22',插入数据库中的值为 2022。

(3)数字 1～99。其中,1～69 的值会被转换为 2001—2069 的年份,70～99 的值会被转换为 1970—1999 的年份。例如,输入 22,插入数据库中的值为 2022。

下面演示 YEAR 类型的使用,具体示例如下。

```
#创建数据表
mysql>CREATE TABLE my_year (y YEAR);
```

```
#添加年份数据
mysql>INSERT INTO my_year VALUES (2022), ('22'), (22);
Query OK, 3 rows affected (0.01 sec)
Records: 3 Duplicates: 0 Warnings: 0
#查询数据
mysql>SELECT * FROM my_year;
+------+
| y    |
+------+
| 2022 |
| 2022 |
| 2022 |
+------+
3 rows in set (0.00 sec)
```

上述 SQL 语句中,创建了数据表 my_year,设置 y 字段的数据类型为 YEAR;由查询结果可知,当添加年份数据为 2022、'22'或 22 时,输出结果都为 2022。

2. DATE 类型

DATE 类型用于存储日期数据,通常用于保存年、月、日,日期数据中的分隔符"-"也可以使用"."""","""/"等符号替代。在 MySQL 中,可以使用以下 4 种格式指定 DATE 类型的值。

(1) 字符串'YYYY-MM-DD'或者'YYYYMMDD'。例如,输入'2022-01-02'或'20220102',插入数据库中的日期都为 2022-01-02。

(2) 字符串'YY-MM-DD'或者'YYMMDD'。YY 表示的是年,范围为'00'~'99',其中'00'~'69'的值会被转换为 2000~2069 的值,'70'~'99'的值会被转换为 1970~1999 的值。例如,输入'22-01-02'或'220102',插入数据库中的日期都为 2022-01-02。

(3) 数字 YYMMDD。例如,输入 220102,插入数据库中的日期为 2022-01-02。

(4) 使用 CURRENT_DATE 或者 NOW()表示当前系统日期。如需查看当前系统日期,可通过"SELECT CURRENT_DATE;"或"SELECT NOW();"进行查看。

下面演示 DATE 类型的使用,具体示例如下。

```
#创建数据表
mysql>CREATE TABLE my_date (d DATE);
#添加日期数据
mysql>INSERT INTO my_date VALUES ('2022-01-02');
Query OK, 1 row affected (0.01 sec)
mysql>INSERT INTO my_date VALUES (CURRENT_DATE);
Query OK, 1 row affected (0.01 sec)
mysql>INSERT INTO my_date VALUES (NOW());
Query OK, 1 row affected (0.01 sec)
#查询数据
mysql>SELECT * FROM my_date;
```

```
+------------+
| d          |
+------------+
| 2022-01-02 |
| 2022-08-16 |
| 2022-08-16 |
+------------+
3 rows in set (0.00 sec)
```

上述 SQL 语句中,创建了数据表 my_date,设置 d 字段的数据类型为 DATE;添加日期数据'2022-01-02'、CURRENT_DATE 和 NOW()。由查询结果可知,当添加的日期为'2022-01-02'时,输出结果为 2022-01-02;当添加的日期为 CURRENT_DATE 和 NOW()时,输出结果为当前系统日期。

3. TIME 类型

TIME 类型用于存储时间数据,通常用于保存时、分、秒。在 MySQL 中,可以使用以下 3 种格式指定 TIME 类型的值。

(1) 字符串'HHMMSS'或者数字 HHMMSS。例如,输入'345454'或 345454,插入数据库中的时间为 34:54:54(34 小时 54 分 54 秒)。

(2) 字符串'D HH:MM:SS'。其中,D 表示日,可以取 0~34,插入数据时,小时的值等于(D×24+HH)。例如,输入'2 11:30:50',插入数据库中的时间为 59:30:50;输入'11:30:50',插入数据库中的时间为 11:30:50;输入'34 22:59:59',插入数据库中的时间为 838:59:59。

(3) 使用 CURRENT_TIME 或 NOW()表示当前系统时间。

下面演示 TIME 类型的使用,具体示例如下。

```
#创建数据表
mysql>CREATE TABLE my_time (t TIME);
Query OK, 0 rows affected (0.02 sec)
#添加时间数据
mysql>INSERT INTO my_time VALUES ('345454');
Query OK, 1 row affected (0.00 sec)
mysql>INSERT INTO my_time VALUES ('2 11:30:50');
Query OK, 1 row affected (0.00 sec)
mysql>INSERT INTO my_time VALUES (CURRENT_TIME);
Query OK, 1 row affected (0.00 sec)
mysql>INSERT INTO my_time VALUES (NOW());
Query OK, 1 row affected (0.00 sec)
#查询数据
mysql>SELECT * FROM my_time;
+----------+
| t        |
```

```
+ - - - - - - - - - +
| 34:54:54    |
| 59:30:50    |
| 10:14:11    |
| 10:14:11    |
+ - - - - - - - - - +
4 rows in set (0.00 sec)
```

上述 SQL 语句中,创建了数据表 my_time,设置 t 字段的数据类型为 TIME;添加时间数据'345454'、'2 11:30:50'、CURRENT_TIME 和 NOW()。由查询结果可知,当添加的时间为'345454'时,输出结果为 34:54:54;当添加的时间为'2 11:30:50'时,输出结果为 59:30:50;当添加的时间为 CURRENT_DATE 和 NOW()时,输出结果为当前系统时间。

4. DATETIME 类型

DATETIME 类型用于存储日期和时间数据,通常用于保存年、月、日、时、分、秒。在 MySQL 中,可以使用以下 4 种格式指定 DATETIME 类型的值。

(1) 字符串'YYYY-MM-DD HH:MM:SS'或者'YYYYMMDDHHMMSS'。例如,输入字符串'2022-01-22 09:01:23'或'20220122090123',插入数据库中的 DATETIME 值都为 2022-01-22 09:01:23。

(2) 字符串'YY-MM-DD HH:MM:SS'或者'YYMMDDHHMMSS'。其中 YY 表示年,取值范围为'00'～'99'。与 DATE 类型中的 YY 相同,'00'～'69'的值会被转换为 2000～2069 的值,'70'～'99'的值会被转换为 1970～1999 的值。

(3) 数字 YYYYMMDDHHMMSS 或者 YYMMDDHHMMSS。例如,输入数字 20220122090123 或者 220122090123,插入数据库中的 DATETIME 值都为 2022-01-22 09:01:23。

(4) 使用 NOW()表示当前系统的日期和时间。

下面演示 DATETIME 类型的使用,具体示例如下。

```
#创建数据表
mysql>CREATE TABLE my_datetime (d DATETIME);
Query OK, 0 rows affected (0.02 sec)
#添加日期和时间数据
mysql>INSERT INTO my_datetime VALUES ('2022-01-22 09:01:23');
Query OK, 1 row affected (0.01 sec)
mysql>INSERT INTO my_datetime VALUES (NOW());
Query OK, 1 row affected (0.00 sec)
#查询数据
mysql>SELECT * FROM my_datetime;
+ - - - - - - - - - - - - - - - - - - +
| d                  |
+ - - - - - - - - - - - - - - - - - - +
| 2022-01-22 09:01:23     |
| 2022-08-16 10:22:13     |
+ - - - - - - - - - - - - - - - - - - +
2 rows in set (0.00 sec)
```

　　上述 SQL 语句中,创建了数据表 my_datetime,设置 d 字段的数据类型为 DATETIME;添加日期和时间数据'2022-01-22 09:01:23'和 NOW()。由查询结果可知,当添加的日期和时间为'2022-01-22 09:01:23'时,输出结果为 2022-01-22 09:01:23;当添加的日期和时间为 NOW()时,输出结果为当前系统的日期和时间。

5. TIMESTAMP 类型

　　TIMESTAMP 类型用于存储日期和时间数据,它的格式与 DATETIME 类似,都用于存储日期和时间数据。在使用时,TIMESTAMP 类型与 DATATIME 类型存在一些区别,具体如下。

　　(1) TIMESTAMP 类型的取值范围比 DATATIME 类型小。

　　(2) TIMESTAMP 类型的值和时区有关,如果插入的日期时间为 TIMESTAMP 类型,系统会根据当前系统所设置的时区,对日期时间进行转换后存放;从数据库中取出 TIMESTAMP 类型的数据时,系统会将数据转换为对应时区的时间后显示。因此,TIMESTAMP 类型可能会导致两个不同时区的环境下取出的同一个日期和时间的显示结果不同。

　　(3) TIMESTAMP 类型可以使用 CURRENT_TIMESTAMP 表示系统当前日期和时间。

　　下面演示 TIMESTAMP 类型的使用,具体示例如下。

```
#创建数据表
mysql>CREATE TABLE my_timestamp (t TIMESTAMP);
Query OK, 0 rows affected (0.02 sec)
#添加当前系统日期和时间
mysql>INSERT INTO my_timestamp VALUES (CURRENT_TIMESTAMP);
Query OK, 1 row affected (0.01 sec)
#查询数据
mysql>SELECT * FROM my_timestamp;
+---------------------+
| t                   |
+---------------------+
| 2022-08-16 10:29:22 |
+---------------------+
1 row in set (0.00 sec)
```

　　上述 SQL 语句中,创建了数据表 my_timestamp,设置 t 字段的数据类型为 TIMESTAMP;添加当前系统日期和时间数据 CURRENT_TIMESTAMP。由查询结果可知,输出结果为当前系统的日期和时间。

3.1.3　字符串类型

　　对于一些文本信息类的数据,如姓名、家庭住址等,在 MySQL 中适合保存为字符串类型。MySQL 中常用的字符串类型如表 3-4 所示。

表 3-4 字符串类型

类 型 名	类 型 说 明
CHAR	固定长度的字符串
VARCHAR	可变长度的字符串
BINARY	固定长度的二进制字符串
VARBINARY	可变长度的二进制字符串
BLOB	普通二进制数据
TEXT	普通文本数据
ENUM	枚举类型
SET	字符串对象,可以有零个或多个值

接下来,针对各字符串类型进行详细介绍,具体如下。

1. CHAR 和 VARCHAR

CHAR 和 VARCHAR 类型的字段用于存储字符串数据,CHAR 类型的字段用于存储固定长度的字符串,其中固定长度可以是 0~255 中的任意整数值;VARCHAR 类型的字段用于存储可变长度的字符串,其中可变长度可以是 0~65535 中的任意整数值。

在 MySQL 中,定义 CHAR 类型的方式如下。

```
CHAR(M)
```

上述定义方式中,M 指的是字符串的最大长度。CHAR 类型的字段会根据 M 分配存储空间,无论有没有被存满,都会占用存满时的存储空间。

在 MySQL 中,定义 VARCHAR 类型的方式如下。

```
VARCHAR(M)
```

上述定义方式中,M 指的是字符串的最大长度。VARCHAR 类型的字段会根据实际保存的字符个数来决定实际占用的存储空间。例如,VARCHAR(255)表示最多可以保存 255 个字符,在 UTF-8 字符集下,当保存 255 个中文字符时,这些中文字符占用 255×3=765 字节,此外,VARCHAR 还会多占用 1~3 字节来存储一些额外的信息。

为了对比 CHAR 和 VARCHAR 之间的区别,下面以 CHAR(4)和 VARCHAR(4)为例进行比较,如表 3-5 所示。

表 3-5 比较 CHAR(4)和 VARCHAR(4)

添 加 值	CHAR(4)值	存储空间	VARCHAR(4)值	存 储 空 间
''	' '	4 字节	''	1 字节
'ab'	'ab '	4 字节	'ab'	3 字节
'abcd'	'abcd'	4 字节	'abcd'	5 字节
'abcdefgh'	'abcd'	4 字节	'abcd'	5 字节

从表 3-5 可以看出,对于 CHAR(4),无论添加值的长度是多少,所占用的存储空间都是 4 字节,而 VARCHAR(4)占用的字节数为实际长度加 1。

需要注意的是,在向 CHAR 和 VARCHAR 类型的字段中插入字符串时,如果插入的字符串尾部存在空格,CHAR 类型的字段会去除空格后进行存储,而 VARCHAR 类型的字段会保留空格完整地存储字符串。

2. BINARY 和 VARBINARY

BINARY 和 VARBINARY 类型类似于 CHAR 和 VARCHAR,不同之处在于 BINARY 和 VARBINARY 类型存储的是二进制字符串。

在 MySQL 中,定义 BINARY 类型的方式如下。

```
BINARY(M)
```

上述定义中,M 是指二进制数据的最大字节长度。BINARY(M)类型的长度是固定的,如果未指定 M,表示只能存储 1 字节。例如,BINARY(8)表示最多能存储 8 字节。如果字段值不足 M 字节,将在数据的后面填充 0 以补齐指定长度。

在 MySQL 中,定义 VARBINARY 类型的方式如下。

```
VARBINARY(M)
```

上述定义中,M 是指二进制数据的最大字节长度。VARBINARY 类型必须指定 M,否则会报错。此外,VARBINARY 除了存储数据本身外,还会多占用 1~2 字节来存储一些额外的信息。

下面演示 BINARY 和 VARBINARY 类型的使用,具体示例如下。

(1)创建数据表 my_binary,准备 f1、f2 和 f3 这 3 个字段进行测试,具体 SQL 语句及执行结果如下。

```
mysql>CREATE TABLE my_binary (
    -> f1 BINARY,
    -> f2 BINARY(3),
    -> f3 VARBINARY(10)
    -> );
```

(2)添加数据进行测试,当添加超出存储的最大字节长度时,数据添加失败,具体 SQL 语句及执行结果如下。

```
mysql>INSERT INTO my_binary (f1) VALUES ('我');
ERROR 1406 (22001): Data too long for column 'f1' at row 1
```

上述 SQL 语句中,因为添加的是 1 个汉字,1 个汉字大于 1 字节,而 f1 只能存储 1 字节,所以会添加失败。

(3)添加数据进行测试,当添加未超出存储的最大字节长度时,数据添加成功,具体 SQL 语句及执行结果如下。

```
#第 1 条语句
mysql>INSERT INTO my_binary (f1, f2) VALUES ('a', 'a');
Query OK, 1 row affected (0.00 sec)
#第 2 条语句
mysql>INSERT INTO my_binary (f2) VALUES ('我');
Query OK, 1 row affected (0.01 sec)
#第 3 条语句
mysql>INSERT INTO my_binary (f1, f2) VALUES ('a', 'abc');
Query OK, 1 row affected (0.01 sec)
#第 4 条语句
mysql>INSERT INTO my_binary (f2, f3) VALUES ('ab', 'ab');
Query OK, 1 row affected (0.01 sec)
```

上述 SQL 语句中,第一条语句中的 f1 和 f2 的值都为一个字母,因为一个字母占 1 字节,f1 长度为 1 字节,f2 长度为 3 字节,所以都添加成功;第二条语句中的值为汉字,f2 长度能够容纳一个汉字,所以添加成功;第三条语句中的 f1 值为一个字母,f2 值为 3 个字母,因为一个字母占 1 字节,f1 长度是 1 字节,f2 长度是 3 字节,所以都添加成功;第四条语句的 f2 值和 f3 值都为 2 个字母,因为一个字母占 1 字节,f2 长度是 3 字节,f3 长度是 10 字节,所以都添加成功。

3. TEXT 系列

TEXT 系列的数据类型包括 TINYTEXT、TEXT、MEDIUMTEXT 和 LONGTEXT,通常用于存储文章内容、评论等较长的字符串。TEXT 系列类型具体如表 3-6 所示。

表 3-6　TEXT 系列类型

数 据 类 型	类型说明	存 储 范 围
TINYTEXT	短文本数据	$0 \sim L+1$ 字节,其中 $L<2^8$
TEXT	普通文本数据	$0 \sim L+2$ 字节,其中 $L<2^{16}$
MEDIUMTEXT	中等文本数据	$0 \sim L+3$ 字节,其中 $L<2^{24}$
LONGTEXT	超大文本数据	$0 \sim L+4$ 字节,其中 $L<2^{32}$

在表 3-6 中,L 表示给定字符串值的实际长度(以字节为单位)。

4. BLOB 系列

BLOB 系列的数据类型包括 TINYBLOB、BLOB、MEDIUMBLOB 和 LONGBLOB,通常用于存储图片、PDF 文档、音频和视频等二进制数据,BLOB 类型具体如表 3-7 所示。

表 3-7　BLOB 类型

数据类型	类型描述	存储范围
TINYBLOB	短二进制数据	$0 \sim L+1$ 字节,其中 $L<2^8$
BLOB	普通二进制数据	$0 \sim L+2$ 字节,其中 $L<2^{16}$

数据类型	类型描述	存储范围
MEDIUMBLOB	中等二进制数据	$0\sim L+3$ 字节,其中 $L<2^{24}$
LONGBLOB	超大二进制数据	$0\sim L+4$ 字节,其中 $L<2^{32}$

需要注意的是,BLOB 类型的数据是根据二进制编码进行比较和排序的,而 TEXT 类型的数据是根据文本模式进行比较和排序的。

下面演示 BLOB 系列数据类型的使用,具体示例如下。

(1) 创建数据表 my_blob,具体 SQL 语句及执行结果如下。

```
#创建数据表
mysql>CREATE TABLE my_blob (
    ->  id INT,
    ->  img MEDIUMBLOB
    -> );
Query OK, 0 rows affected (0.07 sec)
```

上述 SQL 语句中,在创建数据表 my_blob 时,设置字段名为 id,数据类型为 INT;设置字段名为 img,数据类型为 MEDIUMBLOB。

(2) 添加数据进行测试,具体 SQL 语句及执行结果如下。

```
mysql>INSERT INTO my_blob (id) VALUES (9001);
Query OK, 1 row affected (0.00 sec)
```

上述 SQL 语句中,向数据表 my_blob 添加 id 值为 9001 的一条数据。

(3) 查询数据,具体 SQL 语句及执行结果如下。

```
mysql>SELECT * FROM my_blob;
+------+------------+
| id   | img        |
+------+------------+
| 9001 | NULL       |
+------+------------+
1 row in set (0.00 sec)
```

从上述执行结果可以看出,查询出了一条 id 为 9001、img 为 NULL 的记录。

5. ENUM 类型

ENUM 类型又称为枚举类型,占用 $1\sim2$ 字节的存储空间,当 ENUM 类型包含 $1\sim255$ 个成员时,需要 1 字节的存储空间;当 ENUM 类型包含 $256\sim65535$ 个成员时,需要 2 字节的存储空间。枚举列表中的每个成员都有一个索引值,索引值从 1 开始,依次递增。

在 MySQL 中,定义 ENUM 类型的方式如下。

```
ENUM('值 1', '值 2', '值 3', …, '值 n')
```

上述定义方式中,('值 1', '值 2', '值 3', …, '值 n')称为枚举列表,该列表中的每一项,称为成员,ENUM 类型的数据只能从成员中选取单个值,不能一次选取多个值。枚举列表最多可以有 65535 个值,每个值都有一个顺序编号,实际保存在记录中的是顺序编号,而不是列表中的值,因此不必担心过长的值占用空间。但在使用 SELECT、INSERT 等语句进行操作时,仍然使用列表中的值,而不是使用顺序编号值。

下面演示 ENUM 类型的使用,具体示例如下。

(1) 创建数据表 my_enum,具体 SQL 语句及执行结果如下。

```
mysql>CREATE TABLE my_enum (gender ENUM('male', 'female'));
Query OK, 0 rows affected (0.04 sec)
```

上述 SQL 语句中,在创建数据表 my_enum 时,设置字段名为 gender,数据类型为 ENUM,枚举列表中包含 male 和 female 两个成员。

(2) 添加两条测试数据,并查询数据是否添加成功,具体 SQL 语句及执行结果如下。

```
#添加数据
mysql>INSERT INTO my_enum VALUES ('male'), ('female');
Query OK, 1 row affected (0.01 sec)
#查询数据,查询结果为 female
mysql>SELECT * FROM my_enum WHERE gender='female';
+--------+
| gender |
+--------+
| female |
+--------+
1 row in set (0.01 sec)
```

上述 SQL 语句中,向数据表 my_enum 添加值为 male、female 的两条记录;并使用 SELECT 语句按要求查询出了一条 gender 为 female 的记录。

(3) 添加枚举列表中不存在的值进行测试,具体 SQL 语句及执行结果如下。

```
mysql>INSERT INTO my_enum VALUES('m');
ERROR 1265 (01000): Data truncated for column 'gender' at row 1
```

从上述执行结果可以看出,当添加枚举列表中不存在的值时,会提示错误信息。

6. SET 类型

SET 类型用于保存字符串对象,可以有零个或多个值,每个值都必须从创建表时指定的允许值列表中选择,其定义格式与 ENUM 类型类似,定义 SET 类型的方式如下。

```
SET('值 1', '值 2', '值 3', …, '值 n')
```

上述定义方式中,SET 类型占用 1、2、3、4 或 8 字节,这取决于集合成员的数量,SET 类型的列表中最多可以有 64 个成员。

SET 与 ENUM 类型的区别在于,SET 类型可以从列表中选择一个或多个值来保存,多个值之间用逗号"，"分隔，而 ENUM 类型只能从列表中选择一个值来保存。

SET 和 ENUM 类型的优势在于，规范了数据本身，限定只能添加规定的数据项，查询速度比 CHAR、VARCHAR 类型快，节省存储空间。

在使用 SET 类型与 ENUM 类型时的注意事项如下。

（1）ENUM 和 SET 类型列表中的值都可以使用中文，但必须设置支持中文的字符集。例如"CREATE TABLE my_enum（gender ENUM（'男', '女'）)CHARSET＝GBK；"。

（2）ENUM 和 SET 类型在填写列表、插入值、查找值等操作时，都会自动忽略末尾的空格。

下面演示 SET 类型的使用，具体示例如下。

（1）创建数据表 my_set，具体 SQL 语句及执行结果如下。

```
mysql> CREATE TABLE my_set (hobby SET('book', 'game', 'code'));
Query OK, 0 rows affected (0.01 sec)
```

上述 SQL 语句中，在创建数据表 my_ set 时，设置字段名为 hobby，数据类型为 SET，SET 列表中包含 book、game 和 code 这 3 个成员。

（2）添加 3 条测试记录，并查询数据是否添加成功，具体 SQL 语句及执行结果如下。

```
#添加数据
mysql> INSERT INTO my_set VALUES (''), ('book'), ('book,code');
Query OK, 3 rows affected (0.01 sec)
Records: 3 Duplicates: 0 Warnings: 0
#查询数据，查询结果为"book,code"
mysql> SELECT * FROM my_set WHERE hobby='book,code';
+-----------+
| hobby     |
+-----------+
| book,code |
+-----------+
1 rows in set (0.00 sec)
```

需要注意的是，当添加重复的 SET 类型成员时，MySQL 会自动删除重复的成员。如果向 SET 类型的字段插入 SET 成员中不存在的值时，MySQL 会抛出错误。当添加没有被定义的值时，也会报错。

📖 多学一招：JSON 数据类型

JSON 是一种轻量级的数据交换格式，由 JavaScript 语言发展而来。在 MySQL 5.7.8 版本中，开始提供了 JSON 数据类型；在 MySQL 8 版本中，JSON 类型提供了可以自动验证的 JSON 文档和优化的存储结构，使得在 MySQL 中存储和读取 JSON 类型的数据更加方便和高效。

MySQL 中 JSON 类型值常见的格式有两种，分别为 JSON 数组和 JSON 对象，示例如下。

```
#JSON 数组
["abc", 10, null, true, false]
#JSON 对象
{"k1": "value", "k2": 10}
```

从上述示例可知，JSON 数组使用"["和"]"表示，多个值之间使用逗号分隔，例如，10

和 null 之间使用逗号分隔;JSON 对象使用"{"和"}"表示,保存的数据是一组键值对,例如,
k1 和 k2 是键名(或称为属性名),value 和 10 是键名对应的值。

下面演示 JSON 数据类型的使用,具体示例如下。

(1) 创建数据表 my_json,具体 SQL 语句及执行结果如下。

```
mysql>CREATE TABLE my_json (j1 JSON, j2 JSON);
Query OK, 0 rows affected (0.01 sec)
```

上述 SQL 语句中,在创建数据表 my_json 时,设置两个字段名 j1 和 j2,它们的数据类
型都为 JSON。

(2) 添加数据进行测试,并查询数据是否添加成功,具体 SQL 语句及执行结果如下。

```
#添加数据
mysql>INSERT INTO my_json
    -> VALUES ('{"k1": "value", "k2": 10}', '["run", "sing"]');
Query OK, 1 row affected (0.00 sec)
#查询数据
mysql>SELECT * FROM my_json;
+---------------------------+-----------------+
| j1                        | j2              |
+---------------------------+-----------------+
| {"k1": "value", "k2": 10} | ["run", "sing"] |
+---------------------------+-----------------+
1 row in set (0.00 sec)
```

从上述示例结果可以看出,JSON 数据类型的字段以字符串的方式添加数据成功。

3.2　表的约束

为了防止在数据表中插入错误的数据,MySQL 定义了一些维护数据库中数据完整性
和有效性的规则,这些规则即表的约束。表的约束作用于表中的字段上,可以在创建数据表
或修改数据表的时候为字段添加约束。表的约束起着规范作用,确保程序对数据表的正确
使用。技术中如此,生活中也是如此。我们在生活中需要遵循一些规则和道德准则,通过这
些规则和道德准则可以帮助我们建立良好的人际关系,保持社会秩序的和谐。

数据表常见的约束有默认值约束、非空约束、唯一约束、主键约束和外键约束,其中外键
约束涉及多表操作,将在第 6 章进行讲解。本节主要讲解如何设置默认值约束、非空约束、
唯一约束和主键约束。

3.2.1　设置默认值约束

在实际开发中,有时需要为字段设置默认值。例如,在新增数据时,为了方便操作,希望
一部分字段可以省略,直接使用默认值,这时就可以为这部分字段设置默认值约束。

默认值约束用于给数据表中的字段指定默认值,当在数据表中插入一条新记录时,如果
没有给这个字段赋值,那么数据库系统会自动为这个字段插入指定的默认值。

在 MySQL 中,可以通过 DEFAULT 关键字设置字段的默认值约束。设置默认值约束的方式有两种,分别为创建数据表时设置默认值约束和修改数据表时添加默认值约束,当数据表中的某字段不需要设置默认值时,可以通过修改数据表的语句删除,具体如下。

1. 创建数据表时设置默认值约束

创建数据表时给字段设置默认值约束,基本语法格式如下。

```
CREATE TABLE 表名(
  字段名 数据类型 DEFAULT 默认值,
  …
);
```

上述语法格式中,“DEFAULT 默认值”表示设置默认值约束。

2. 修改数据表时添加默认值约束

在创建数据表时如果没有给字段设置默认值约束,可以在修改数据表时通过 ALTER TABLE 语句的 MODIFY 子句或 CHANGE 子句为字段添加默认值约束,基本语法格式如下。

```
#语法 1,MODIFY 子句
ALTER TABLE 表名 MODIFY 字段名 数据类型 DEFAULT 默认值;
#语法 2,CHANGE 子句
ALTER TABLE 表名 CHANGE [COLUMN] 字段名 字段名 数据类型 DEFAULT 默认值;
```

上述两种语法格式添加默认值约束的效果相同。需要注意的是,BLOB、TEXT 和 JSON 字段的数据类型不支持默认值约束。

3. 删除默认值约束

当数据表中的某字段不需要设置默认值时,可以通过 ALTER TABLE 语句的 MODIFY 子句或 CHANGE 子句以重新定义字段的方式删除字段的默认值约束,基本语法如下。

```
#语法 1,MODIFY 子句
ALTER TABLE 表名 MODIFY 字段名 数据类型;
#语法 2,CHANGE 子句
ALTER TABLE 表名 CHANGE [COLUMN] 字段名 字段名 数据类型;
```

上述语法中,通过 MODIFY 子句或 CHANGE 子句重新定义字段,即可删除默认值约束。

以上内容讲解了默认值约束的创建、修改与删除,下面通过案例演示默认值约束的使用,具体示例如下。

(1)创建数据表 my_default,准备 name 和 age 两个字段进行测试,为 age 设置默认值约束,设置默认值为 18,具体 SQL 语句及执行结果如下。

```
mysql>CREATE TABLE my_default (
    ->   name VARCHAR(10),
    ->   age TINYINT UNSIGNED DEFAULT 18
    -> );
Query OK, 0 rows affected (0.05 sec)
```

上述 SQL 语句中,定义 age 字段为无符号的 TINYINT 类型,默认值为 18。

(2) 使用 DESC 语句查看 my_default 的表结构,确认 age 字段是否成功设置默认值约束,具体 SQL 语句及执行结果如下。

```
mysql>DESC my_default;
+-------+------------------+------+-----+---------+-------+
| Field | Type             | Null | Key | Default | Extra |
+-------+------------------+------+-----+---------+-------+
| name  | varchar(10)      | YES  |     | NULL    |       |
| age   | tinyint unsigned | YES  |     | 18      |       |
+-------+------------------+------+-----+---------+-------+
2 rows in set (0.01 sec)
```

从上述执行结果可以看出,age 字段的 Default 值为 18,说明 age 字段已经成功设置默认值约束。

(3) 添加数据进行测试,添加数据时,省略 name 和 age 字段,具体 SQL 语句及执行结果如下。

```
mysql>INSERT INTO my_default VALUES ();
Query OK, 1 row affected (0.07 sec)
mysql>SELECT * FROM my_default;
+------+------+
| name | age  |
+------+------+
| NULL | 18   |
+------+------+
1 row in set (0.00 sec)
```

上述 SQL 语句中,在添加数据时,省略了 name 和 age 字段,因为 name 和 age 字段没有设置非空约束,在添加数据时省略了这两个字段的值,则会保存 NULL 和默认值 18。

(4) 添加数据时,省略 age 字段,具体 SQL 语句及执行结果如下。

```
mysql>INSERT INTO my_default (name) VALUES ('a');
Query OK, 1 row affected (0.01 sec)
mysql>SELECT * FROM my_default;
+------+------+
| name | age  |
+------+------+
| a    | 18   |
+------+------+
1 row in set (0.00 sec)
```

上述 SQL 语句中,在添加数据时,省略了 age 字段,只为 name 字段添加 a 值,则 name 字段保存结果为 a,age 字段保存结果为默认值 18。

(5)添加数据时,在 age 字段中插入 NULL 值,具体 SQL 语句及执行结果如下。

```
mysql>INSERT INTO my_default VALUES ('b', NULL);
Query OK, 1 row affected (0.01 sec)
mysql>SELECT * FROM my_default;
+------+------+
| name | age  |
+------+------+
| b    | NULL |
+------+------+
1 row in set (0.00 sec)
```

上述 SQL 语句中,为 name 字段添加 b 值,为 age 字段添加 NULL 值,则 name 字段保存结果为 b,age 字段保存结果为 NULL,而不会使用默认值。

(6)添加数据时,在 age 字段中使用默认值,具体 SQL 语句及执行结果如下。

```
mysql>INSERT INTO my_default VALUES ('c', DEFAULT);
Query OK, 1 row affected (0.00 sec)
mysql>SELECT * FROM my_default;
+------+------+
| name | age  |
+------+------+
| c    | 18   |
+------+------+
1 row in set (0.00 sec)
```

上述 SQL 语句中,为 name 字段添加 c 值,为 age 字段添加 DEFAULT 关键字,则 name 字段保存结果为 c,age 字段保存结果为默认值 18。

(7)删除 age 字段默认值约束,具体 SQL 语句及执行结果如下。

```
mysql>ALTER TABLE my_default MODIFY age TINYINT UNSIGNED;
Query OK, 0 rows affected (0.03 sec)
Records: 0 Duplicates: 0 Warnings: 0
```

从上述执行结果可以看出,删除默认值约束的语句执行成功。

(8)使用 DESC 语句查看 my_default 的表结构,确认 age 字段是否成功删除默认值约束,具体 SQL 语句及执行结果如下。

```
mysql>DESC my_default;
+-------+------------------+------+-----+---------+-------+
| Field | Type             | Null | Key | Default | Extra |
+-------+------------------+------+-----+---------+-------+
| name  | varchar(10)      | YES  |     | NULL    |       |
| age   | tinyint unsigned | YES  |     | NULL    |       |
+-------+------------------+------+-----+---------+-------+
2 rows in set (0.01 sec)
```

从上述执行结果可以看出，age 字段的 Default 值为 NULL，说明 age 字段已经成功删除默认值约束。

3.2.2　设置非空约束

在实际开发中，有时需要将一些字段设置为必填项。例如，在员工数据表中添加员工信息时，如果没有填写员工姓名等必要的信息，该员工信息是没有实际意义的。这时就可以为员工数据表中的必填字段设置非空约束，这样在添加员工信息时，如果省略该字段或往该字段中插入 NULL 值，MySQL 将不允许添加该信息。

非空约束用于确保插入字段中值的非空性。如果没有对字段设置非空约束，字段默认允许插入 NULL 值；如果字段设置了非空约束，那么该字段中存放的值必须是 NULL 值之外的其他的具体值。

在 MySQL 中，非空约束通过 NOT NULL 进行设置。在数据表中可以为多个字段同时设置非空约束，字段的非空约束可以在创建数据表时添加，也可以在修改数据表时添加，当数据表中的某字段不需要非空约束时，可以通过修改数据表的语句删除，具体如下。

1. 创建数据表时设置非空约束

创建数据表时给字段设置非空约束，基本语法如下。

```
CREATE TABLE 表名 (字段名 数据类型 NOT NULL);
```

上述语法中，可以直接在字段的数据类型后面添加 NOT NULL 设置非空约束。

2. 修改数据表时添加非空约束

在 MySQL 中，可以使用 ALTER TABLE 语句的 MODIFY 子句或 CHANGE 子句以重新定义字段的方式添加非空约束，基本语法如下。

```
#语法 1,MODIFY 子句
ALTER TABLE 表名 MODIFY 字段名 数据类型 NOT NULL;
#语法 2,CHANGE 子句
ALTER TABLE 表名 CHANGE [COLUMN] 字段名 字段名 数据类型 NOT NULL;
```

上述语法中，通过 MODIFY 子句或 CHANGE 子句都可以添加非空约束，效果相同。

3. 删除非空约束

当数据表中的某字段不需要非空约束时，可以通过 ALTER TABLE 语句中的 MODIFY 子句或 CHANGE 子句以重新定义字段的方式删除非空约束，基本语法如下。

```
#语法 1,MODIFY 子句
ALTER TABLE 表名 MODIFY 字段名 数据类型;
#语法 2,CHANGE 子句
ALTER TABLE 表名 CHANGE [COLUMN] 字段名 字段名 数据类型;
```

上述语法中,通过 MODIFY 子句或 CHANGE 子句重新定义字段,即可删除非空约束。

以上内容讲解了非空约束的设置与删除,下面通过案例演示非空约束的使用,具体示例如下。

(1) 创建数据表 my_not_null,准备 n1、n2 和 n3 这 3 个字段进行测试,为 n2 和 n3 设置非空约束,为 n3 设置默认值为 18,具体 SQL 语句及执行结果如下。

```
mysql>CREATE TABLE my_not_null (
    -> n1 INT,
    -> n2 INT NOT NULL,
    -> n3 INT NOT NULL DEFAULT 18
    -> );
Query OK, 0 rows affected (0.03 sec)
```

(2) 使用 DESC 语句查看 my_not_null 的表结构,验证 n2 和 n3 字段是否成功设置非空约束,n3 字段是否成功设置默认值为 18,具体 SQL 语句及执行结果如下。

```
mysql>DESC my_not_null;
+-------+------+------+-----+---------+-------+
| Field | Type | Null | Key | Default | Extra |
+-------+------+------+-----+---------+-------+
| n1    | int  | YES  |     | NULL    |       |
| n2    | int  | NO   |     | NULL    |       |
| n3    | int  | NO   |     | 18      |       |
+-------+------+------+-----+---------+-------+
3 rows in set (0.01 sec)
```

从上述执行结果可以看出,n2 和 n3 字段所在的 Null 列的值为 NO,表示该字段成功添加非空约束,并且 n3 字段 Default 值为 18,说明 n3 字段已经成功设置默认值约束。

需要注意的是,n2 字段添加了非空约束,它的 Default 值为 NULL,表示未给该字段设置默认值,而不能将其理解为 n2 的默认值为 NULL。

(3) 添加数据进行测试,添加数据时,省略 n1、n2 和 n3 字段,具体 SQL 语句及执行结果如下。

```
mysql>INSERT INTO my_not_null VALUES ();
ERROR 1364 (HY000): Field 'n2' doesn't have a default value
```

上述 SQL 语句中,在添加数据时,因为 n2 字段添加了非空约束,所以省略 n2 字段会插入失败,提示 n2 没有默认值。

(4) 添加数据时,在 n2 字段中插入 NULL 值,具体 SQL 语句及执行结果如下。

```
mysql>INSERT INTO my_not_null VALUES (NULL, NULL, NULL);
ERROR 1048 (23000): Column 'n2' cannot be null
```

上述 SQL 语句中,在添加数据时,将 n2 字段设为 NULL,插入失败,提示 n2 不能为 NULL。这是因为 n2 字段添加了非空约束,所以值不允许为 NULL。

（5）添加数据时，在 n3 字段插入 NULL 值，具体 SQL 语句及执行结果如下。

```
mysql> INSERT INTO my_not_null VALUES (NULL, 20, NULL);
ERROR 1048 (23000): Column 'n3' cannot be null
```

上述 SQL 语句中，在添加数据时，将 n3 字段的值设为 NULL，插入失败，提示 n3 不能为 NULL。这是因为 n3 字段添加了非空约束，所以值不允许为 NULL。

（6）添加数据时，省略 n1 和 n3 字段，具体 SQL 语句及执行结果如下。

```
mysql> INSERT INTO my_not_null (n2) VALUES (20);
Query OK, 1 row affected (0.00 sec)
#查询结果
mysql> SELECT * FROM my_not_null;
+------+----+----+
| n1   | n2 | n3 |
+------+----+----+
| NULL | 20 | 18 |
+------+----+----+
1 row in set (0.00 sec)
```

上述 SQL 语句中，在添加数据时，省略 n1 和 n3 字段，设置 n2 字段的值为 20；由查询结果可知，n1 值为 NULL，n2 值为 20，n3 值为默认值 18。

综上所述可知，由于 n2 字段设置了非空约束且没有默认值，在添加数据时不能添加 NULL 值或省略该字段；n3 字段设置了非空约束和默认值，在添加数据时可以省略该字段，但不能添加 NULL 值。

3.2.3 设置唯一约束

在实际开发中，有时需要将字段设置为不允许出现重复值。例如，在员工数据表中添加员工信息时，如果允许员工的企业邮箱重复，那么当发送给某位员工邮件时，可能会有多名员工收到邮件。这时就需要为不允许重复的字段设置唯一约束，以确保数据的唯一性。当添加员工信息时，如果向设置了唯一约束的字段插入已经存在的值，会添加失败。

默认情况下，数据表中不同记录的同名字段可以保存相同的值，而唯一约束用于确保字段中值的唯一性。如果数据表中的字段设置了唯一约束，那么该字段中存放的值不能重复出现。

在 MySQL 中，唯一约束通过 UNIQUE 进行设置。设置唯一约束时，可以在数据表中设置一个或者多个唯一约束，字段的唯一约束可以在创建数据表时进行设置，也可以在修改数据表时添加，当数据表中的某字段不需要唯一约束时，可以删除唯一约束，具体如下。

1. 创建数据表时设置唯一约束

创建数据表时设置唯一约束的方式有两种，分别是列级约束和表级约束，这两种约束的区别如下。

（1）列级约束定义在列中，紧跟在字段的数据类型之后，只对该字段起约束作用。

（2）表级约束独立于字段，可以对数据表的单个或多个字段起约束作用。

（3）当对多个字段设置表级约束时，MySQL 会通过多个字段确保唯一性，只要多个字段中有一个字段不同,那么结果就是唯一的。

（4）当表级约束仅建立在一个字段上时,其效果与列级约束相同。

在创建数据表时给字段设置列级唯一约束,基本语法如下。

```
CREATE TABLE 表名 (
  字段名 1 数据类型 UNIQUE,
  字段名 2 数据类型 UNIQUE
  …
);
```

上述语法是通过直接在字段的数据类型后面追加 UNIQUE 来设置唯一约束。

在创建数据表时给字段设置表级唯一约束,基本语法如下。

```
CREATE TABLE 表名(
  字段名 1 数据类型,
  字段名 2 数据类型,
  字段名 3 数据类型,
  …
  UNIQUE (字段名 1[, 字段名 2, …])
);
```

上述语法中,表级约束的字段若只建立在一个字段上,则表示为单字段设置唯一约束;若建立在多个字段上,则表示为多字段设置唯一约束,称为复合唯一约束,多个字段组成复合唯一键。

需要注意的是,给字段成功设置唯一约束后,MySQL 会自动给对应的字段添加唯一索引。在通过 DESC 语句查看表结构时,如果发现某个字段的 Key 列值显示为 UNI,就表示该字段在创建数据表时设置了唯一约束。

若要指定唯一约束的索引名,可以将 UNIQUE 写成如下形式。

```
UNIQUE KEY 索引名 (字段列表)
```

上述语法中的索引名可以自己指定,如果省略,MySQL 会自动使用字段名作为索引名。当需要对索引进行删除时,需要指定这个索引名。

2. 修改数据表时添加唯一约束

修改数据表时添加唯一约束,可以通过 ALTER TABLE 语句的 MODIFY 子句或 CHANGE 子句以重新定义字段的方式添加,也可以通过 ALTER TABLE 语句中的 ADD 子句添加,基本语法如下。

```
#语法 1,MODIFY 子句
ALTER TABLE 表名 MODIFY 字段名 数据类型 UNIQUE;
#语法 2,CHANGE 子句
ALTER TABLE 表名 CHANGE [COLUMN] 字段名 字段名 数据类型 UNIQUE;
#语法 3,ADD 子句
ALTER TABLE 表名 ADD UNIQUE (字段);
```

　　上述语法中,使用 ADD 子句的语法更加简洁,通常添加唯一约束时会选择使用这种方式。

3.删除唯一约束

　　创建唯一约束时,系统同时创建了对应的唯一索引。删除唯一约束时,无法通过修改字段属性的方式删除,而是按照索引的方式删除。关于索引的相关内容会在 11.2 节详细讲解,读者此时只需了解即可。

　　默认情况下,MySQL 为唯一约束自动创建的索引的名称与字段名一致。如果想要删除字段中已有的唯一约束,可以通过 ALTER TABLE 语句的"DROP 索引名"方式实现。删除唯一约束的索引时,MySQL 会将对应的唯一约束一并删除。

　　删除唯一约束的基本语法如下。

```
ALTER TABLE 表名 DROP index 字段名;
```

　　上述语法中,字段名是指该表中设置了唯一约束的字段。

　　以上内容讲解了唯一约束的创建、修改与删除,下面通过案例演示如何在创建数据表时添加列级唯一约束和表级唯一约束,具体示例如下。

　　(1)创建数据表 my_unique1,并通过列级约束的方式添加唯一约束,具体 SQL 语句及执行结果如下。

```
mysql>CREATE TABLE my_unique1 (
    ->   id INT UNIQUE,
    ->   username VARCHAR(10) UNIQUE
    -> );
Query OK, 0 rows affected (0.03 sec)
```

　　从上述执行结果可以看出,添加字段唯一约束的语句已经成功执行。

　　(2)创建数据表 my_unique2,并通过表级约束的方式添加唯一约束,具体 SQL 语句及执行结果如下。

```
mysql>CREATE TABLE my_unique2 (
    ->   id INT,
    ->   username VARCHAR(10),
    ->   UNIQUE (id),
    ->   UNIQUE (username)
    -> );
Query OK, 0 rows affected (0.03 sec)
```

　　从上述执行结果可以看出,添加字段唯一约束的语句已经成功执行。

　　(3)使用 DESC 语句分别查看 my_unique1 和 my_unique2 的结构,会发现两个数据表的结构是相同的,结果如下。

```
+-----------+--------------+------+-----+---------+-------+
| Field     | Type         | Null | Key | Default | Extra |
```

```
+----------+-------------+------+-----+----------+-------+
| id       | int         | YES  | UNI | NULL     |       |
| username | varchar(10) | YES  | UNI | NULL     |       |
+----------+-------------+------+-----+----------+-------+
2 rows in set (0.00 sec)
```

从上述执行结果可以看出,id 字段和 username 字段的 Key 列的值为 UNI,说明 id 字段和 username 字段已经成功添加唯一约束。

(4)操作数据表 my_unique1,为含有唯一约束的字段添加数据,具体 SQL 语句及执行结果如下。

```
#添加不重复记录,添加成功
mysql>INSERT INTO my_unique1 (id) VALUES (1);
Query OK, 1 rows affected (0.01 sec)
mysql>INSERT INTO my_unique1 (id) VALUES (2);
Query OK, 1 rows affected (0.01 sec)
#添加重复记录,添加失败
mysql>INSERT INTO my_unique1 (id) VALUES (1);
ERROR 1062 (23000): Duplicate entry '1' for key 'my_unique1.id'
#查询结果
mysql>SELECT * FROM my_unique1;
+------+----------+
| id   | username |
+------+----------+
|  1   | NULL     |
|  2   | NULL     |
+------+----------+
2 rows in set (0.00 sec)
```

从上述执行结果可以看出,添加唯一约束后,添加重复记录会失败。其中,username 字段出现了重复值 NULL,这是因为 MySQL 的唯一约束允许存在多个 NULL 值。

上述内容讲解了在创建数据表时设置唯一约束,下面讲解如何为一个现有的数据表中的单字段添加或删除唯一约束,在这里选择修改数据表时添加唯一约束,具体示例如下。

(1)创建用于测试的数据表 my_unique3,具体 SQL 语句及执行结果如下。

```
mysql>CREATE TABLE my_unique3 (id INT);
Query OK, 0 rows affected (0.03 sec)
```

上述 SQL 语句中,创建了一个数据表 my_unique3,设置 id 字段的数据类型为 INT。

(2)操作数据表 my_unique3,为 id 字段添加唯一约束,具体 SQL 语句及执行结果如下。

```
mysql>ALTER TABLE my_unique3 ADD UNIQUE(id);
Query OK, 0 rows affected (0.04 sec)
Records: 0 Duplicates: 0 Warnings: 0
#查看数据表的创建信息
mysql>SHOW CREATE TABLE my_unique3\G
```

```
**************************** 1. row ****************************
       Table: my_unique3
Create Table: CREATE TABLE `my_unique3` (
  `id` int DEFAULT NULL,
  UNIQUE KEY `id` (`id`)
) ENGINE=InnoDB DEFAULT CHARSET=utf8mb4 COLLATE=utf8mb4_0900_ai_ci
1 row in set (0.00 sec)
```

上述 SQL 语句中,为 id 字段设置唯一约束,并查看数据表 my_unique3 的创建信息,验证 id 字段的唯一约束是否设置成功;由查询结果可知,id 字段成功设置了唯一约束。

(3) 删除唯一约束,具体 SQL 语句及执行结果如下。

```
mysql>ALTER TABLE my_unique3 DROP INDEX id;
Query OK, 0 rows affected (0.01 sec)
Records: 0 Duplicates: 0 Warnings: 0
#查看删除后的数据表的创建信息
mysql>SHOW CREATE TABLE my_unique3\G
**************************** 1. row ****************************
       Table: my_unique3
Create Table: CREATE TABLE `my_unique3` (
  `id` int DEFAULT NULL
) ENGINE=InnoDB DEFAULT CHARSET=utf8mb4 COLLATE=utf8mb4_0900_ai_ci
1 row in set (0.00 sec)
```

上述 SQL 语句中,删除 id 字段的唯一约束,并查看删除后的数据表 my_unique3 的创建信息,验证 id 字段的唯一约束是否删除成功;由查询结果可知,id 字段成功删除了唯一约束。

以上内容讲解了为一个现有的数据表中的单字段添加或删除唯一约束,下面讲解如何在创建数据表时为多字段添加唯一约束,具体示例如下。

(1) 创建用于测试的数据表 my_unique4,具体 SQL 语句及执行结果如下。

```
mysql>CREATE TABLE my_unique4 (
    ->   id INT,
    ->   username VARCHAR(10),
    ->   UNIQUE (id, username)
    -> );
Query OK, 0 rows affected (0.03 sec)
```

上述 SQL 语句中,在创建数据表 my_unique4 时,为 id 和 username 字段建立复合唯一约束。

(2) 操作数据表 my_unique4,为 id 字段和 username 字段添加不重复记录,具体 SQL 语句及执行结果如下。

```
#第一条语句
mysql>INSERT INTO my_unique4 VALUES (1, '小明');
Query OK, 1 row affected (0.00 sec)
#第二条语句
```

```
mysql> INSERT INTO my_unique4 VALUES (1, '小红');
Query OK, 1 row affected (0.00 sec)
#查询数据
mysql> SELECT * FROM my_unique4;
+------+----------+
| id   | username |
+------+----------+
| 1    | 2        |
| 1    | 3        |
+------+----------+
2 rows in set (0.00 sec)
```

上述 SQL 语句中,第一条语句添加 id 值为 1,username 值为小明;第二条语句添加 id 值为 1,username 值为小红;由查询结果可知,两条记录添加成功。

(3)添加重复记录,具体 SQL 语句及执行结果如下。

```
mysql> INSERT INTO my_unique4 VALUES (1, '小红');
ERROR 1062 (23000): Duplicate entry '1-2' for key 'my_unique4.id'
```

上述 SQL 语句中,再次添加一条 id 值为 1、username 值为小红的记录,添加失败。

综上所述,当同一个字段两次添加的记录相同时,添加成功;只有当两个字段同时发生重复时,添加记录失败。

3.2.4　设置主键约束

在员工数据表中,员工工号字段具有唯一性,一般作为主键使用,如果允许员工的工号重复或者为 NULL 值,管理员工信息时就会出现混乱。这时就可以为员工工号设置主键约束。为员工工号设置主键约束后,如果往该字段中插入已经存在的值或者 NULL 值时,则不允许添加该员工信息。

在 MySQL 中,主键约束相当于非空约束和唯一约束的组合,要求被约束字段中的值不能出现重复值,也不能出现 NULL 值。

主键约束可以通过给字段添加 PRIMARY KEY 关键字进行设置,每个数据表中只能设置一个主键约束。设置主键约束的方式有两种,分别为创建数据表时设置主键约束和修改数据表时添加主键约束,当数据表中的某字段不需要主键约束时,可以通过修改数据表的语句删除,具体如下。

1.创建数据表时设置主键约束

创建数据表时可以设置列级或者表级的主键约束,列级主键约束只能对单字段设置,表级主键约束可以对单字段或者多字段设置。当为多字段设置主键约束时,会形成复合主键。

创建数据表时给字段设置列级主键约束,基本语法如下。

```
CREATE TABLE 表名 (
    字段名 数据类型 PRIMARY KEY,
    ...
);
```

上述语法中,字段名的数据类型后面追加了 PRIMARY KEY,表示为该字段设置主键约束。

创建数据表时给字段设置表级主键约束,基本语法如下。

```
CREATE TABLE 表名 (
    字段名 1 数据类型,
    字段名 2 数据类型,
    …
    PRIMARY KEY (字段名 1[, 字段名 2, …])
);
```

上述语法中,表级约束的字段若只建立在一个字段上,则表示为单字段设置主键约束;若建立在多个字段上,则为复合主键,复合主键需要用多个字段来确定一条记录的唯一性。

当字段成功设置主键约束后,用 DESC 语句查询表结构时,会看到 Key 列的值为 PRI,表示在创建数据表时给字段设置了主键约束。

2. 修改数据表时添加主键约束

修改数据表时添加主键约束,可以使用 ALTER TABLE 语句,通过 MODIFY 子句或 CHANGE 子句以重新定义字段的方式添加,也可以通过 ADD 子句添加。不同的是,添加主键约束之前需要确保数据表中不存在主键约束,否则会添加失败。

修改数据表时添加主键约束的基本语法如下。

```
#语法 1,MODIFY 子句
ALTER TABLE 表名 MODIFY 字段名 数据类型 PRIMARY KEY;
#语法 2,CHANGE 子句
ALTER TABLE 表名 CHANGE [COLUMN] 字段名 字段名 数据类型 PRIMARY KEY;
#语法 3,ADD 子句
ALTER TABLE 表名 ADD PRIMARY KEY (字段);
```

上述语法中,语法 3 更加简洁。添加主键约束时通常会选择使用 ADD 子句的方式。

3. 删除主键约束

对于设置错误或者不再需要的主键约束,可以通过 ALTER TABLE 语句的 DROP 子句将主键约束删除。删除主键约束时,也会自动删除主键索引。

删除主键约束的基本语法如下。

```
ALTER TABLE 表名 DROP PRIMARY KEY;
```

上述语法中,由于主键约束在数据表中只能有一个,因此不需要指定主键约束对应的字段名称。

以上内容讲解了主键约束的设置与删除,下面通过案例演示主键约束的使用,在这里选择创建数据表时为单字段设置主键约束,具体示例如下。

(1) 创建数据表 my_primary,为 id 字段设置主键约束,具体 SQL 语句及执行结果如下。

```
mysql>CREATE TABLE my_primary (
    ->  id INT PRIMARY KEY,
    ->  username VARCHAR(20)
    -> );
Query OK, 0 rows affected (0.03 sec)
```

从上述执行结果可以看出，设置字段主键约束的语句已经成功执行。

（2）使用 DESC 语句查看 my_primary 的结构，验证 id 字段是否成功设置主键约束，具体 SQL 语句及执行结果如下。

```
mysql>DESC my_primary;
+----------+-------------+------+-----+---------+-------+
| Field    | Type        | Null | Key | Default | Extra |
+----------+-------------+------+-----+---------+-------+
| id       | int         | NO   | PRI | NULL    |       |
| username | varchar(20) | YES  |     | NULL    |       |
+----------+-------------+------+-----+---------+-------+
2 rows in set (0.01 sec)
```

从上述结果可以看出，id 字段的 Key 列的值为 PRI，表示该字段成功设置主键约束。同时，id 字段的 Null 列的值为 NO，表示该字段不能为 NULL。

（3）添加数据进行测试，具体 SQL 语句及执行结果如下。

```
#添加数据成功
mysql>INSERT INTO my_primary VALUES (1, 'Tom');
Query OK, 1 row affected (0.00 sec)
#为主键添加 NULL 值，添加失败
mysql>INSERT INTO my_primary VALUES (NULL, 'Jack');
ERROR 1048 (23000): Column 'id' cannot be null
#为主键添加重复值，添加失败
mysql>INSERT INTO my_primary VALUES (1, 'Alex');
ERROR 1062 (23000): Duplicate entry '1' for key 'my_primary.PRIMARY'
```

从上述结果可以看出，为 id 字段设置主键约束后，添加 NULL 值或重复值会失败。

（4）删除数据表 my_primary 中的主键约束，具体 SQL 语句及执行结果如下。

```
#删除主键约束
mysql>ALTER TABLE my_primary DROP PRIMARY KEY;
Query OK, 1 row affected (0.06 sec)
Records: 1 Duplicates: 0 Warnings: 0
#查看删除结果
mysql>DESC my_primary;
+----------+-------------+------+-----+---------+-------+
| Field    | Type        | Null | Key | Default | Extra |
+----------+-------------+------+-----+---------+-------+
| id       | int         | NO   |     | NULL    |       |
| username | varchar(20) | YES  |     | NULL    |       |
+----------+-------------+------+-----+---------+-------+
2 rows in set (0.01 sec)
```

　　上述 SQL 语句中,删除 id 字段的主键约束,并查看删除后的数据表的 my_primary 的创建信息,验证 id 字段的主键约束是否删除成功;由查询结果可知,id 字段成功删除了主键约束,但是该字段的非空约束并没有被同时删除。

　　(5) 删除 id 字段的非空约束,具体 SQL 语句及执行结果如下。

```
#删除非空约束
mysql>ALTER TABLE my_primary MODIFY id INT;
Query OK, 0 rows affected (0.10 sec)
Records: 0 Duplicates: 0 Warnings: 0
#查看删除结果
mysql>DESC my_primary;
+----------+-------------+------+-----+---------+-------+
| Field    | Type        | Null | Key | Default | Extra |
+----------+-------------+------+-----+---------+-------+
| id       | int         | YES  |     | NULL    |       |
| username | varchar(20) | YES  |     | NULL    |       |
+----------+-------------+------+-----+---------+-------+
2 rows in set (0.01 sec)
```

　　上述 SQL 语句中,删除 id 字段的非空约束,并查看删除后的数据表的 my_primary 的创建信息,验证 id 字段的非空约束是否删除成功;由查询结果可知,id 字段成功删除了非空约束。

　　以上内容讲解了在创建数据表时为单字段设置主键约束,下面讲解如何为一个现有的数据表中的单字段添加主键约束,具体 SQL 语句及执行结果如下。

```
#添加主键约束
mysql>ALTER TABLE my_primary ADD PRIMARY KEY (id);
Query OK, 0 rows affected (0.07 sec)
Records: 0 Duplicates: 0 Warnings: 0
#查看结果
mysql>DESC my_primary;
+----------+-------------+------+-----+---------+-------+
| Field    | Type        | Null | Key | Default | Extra |
+----------+-------------+------+-----+---------+-------+
| id       | int         | NO   | PRI | NULL    |       |
| username | varchar(20) | YES  |     | NULL    |       |
+----------+-------------+------+-----+---------+-------+
2 rows in set (0.01 sec)
```

　　上述 SQL 语句中,为 id 字段添加主键约束,并查看添加后的数据表 my_primary 的创建信息,验证 id 字段的主键约束是否添加成功。由查询结果可知,id 字段成功添加了主键约束。

3.3　自动增长

　　在实际开发中,有时需要为数据表中添加的新记录自动生成主键值。例如,在员工数据表中添加员工信息时,如果手动填写员工工号,需要在添加员工前查询工号是否被其他员工占用,由于先查询后再添加需要一段时间,有可能会出现并发操作时工号被其他人抢占的问题。此时可以为员工工号字段设置自动增长,设置自动增长后,如果往该字段插入值时,MySQL 会自动生成唯一的自动增长值。

通过给字段设置 AUTO_INCREMENT 即可实现自动增长。设置自动增长的方式有两种,分别为创建数据表时设置自动增长和修改数据表时添加自动增长,具体如下。

1. 创建数据表时设置自动增长

创建数据表时给字段设置自动增长,基本语法格式如下。

```
CREATE TABLE 表名 (
    字段名 数据类型 约束 AUTO_INCREMENT,
    ...
);
```

上述语法格式中,AUTO_INCREMENT 表示设置字段自动增长。

2. 修改数据表时添加自动增长

修改数据表时添加字段自动增长,可以使用 ALTER TABLE 语句,通过 MODIFY 子句或 CHANGE 子句以重新定义字段的方式添加,基本语法如下。

```
#语法 1,MODIFY 子句
ALTER TABLE 表名 MODIFY 字段名 数据类型 AUTO_INCREMENT;
#语法 2,CHANGE 子句
ALTER TABLE 表名 CHANGE 字段名 字段名 数据类型 AUTO_INCREMENT;
```

使用 AUTO_INCREMENT 时的注意事项如下。

* 一个数据表中只能有一个字段设置 AUTO_INCREMENT,设置 AUTO_INCREMENT 字段的数据类型应该是整数类型,并且该字段必须设置了唯一约束或主键约束。
* 如果为自动增长字段插入 NULL、0、DEFAULT,或在插入数据时省略了自动增长字段,则该字段会使用自动增长值;如果插入的是一个具体的值,则不会使用自动增长值。
* 默认情况下,设置 AUTO_INCREMENT 的字段的值从 1 开始自增。如果插入了一个大于自动增长值的具体值,则下次插入的自动增长的值会自动使用最大值加 1;如果插入的值小于自动增长值,则不会对自动增长值产生影响。
* 使用 DELETE 语句删除数据时,自动增长值不会减少或者填补空缺。
* 在为字段删除自动增长并重新添加自动增长后,自动增长的初始值会自动设为该列现有的最大值加 1。
* 在修改自动增长值时,修改的值若小于该列现有的最大值,则修改不会生效。

下面通过案例演示自动增长的使用,具体示例如下。

(1) 创建数据表 my_auto,为 id 字段设置自动增长,具体 SQL 语句及执行结果如下。

```
mysql> CREATE TABLE my_auto (
    ->   id INT PRIMARY KEY AUTO_INCREMENT,
    ->   username VARCHAR(20)
    -> );
Query OK, 0 rows affected (0.03 sec)
```

上述 SQL 语句中,为 id 字段设置主键约束和自动增长,在添加数据时可以省略 id 字段的值。由执行结果可以看出,创建数据表 my_auto 的语句已经成功执行。

(2) 使用 DESC 语句查看 my_auto 的表结构,验证 id 字段是否成功设置主键约束和自动增长,具体 SQL 语句及执行结果如下。

```
mysql> DESC my_auto;
+----------+-------------+------+-----+---------+----------------+
| Field    | Type        | Null | Key | Default | Extra          |
+----------+-------------+------+-----+---------+----------------+
| id       | int         | NO   | PRI | NULL    | auto_increment |
| username | varchar(20) | YES  |     | NULL    |                |
+----------+-------------+------+-----+---------+----------------+
2 rows in set (0.01 sec)
```

从上述执行结果可以看出,id 字段的 Key 列的值为 PRI,说明该字段已经成功添加主键约束,并且该字段的 Null 列的值为 NO,表示该字段不能为空。Extra 列的值为 auto_increment,说明已经成功为字段设置自动增长。

(3) 添加数据进行测试,添加数据时,省略 id 字段,具体 SQL 语句及执行结果如下。

```
mysql> INSERT INTO my_auto (username) VALUES('a');
Query OK, 1 row affected (0.01 sec)
#查询结果
mysql> SELECT * FROM my_auto;
+----+----------+
| id | username |
+----+----------+
| 1  | a        |
+----+----------+
1 row in set (0.00 sec)
```

上述 SQL 语句中,在添加数据时,省略了 id 字段。由执行结果可知,id 字段的值会使用自动增长值,从 1 开始。

(4) 添加数据时,在 id 字段中插入 NULL 值,具体 SQL 语句及执行结果如下。

```
mysql> INSERT INTO my_auto VALUES (NULL, 'b');
Query OK, 1 row affected (0.00 sec)
mysql> SELECT * FROM my_auto;
+----+----------+
| id | username |
+----+----------+
| 1  | a        |
| 2  | b        |
```

```
+----+----------+
2 rows in set (0.00 sec)
```

上述 SQL 语句中,在添加数据时,设置 id 字段值为 NULL。由执行结果可知,id 字段的值将会使用自动增长值,即该字段值会自动加 1。

(5)添加数据时,在 id 字段中插入具体值 5,具体 SQL 语句及执行结果如下。

```
mysql>INSERT INTO my_auto VALUES (5, 'c');
Query OK, 1 row affected (0.00 sec)
#查询数据
mysql>SELECT * FROM my_auto;
+----+----------+
| id  | username |
+----+----------+
| 1  | a        |
| 2  | b        |
| 5  | c        |
+----+----------+
3 rows in set (0.00 sec)
```

上述 SQL 语句中,在添加数据时,设置 id 字段值为 5。由执行结果可知,id 字段的值从 5 开始自增。

(6)添加数据时,在 id 字段中插入 0,具体 SQL 语句及执行结果如下。

```
mysql>INSERT INTO my_auto VALUES (0, 'd');
Query OK, 1 row affected (0.00 sec)
#查询数据
mysql>SELECT * FROM my_auto;
+----+----------+
| id  | username |
+----+----------+
| 1  | a        |
| 2  | b        |
| 5  | c        |
| 6  | d        |
+----+----------+
4 rows in set (0.00 sec)
```

上述 SQL 语句中,在添加数据时,设置 id 字段值为 0。由执行结果可知,id 字段的值会在 5 的基础上加 1。

(7)添加数据时,在 id 字段中插入 DEFAULT 值,具体 SQL 语句及执行结果如下。

```
mysql>INSERT INTO my_auto VALUES (DEFAULT, 'e');
Query OK, 1 row affected (0.00 sec)
#查询数据
mysql>SELECT * FROM my_auto;
+----+----------+
| id  | username |
```

```
+----+----------+
| 1  | a        |
| 2  | b        |
| 5  | c        |
| 6  | d        |
| 7  | e        |
+----+----------+
5 rows in set (0.00 sec)
```

上述 SQL 语句中,在添加数据时,设置 id 字段值为 DEFAULT。由执行结果可知,id 字段的值会在 6 的基础上加 1。

(8) 使用 SHOW CREATE TABLE 语句查看自动增长值,具体 SQL 语句及执行结果如下。

```
mysql>SHOW CREATE TABLE my_auto\G
*************************** 1. row ***************************
       Table: my_auto
 Create Table: CREATE TABLE `my_auto` (
  `id` int NOT NULL AUTO_INCREMENT,
  `username` varchar(20) DEFAULT NULL,
  PRIMARY KEY (`id`)
) ENGINE=InnoDB AUTO_INCREMENT=8 DEFAULT CHARSET=utf8mb4 COLLATE=utf8mb4_0900_ai_ci
1 row in set (0.00 sec)
```

上述执行结果中,“AUTO_INCREMENT=8”表示下次插入的自动增长值为 8。若在下次插入时指定了大于 8 的值,此处的 8 会自动更新为下次插入值加 1。

(9) 操作 my_auto 数据表,先修改 id 字段的自动增长值为 10,然后再删除 id 字段的自动增长,最后再重新为 id 字段设置自动增长,具体 SQL 语句及执行结果如下。

```
#修改自动增长值为 10
mysql>ALTER TABLE my_auto AUTO_INCREMENT=10;
Query OK, 0 rows affected (0.01 sec)
Records: 0 Duplicates: 0 Warnings: 0
#删除自动增长
mysql>ALTER TABLE my_auto MODIFY id INT;
Query OK, 5 rows affected (0.06 sec)
Records: 5 Duplicates: 0 Warnings: 0
#重新为 id 添加自动增长
mysql>ALTER TABLE my_auto MODIFY id INT AUTO_INCREMENT;
Query OK, 5 rows affected (0.07 sec)
Records: 5 Duplicates: 0 Warnings: 0
```

从上述结果可以看出,成功修改了自动增长值为 10、删除自动增长及重新为 id 添加自动增长。

📖 多学一招:查看系统变量的语句

MySQL 中提供了两个用于维护自动增长的系统变量,分别是 auto_increment_increment 和 auto_increment_offset,前者表示自增长字段从哪个数开始,它的取值范围为 1~65535;

后者表示自增长字段每次递增的量,其默认值为 1,取值范围为 1～65535。

若要查看 auto_increment_increment 变量和 auto_increment_offset 变量的值,可以使用 SHOW VARIABLES 语句,示例 SQL 语句及执行结果如下。

```
mysql>SHOW VARIABLES LIKE 'auto_inc%';
+--------------------------+-------+
| Variable_name            | Value |
+--------------------------+-------+
| auto_increment_increment | 1     |
| auto_increment_offset    | 1     |
+--------------------------+-------+
2 rows in set (0.00 sec)
```

从上述执行结果可以看出,auto_increment_increment 变量和 auto_increment_offset 变量的默认值都为 1。

若想要改变自动增长的计算方式,可以通过更改上述两个变量实现。例如,可以使用 "SET @@auto_increment_increment＝10;"语句将 auto_increment_increment 的值改为 10。在这里仅介绍如何查看自动增长系统变量的值,关于变量的相关内容将会在 10.3 节中详细讲解。

3.4　字符集与校对集

在 MySQL 中创建数据库和数据表时,可以使用默认的字符集和校对集,也可以设置字符集和校对集。MySQL 提供了多种字符集和校对集。本节针对字符集和校对集进行详细讲解。

3.4.1　字符集概述

计算机采用二进制方式保存数据,用户输入的字符会被计算机按照一定的规则转换为二进制后保存,这个转换的过程称为字符编码。将一系列字符的编码规则组合起来就形成了字符集。MySQL 中的字符集规定了字符在数据库中的存储格式,不同的字符集有不同的编码规则。

常用的字符集有 GBK 和 UTF-8。UTF-8 支持世界上大多数国家的语言文字,通用性较强,适用于大多数场合;而如果只需要支持简体中文、繁体中文、日文和韩文,不考虑其他语言,为了节省空间,可以采用 GBK。

GBK 在 MySQL 中的写法为 gbk,而 UTF-8 在 MySQL 中的写法有两种,分别是 utf8 和 utf8mb4。utf8 中的单个字符最多占用 3 字节,而 utf8mb4 中的单个字符允许占用 4 字节,utf8mb4 相比 utf8 可以支持更多的字符。

MySQL 提供了多种字符集,用户既可以查看所有可用字符集,也可以使用 LIKE 或者 WHERE 子句指定要匹配的字符集,查看字符集的基本语法如下。

```
#第一种方式
SHOW {CHARACTER SET | CHARSET} [LIKE '匹配模式' | WHERE 表达式];
#第二种方式
SELECT * FROM INFORMATION_SCHEMA.CHARACTER_SETS [WHERE CHARACTER_SET_NAME LIKE '匹配模式'];
```

下面对上述语法的各部分进行讲解。

- LIKE '匹配模式' | WHERE 表达式：可选项，LIKE 子句可以根据指定模式匹配字符集；WHERE 子句用于筛选出满足条件的字符集。'匹配模式'为指定的匹配模式，可以通过"％"和"_"两种模式对字符串进行匹配，其中，"％"表示匹配一个或多个字符；"_"表示匹配一个字符。如果省略该选项，则表示显示所有可用的字符集。
- INFORMATION_SCHEMA.CHARACTER_SETS：存储数据库相关字符集信息。
- CHARACTER_SET_NAME：用于设置字符集的名称。

下面使用第一种方式查看 MySQL 中所有可用字符集，示例 SQL 语句如下。

```
SHOW CHARACTER SET;
```

上述 SQL 语句执行后，输出结果如图 3-1 所示。

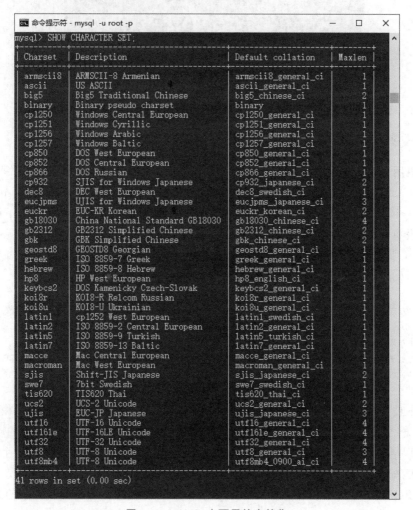

图 3-1　MySQL 中可用的字符集

在图 3-1 中，显示了 MySQL 中所有可用的字符集，其中 Charset 列表示字符集名称，Description 列表示描述信息，Default collation 列表示默认校对集，Maxlen 列表示单个字符的最大长度。

需要注意的是，MySQL 8.0.27 版本默认使用的字符集为 utf8mb4。

下面使用第一种方式查看 MySQL 中含有 utf 的字符集，示例 SQL 语句如下。

```
SHOW CHARACTER SET LIKE 'utf%';
```

上述 SQL 语句执行后，输出结果如图 3-2 所示。

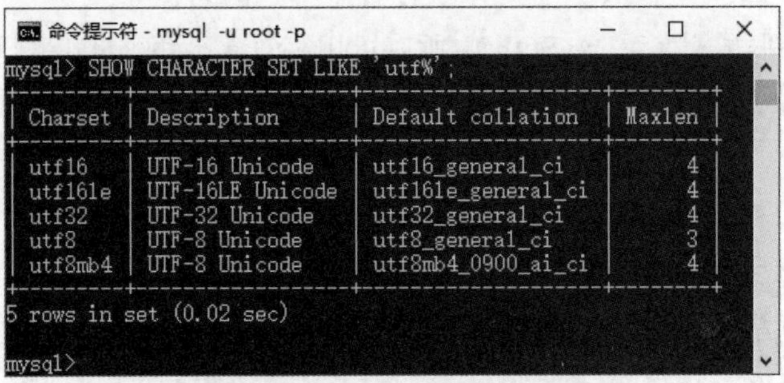

图 3-2　查看 MySQL 中含有 utf 的字符集

从图 3-2 可以看出，当前成功查询出了含有 utf 的字符集。

3.4.2　校对集概述

校对集用于为不同字符集指定比较和排序的规则。MySQL 8.0.27 版本的默认校对集为 utf8mb4_0900_ai_ci，其中 utf8mb4 表示该校对集对应的字符集；0900 是指 Unicode 校对算法版本；_ai 表示口音不敏感，即 a、à、á、â 和 ä 之间没有区别；_ci 表示大小写不敏感，即 p 和 P 之间没有区别。

MySQL 提供了多种校对集，用户既可以查看所有校对集，也可以使用 LIKE 或者 WHERE 子句指定要匹配的校对集，查看校对集的基本语法如下。

```
#第 1 种方式
SHOW COLLATION [LIKE '匹配模式' | WHERE 表达式];
#第 2 种方式
SELECT * FROM INFORMATION_SCHEMA.COLLATIONS [WHERE COLLATION_NAME LIKE '匹配模式'];
```

下面对上述语法的各部分进行讲解。

- LIKE '匹配模式' | WHERE 表达式：可选项，LIKE 子句可以根据指定模式匹配校对集；WHERE 子句用于筛选出满足条件的校对集。'匹配模式'为指定的匹配模式，可以通过%和_两种模式对字符串进行匹配，其中，%表示匹配一个或多个字符；_表示匹配一个字符。如果省略该选项，则表示显示所有可用的校对集。
- INFORMATION_SCHEMA.COLLATIONS：存储数据库相关校对集信息。
- COLLATION_NAME：用于设置校对集的名称。

下面使用第一种方式查看 MySQL 中所有可用校对集，由于输出结果很长，这里仅展示部分内容，示例 SQL 语句如下。

```
SHOW COLLATION;
```

上述 SQL 语句执行后，输出结果如图 3-3 所示。

命令提示符 - mysql -u root -p

mysql> SHOW COLLATION;

Collation	Charset	Id	Default	Compiled	Sortlen	Pad_attribute
armscii8_bin	armscii8	64		Yes	1	PAD SPACE
armscii8_general_ci	armscii8	32	Yes	Yes	1	PAD SPACE
ascii_bin	ascii	65		Yes	1	PAD SPACE
ascii_general_ci	ascii	11	Yes	Yes	1	PAD SPACE
big5_bin	big5	84		Yes	1	PAD SPACE
big5_chinese_ci	big5	1	Yes	Yes	1	PAD SPACE
binary	binary	63	Yes	Yes	1	NO PAD
cp1250_bin	cp1250	66		Yes	1	PAD SPACE
cp1250_croatian_ci	cp1250	44		Yes	1	PAD SPACE
cp1250_czech_cs	cp1250	34		Yes	2	PAD SPACE
cp1250_general_ci	cp1250	26	Yes	Yes	1	PAD SPACE
cp1250_polish_ci	cp1250	99		Yes	1	PAD SPACE
cp1251_bin	cp1251	50		Yes	1	PAD SPACE
cp1251_bulgarian_ci	cp1251	14		Yes	1	PAD SPACE
cp1251_general_ci	cp1251	51	Yes	Yes	1	PAD SPACE
cp1251_general_cs	cp1251	52		Yes	1	PAD SPACE
cp1251_ukrainian_ci	cp1251	23		Yes	1	PAD SPACE
cp1256_bin	cp1256	67		Yes	1	PAD SPACE
cp1256_general_ci	cp1256	57	Yes	Yes	1	PAD SPACE
cp1257_bin	cp1257	58		Yes	1	PAD SPACE
cp1257_general_ci	cp1257	59	Yes	Yes	1	PAD SPACE
cp1257_lithuanian_ci	cp1257	29		Yes	1	PAD SPACE
cp850_bin	cp850	80		Yes	1	PAD SPACE
cp850_general_ci	cp850	4	Yes	Yes	1	PAD SPACE
cp852_bin	cp852	81		Yes	1	PAD SPACE
cp852_general_ci	cp852	40	Yes	Yes	1	PAD SPACE
cp866_bin	cp866	68		Yes	1	PAD SPACE
cp866_general_ci	cp866	36	Yes	Yes	1	PAD SPACE
cp932_bin	cp932	96		Yes	1	PAD SPACE
cp932_japanese_ci	cp932	95	Yes	Yes	1	PAD SPACE
dec8_bin	dec8	69		Yes	1	PAD SPACE
dec8_swedish_ci	dec8	3	Yes	Yes	1	PAD SPACE
eucjpms_bin	eucjpms	98		Yes	1	PAD SPACE
eucjpms_japanese_ci	eucjpms	97	Yes	Yes	1	PAD SPACE

图 3-3　MySQL 中可用的校对集(部分)

在图 3-3 中，Collation 列表示校对集名称，Charset 列表示对应哪个字符集，Id 列表示校对集 ID，Default 列表示是否为对应字符集的默认校对集，Compiled 列表示是否已编译，Sortlen 列表示排序的内存需求量，Pad_attribute 列表示校对规则的附加属性。

下面查看每个字符集的默认校对集，由于输出结果很长，这里仅展示部分内容，示例 SQL 语句如下。

```
SHOW COLLATION WHERE `Default` ='Yes';
```

上述 SQL 语句中，Default 是保留字，需要将其用作标识符，使用反单引号(`)进行引用。SQL 语句执行后，输出结果如图 3-4 所示。

从图 3-4 可见，成功查询出了 MySQL 中的默认校对集。

3.4.3　字符集与校对集的设置

根据不同的需求，字符集与校对集的设置分为 4 方面，分别为设置服务器字符集和校对集、设置数据库字符集和校对集、设置数据表字符集和校对集，以及设置字段字符集和校对

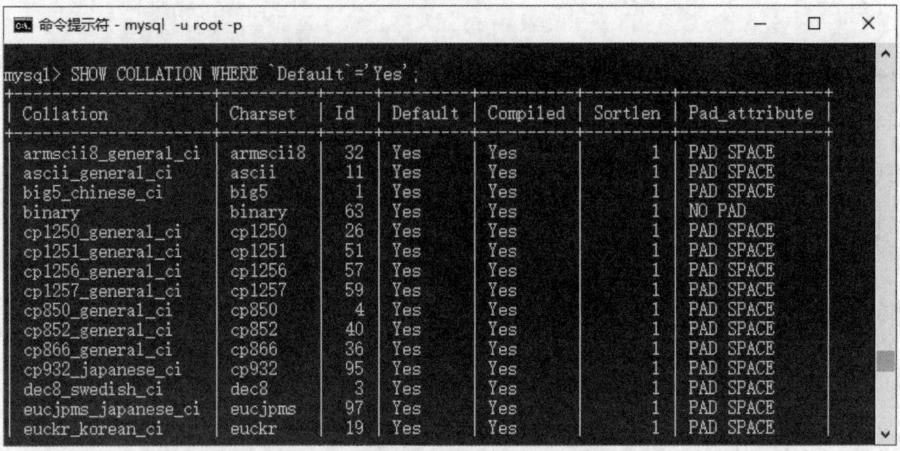

Collation	Charset	Id	Default	Compiled	Sortlen	Pad_attribute
armscii8_general_ci	armscii8	32	Yes	Yes	1	PAD SPACE
ascii_general_ci	ascii	11	Yes	Yes	1	PAD SPACE
big5_chinese_ci	big5	1	Yes	Yes	1	PAD SPACE
binary	binary	63	Yes	Yes	1	NO PAD
cp1250_general_ci	cp1250	26	Yes	Yes	1	PAD SPACE
cp1251_general_ci	cp1251	51	Yes	Yes	1	PAD SPACE
cp1256_general_ci	cp1256	57	Yes	Yes	1	PAD SPACE
cp1257_general_ci	cp1257	59	Yes	Yes	1	PAD SPACE
cp850_general_ci	cp850	4	Yes	Yes	1	PAD SPACE
cp852_general_ci	cp852	40	Yes	Yes	1	PAD SPACE
cp866_general_ci	cp866	36	Yes	Yes	1	PAD SPACE
cp932_japanese_ci	cp932	95	Yes	Yes	1	PAD SPACE
dec8_swedish_ci	dec8	3	Yes	Yes	1	PAD SPACE
eucjpms_japanese_ci	eucjpms	97	Yes	Yes	1	PAD SPACE
euckr_korean_ci	euckr	19	Yes	Yes	1	PAD SPACE

图 3-4 字符集的默认校对集(部分)

集,下面分别进行讲解。

1. 设置服务器字符集和校对集

默认情况下,MySQL 服务器的字符集为 utf8mb4,校对集为 utf8mb4_0900_ai_ci。若要设置 MySQL 服务器字符集和校对集,需要了解当前 MySQL 服务器中有关字符集的变量。使用 MySQL 提供的"SHOW VARIABLES LIKE 'character%';"语句可以查看当前 MySQL 服务器中的字符集变量,输出结果如下。

```
mysql>SHOW VARIABLES LIKE 'character%';
+--------------------------+-----------------------------------------+
| Variable_name            | Value                                   |
+--------------------------+-----------------------------------------+
| character_set_client     | gbk                                     |
| character_set_connection | gbk                                     |
| character_set_database   | utf8mb4                                 |
| character_set_filesystem | binary                                  |
| character_set_results    | gbk                                     |
| character_set_server     | utf8mb4                                 |
| character_set_system     | utf8mb3                                 |
| character_sets_dir       | D:\mysql-8.0.27-winx64\share\charsets\  |
+--------------------------+-----------------------------------------+
8 rows in set, 1 warning (0.05 sec)
```

上述结果查询出了当前会话使用的字符集变量,这里所说的会话,是指从客户端登录服务器到退出的整个过程。例如,依次打开两个客户端并登录服务器,就产生了两个会话,不同客户端处于不同的会话中。不同的客户端可以指定不同的字符集环境配置,服务器会按照不同的配置进行处理。因此,上述输出结果在不同客户端环境中可能不同。

下面对上述输出结果中的变量进行解释说明,具体如表 3-8 所示。

表 3-8 字符集相关的变量

变 量 名	说 明
character_set_client	客户端字符集
character_set_connection	客户端与服务器连接使用的字符集
character_set_database	默认数据库使用的字符集（从 5.7.6 版本开始不推荐使用）
character_set_filesystem	文件系统字符集
character_set_results	将查询结果（如结果集或错误信息）返回给客户端的字符集
character_set_server	服务器默认字符集
character_set_system	服务器用来存储标识符的字符集
character_sets_dir	安装字符集的目录

在表 3-8 中，读者需重点关注的变量是 character_set_client、character_set_connection、character_set_results 和 character_set_server。其中，character_set_server 变量决定了新创建的数据库默认使用的字符集。需要注意的是，数据库的字符集决定了数据表的默认字符集，数据表的字符集决定了字段的默认字符集。由于 character_set_server 的值为 utf8mb4，因此在前面的学习中，创建的数据库、数据表和字段的默认字符集都是 utf8mb4；character_set_client、character_set_connection 和 character_set_results 变量分别对应客户端、连接层和查询结果的字符集。通常情况下，这 3 个变量的值是相同的，具体值由客户端的编码而定，从而确保客户端输入的字符和输出的结果都不会出现乱码。

若想要更改变量的值，可以通过"SET 变量名＝值；"的方式实现，示例命令如下。

```
SET character_set_client=utf8mb4;
SET character_set_connection=utf8mb4;
SET character_set_results=utf8mb4;
```

由于上述命令需要通过 3 条语句修改 3 个变量的值为 utf8mb4，比较麻烦，在 MySQL 中还可以通过一条语句同时修改 3 个变量的值，示例命令如下。

```
SET NAMES utf8mb4;
```

需要注意的是，使用 SET 或 SET NAMES 修改字符集只对当前会话有效，不影响其他会话，且会话结束后，下次会话仍然使用默认值。

服务器的校对集通常不需要手动更改，MySQL 会自动使用字符集对应的默认校对集。如需更改，可以通过 character_set_connection、character_set_database 和 character_set_server 对应的校对集变量 collation_connection、collation_database 和 collation_server 来更改。

2. 设置数据库字符集和校对集

在创建数据库时设定字符集和校对集的语法格式如下。

```
CREATE {DATABASE | SCHEMA}[IF NOT EXISTS] 数据库名称
[DEFAULT]
CHARACTER SET [=] 字符集名称 | COLLATE [=] 校对集名称;
```

上述语法格式中,CHARACTER SET 用于指定字符集,COLLATE 用于指定校对集。如果想要修改数据库的字符集或校对集,只需要将 CREATE 修改为 ALTER 即可。若仅指定字符集,表示使用该字符集的默认校对集;若仅指定校对集,表示使用该校对集对应的字符集。

下面演示如何在创建数据库时设置字符集和校对集,示例 SQL 语句如下。

```
#创建数据库时,指定字符集
CREATE DATABASE mydb_1 CHARACTER SET utf8;
#创建数据库时,指定字符集和校对集
CREATE DATABASE mydb_2 CHARACTER SET utf8 COLLATE utf8_bin;
```

上述 SQL 语句中,在创建数据库 mydb_1 时指定字符集为 utf8,在创建数据库 mydb_2 时指定字符集为 utf8,校对集为 utf8_bin。

3. 设置数据表字符集和校对集

每个数据表都有一个字符集和一个校对集,数据表的字符集与校对集可以在表选项中设置,语法格式如下。

```
CREATE [TEMPORARY] TABLE [IF NOT EXISTS] 数据表名 (
    字段名 数据类型 [字段属性]…
)[DEFAULT]
CHARACTER SET [=] 字符集名称 | COLLATE [=] 校对集名称;
```

上述语法与指定数据库字符集和校对集的语法类似。如果想要修改数据表的字符集或校对集,只需要将 CREATE 修改为 ALTER 即可。若没有为数据表指定字符集,则自动使用数据库的字符集。

下面演示如何在创建数据表时设置字符集和校对集,示例 SQL 语句如下。

```
CREATE TABLE my_charset (
    username VARCHAR(20)
) CHARACTER SET utf8 COLLATE utf8_bin;
```

上述 SQL 语句中,指定数据表 my_charset 的字符集为 utf8,校对集为 utf8_bin。

4. 设置字段字符集和校对集

每个字段都有一个字符集和校对集,字段的字符集与校对集在字段属性中设置,语法格式如下。

```
CREATE [TEMPORARY] TABLE [IF NOT EXISTS] 表名 (
    字段名 数据类型 [CHARACTER SET 字符集名称][COLLATE 校对集名称]…
) [表选项];
```

上述语法中,若没有为字段设置字符集与校对集,则会自动使用数据表的字符集与校对集。

下面演示如何在创建数据表时设置字段的字符集和校对集,以及修改字段的字符集和校对集,示例 SQL 语句如下。

```
#创建数据表时,设置字段的字符集与校对集
CREATE TABLE my_charset (
  username VARCHAR(20) CHARACTER SET utf8 COLLATE utf8_bin
);
#修改字段的字符集与校对集
ALTER TABLE my_charset MODIFY
username VARCHAR(20) CHARACTER SET utf8 COLLATE utf8_bin;
```

上述 SQL 语句中,指定 username 字段的字符集为 utf8,校对集为 utf8_bin。

3.5 动手实践:设计用户表

数据库的学习在于多看、多学、多思考、多动手。接下来请结合本章所学的知识完成用户表的设计,为用户表中的字段设置合理的数据类型、约束及字符集。用户表的字段需求如下。

(1) 用户身份标识号字段:用于唯一标识每个用户。

(2) 用户名字段:用于保存用户名,可以使用中文,不同用户的用户名不能相同,长度在 20 个字符以内。

(3) 手机号码字段:用于保存手机号码,长度为 11 个字符。

(4) 性别字段:用于保存性别,有男、女、保密 3 种选择。

(5) 注册时间字段:用于保存注册时的日期和时间。

(6) 会员等级字段:用于保存表示会员等级的数字,最高为 100。

说明:读者可以参考本书配套源码包中的操作文档,按照上述需求完成动手实践。

3.6 本章小结

本章主要讲解了常用的数据类型、表的约束、自动增长,以及字符集和校对集。这些内容很零碎,但非常重要,需要通过实践练习加以透彻理解。通过本章的学习,希望读者掌握每种数据类型和约束的适用场景,并结合数据表的实际情况加以应用。

第 4 章

数据库设计

学习目标：

- 熟悉数据库设计的基本步骤，能够区别不同设计阶段的特点。
- 掌握范式在数据库设计中的使用，能够运用范式合理设计数据库。
- 掌握 MySQL Workbench 的获取和安装，能够独立安装 MySQL Workbench。
- 掌握 MySQL Workbench 的使用，能够完成数据库、数据表的操作，并且会绘制 EE-R 图。

第 2、3 章主要讲解了 MySQL 的常用操作，相信读者已经能够灵活使用 SQL 语句对数据进行操作了。但是，在将数据库技术应用到实际需求时，仅仅掌握数据库的使用还不够，还需要研究如何设计一个合理、规范和高效的数据库。数据库设计需要高度的严谨性和细致入微的工作态度，在设计数据库时应秉承细致入微、认真负责的工作态度，确保设计的数据库系统符合要求并且没有错误。同时，还应该具备高效的工作能力，能够合理规划和安排数据库设计的各个阶段，并按时完成任务。本章围绕数据库设计进行详细讲解。

4.1 数据库设计概述

数据库设计要求设计者对数据库设计的过程有深入的了解。数据库设计一般分为 6 个阶段，分别是需求分析、概念结构设计、逻辑结构设计、物理结构设计、数据库实施和数据库运行与维护，具体介绍如下。

1. 需求分析

在需求分析阶段，数据库设计人员需要分析用户的需求，记录分析结果并形成需求分析报告。在此阶段，数据库设计人员需要与用户进行深入沟通，避免由于理解不准确导致后续工作出现问题。需求分析阶段是整个设计过程的基础，需求分析如果做得不好，可能会导致整个数据库设计返工重做。为了避免返工，作为数据库设计人员，应有耐心、严谨、专注的敬业精神和精益求精的工匠精神。

在需求分析中有许多琐碎而耗时的工作，常见的工作如下。

(1) 收集数据。一个企业内的数据可能分散、零碎，并由不同人员负责管理。为了使用数据库系统来管理这些数据，需要尽可能地多收集数据，并了解企业的业务过程和数据处理流程。了解数据处理的性能需求，可以利用数据流图等工具辅助分析与理解。

(2) 制定标准。为数据形成一些标准，如商品编号一共有多少位，未来是否会增加位数,每一位的含义是什么;订单编号按照什么规则生成,如何避免编号重复,编号中包含哪些信息,是否加入一些随机数防止被推测等。

2. 概念结构设计

概念结构设计阶段是整个数据库设计的关键,通过对用户的需求进行综合、归纳与抽象,形成一个概念数据模型。概念数据模型使设计人员摆脱数据库系统的具体技术问题,将精力集中在分析数据及数据之间联系等方面。一般通过绘制 E-R 图,直观呈现数据库设计人员对用户需求的理解。

在绘制 E-R 图时,可以先根据各部门的情况绘制局部 E-R 图,再合并成全局 E-R 图。在合并的过程中需要解决冲突,常见的冲突有属性冲突、命名冲突和结构冲突,具体解释如下。

(1) 属性冲突是指属性值的类型、取值范围或取值集合不同。例如,员工编号属性,有的部门定义为整数,有的部门定义为字符型;重量属性,有的数据用公斤为单位,有的数据用斤为单位,有的数据用克为单位。

(2) 命名冲突是指同名异义或异名同义产生的冲突。例如,在数据 A 中将教室称为房间,在数据 B 中将学生宿舍称为房间,这属于同名异义;对于科研项目,财务部门将其称为项目,科研部门将其称为课题,生产管理部门将其称为工程,这属于异名同义。

(3) 结构冲突是指同一对象在不同应用中具有不同的抽象,或同一实体在不同子系统的 E-R 图中所包含的属性个数和属性排列次序不完全相同。例如,员工在某个应用中为实体,而在另一应用中为属性。

3. 逻辑结构设计

在逻辑结构设计阶段,需要将概念结构设计中完成的 E-R 图等成果,转换为数据库管理系统所支持的数据模型(如关系模型),完成实体、属性和联系的转换。在进行逻辑数据库设计时,应遵循一些规范化理论,如范式(将在 4.2 节中讲解)。不规范的设计可能会导致数据库出现数据冗余、更新异常、插入异常、删除异常等问题。

4. 物理结构设计

在物理结构设计阶段,需要为逻辑数据模型确定数据库的存储结构、文件类型等。通常数据库管理系统为了保证其独立性与可移植性,承担了大部分任务,数据库设计人员只需考虑硬件、操作系统的特性,为数据表选择合适的存储引擎,为字段选择合适的数据类型,以及评估磁盘空间需求等工作。

5. 数据库实施

在数据库实施阶段,设计人员根据逻辑设计和物理设计的成果建立数据库,编写与调试应用程序,组织数据入库,并进行试运行。例如使用 SQL 语句创建数据库、数据表等。

6. 数据库运行与维护

在数据库运行与维护阶段,将数据库应用系统正式投入运行,在运行过程中不断进行维护、调整、备份和升级等工作。

4.2 数据库设计范式

数据库设计会对数据的存储性能、数据的操作有很大影响。为了避免不规范的数据造成数据冗余,以及出现插入、删除、更新操作异常等情况,就要满足一定的规范化要求。为了规范化数据库,数据库技术专家提出了各种范式(Normal Form)。

根据要求的程度不同,范式有多种级别,常用的有第一范式(1NF)、第二范式(2NF)和第三范式(3NF),这 3 个范式简称三范式。下面对三范式进行详细讲解。

1. 第一范式

第一范式是指数据库表的每一列都是不可分割的基本数据项,同一列中不能有多个值,即实体中的某个属性不能有多个值,或不能有重复的属性。简而言之,第一范式遵从原子性,属性不可再分。

下面演示不满足第一范式的情况。假设在设计数据表时,将用户信息和联系方式信息保存在一张数据表中,主键用下画线标注,如表 4-1 和表 4-2 所示。

表 4-1　不满足第一范式的情况(1)

编　号	姓　名	性　别	手　机　号
1	张三	男	18900000000
2	李四	男	15900000000、17300000000

表 4-2　不满足第一范式情况(2)

编　号	姓　名	邮　箱	手　机　号	手　机　号
1	张三	zhangsan@example.com	18900000000	
2	李四	lisi@example.com	15900000000	17300000000

表 4-1 的问题在于"手机号"包含了多个值,可以再细分;表 4-2 的问题在于"手机号"属性重复。

为了满足第一范式,应将用户信息和联系方式信息分成两张表保存,即用户表和联系方式表,这两张表是一对多的联系,如表 4-3 和表 4-4 所示。

表 4-3　用户表

用户编号	用户名	性别
1	张三	男
2	李四	男

表 4-4　联系方式表

编号	用户编号	邮　　箱	手机号
1	1	zhangsan@example.com	18900000000
2	2	lisi@example.com	15900000000
3	2	lisi@example.com	17300000000

通过表 4-3 和表 4-4 可以看出,无论一个用户有多少个联系方式,都可以使用这两张表来保存。

2. 第二范式

第二范式是在第一范式的基础上建立起来的,满足第二范式必须先满足第一范式。第二范式要求实体的属性完全依赖于主键,对于复合主键而言,不能仅依赖主键的一部分。简而言之,第二范式遵从唯一性,非主键字段需完全依赖主键。

下面演示不满足第二范式的情况,如表 4-5 和表 4-6 所示。

表 4-5　订单表

订单编号	订单商品	购买件数	下 单 时 间
2022052018830	铅笔	3	2022-05-20 8:30:12
2022061012560	钢笔	2	2022-06-10 9:30:22
2022081234900	圆珠笔	4	2022-08-12 15:20:16

表 4-6　用户表

用户编号	订单编号	用户名	付款状态
1	2022052018830	张三	已支付
1	2022061012560	张三	未支付
2	2022081234900	李四	已支付

在表 4-6 中,"用户编号"和"订单编号"组成了复合主键,"付款状态"完全依赖复合主键,而"用户名"只依赖"用户编号"。

采用上述方式设计的用户表存在以下问题。

(1)插入异常:如果一个用户没有下过订单,则该用户无法插入。

(2)删除异常:如果删除一个用户的所有订单,则该用户也会被删除。

(3)更新异常:由于用户名冗余,修改一个用户时需要修改多条记录。稍有不慎,漏掉某些记录,会出现更新异常。

为了满足第二范式,将复合主键"用户编号"和"订单编号"放到订单表中保存,如表 4-7 和表 4-8 所示。

表 4-7 用户表

用户编号	用户名
1	张三
2	李四

表 4-8 订单表

用户编号	订单编号	订单商品	购买件数	下单时间	付款状态
1	2022052018830	铅笔	3	2022-05-20 8:30:12	已支付
1	2022061012560	钢笔	2	2022-06-10 9:30:22	未支付
2	2022081234900	圆珠笔	4	2022-08-12 15:20:16	已支付

3. 第三范式

第三范式是在第二范式的基础上建立起来的,即满足第三范式必须先满足第二范式。第三范式要求一个数据表中每一列数据都和主键直接相关,而不能间接相关。简而言之,第三范式就是非主键字段不能相互依赖。

为了帮助读者更好地理解,下面演示不满足第三范式的情况。假设在设计数据表时,将用户信息和折扣信息保存在一张数据表中,如表 4-9 所示。

表 4-9 用户表

用户编号	用户名	用户等级	用户享受折扣
1	张三	1	0.95
2	李四	1	0.95
3	王五	2	0.85

在表 4-9 中,"用户享受折扣"与"用户等级"相关,两者存在依赖关系。

采用上述方式设计的用户表存在以下问题。

(1)插入异常:如果想增加一个新的等级,如等级 3 及其折扣,由于没有用户,导致无法插入。

(2)删除异常:如果删除某个等级下的所有用户,则等级对应的折扣也被删除。

(3)更新异常:如果修改某个用户的等级,折扣也必须随之修改;如果修改某个等级的折扣,又因为折扣存在冗余,容易发生漏改。

为了满足第三范式,将"用户等级"与"用户享受折扣"拆分到单独的数据表中保存,如表 4-10 和表 4-11 所示。

表 4-10 用户表

用户编号	用户名	用户等级
1	张三	1
2	李四	1
3	王五	2

表 4-11　折扣表

用户等级	用户享受折扣
1	0.95
2	0.85

📖 多学一招：函数依赖

函数依赖(functional dependency)是由数学派生的术语，是数据依赖的一种类型。它表示根据一个属性(或属性集)的值，可以找到另一个属性(或属性集)的值。例如，将商品关系模式中的属性(商品 id)设为 X，属性集(商品名称，商品价格)设为 Y，根据 X 可以找到 Y，说明 X 函数确定 Y，或 Y 函数依赖于 X，记作 X→Y。

函数依赖根据依赖属性的不同可以分为完全函数依赖、部分函数依赖和传递函数依赖，具体如下。

(1) 完全函数依赖。

以表 4-8 为例，使用"用户编号"和"订单编号"可以决定"付款状态"，而若只有"订单编号"，无法决定是哪个用户创建了订单；若只有"用户编号"，无法决定是哪个订单。因此，"付款状态"这个属性函数依赖于"(用户编号，订单编号)"属性集。

(2) 部分函数依赖。

以表 4-6 为例，"用户名"依赖"用户编号"，但不依赖"订单编号"，因此"用户名"这个属性部分函数依赖于"(用户编号，订单编号)"属性集。

(3) 传递函数依赖。

以表 4-9 为例，"用户享受折扣"依赖"用户等级"，"用户等级"依赖"用户编号"，所以"用户享受折扣"传递函数依赖于"用户编号"。

由此可见，在第一范式限定了一个关系模式的所有属性都是不可分的基本数据项之后，第二范式消除了部分函数依赖，第三范式消除了传递函数依赖。

4.3　数据库建模工具 MySQL Workbench

在数据库设计过程中，对于业务复杂、修改频繁的场合，手工绘制 E-R 图显得非常低效，这时可以利用数据建模工具提高效率。常见的数据建模工具有 ERwin Data Modeler、Power Designer、MySQL Workbench 等。其中，MySQL Workbench 由 MySQL 官方出品，是一款图形化数据库设计、管理的数据库建模工具，它具有开源和商业两个版本，支持 Windows 和 Linux 系统，下面介绍该工具的获取和使用。

4.3.1　获取 MySQL Workbench

打开浏览器，访问 MySQL 的官方网站，找到 MySQL Workbench 下载地址，下载地址页面如图 4-1 所示。

单击图 4-1 中的 Download 按钮，进入 MySQL Workbench 的下载页面，如图 4-2 所示。

在图 4-2 中单击下方的链接"No thanks, just start my download."即可下载 MySQL

图 4-1　MySQL Workbench 下载地址页面

图 4-2　MySQL Workbench 的下载页面

Workbench。下载的安装包文件名为 mysql-workbench-community-8.0.29-winx64.msi。
至此,MySQL Workbench 安装包下载完成。

4.3.2　安装 MySQL Workbench

MySQL Workbench 的具体安装步骤如下。

(1) 双击 mysql-workbench-community-8.0.29-winx64.msi 文件,安装程序启动后,会

弹出安装向导，如图 4-3 所示。

图 4-3　安装向导

（2）在图 4-3 中单击 Next 按钮后，进入选择安装路径页面，默认安装路径为 C:\
Program Files\MySQL\MySQL Workbench 8.0 CE，读者也可自行选择安装路径。在这里
选择安装路径为"D:\MySQL Workbench 8.0 CE\"，如图 4-4 所示。

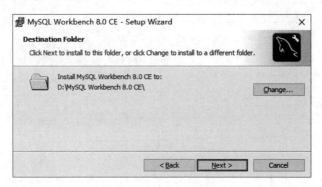

图 4-4　选择安装路径页面

（3）在图 4-4 中单击 Next 按钮后，进入选择安装类型页面，在这里默认选择第一项
Complete 进行完整安装，如图 4-5 所示。

（4）在图 4-5 中单击 Next 按钮后，进入准备安装页面，如图 4-6 所示。

（5）在图 4-6 中单击 Install 按钮等待安装进度完成，安装进度完成后进入安装向导已
完成页面，如图 4-7 所示。

（6）在图 4-7 所示的安装向导已完成页面中单击 Finish 按钮即可。

MySQL Workbench 安装成功后，启动该工具，即可进入 MySQL Workbench 8.0 CE
初始界面，如图 4-8 所示。

至此，MySQL Workbench 安装完成并可以正常启动。

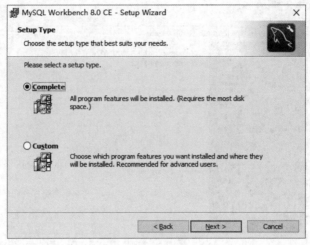

图 4-5　选择安装类型页面

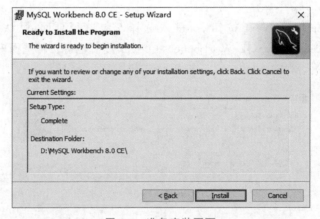

图 4-6　准备安装页面

4.3.3　操作数据库

MySQL Workbench 安装完成后，如何使用该工具操作数据库呢？下面针对如何登录 MySQL 以及如何操作数据库进行讲解。

1. 登录 MySQL

单击 MySQL Workbench 8.0 CE 初始界面中 Local instance MySQL80 部分的灰色区块，会弹出一个连接 MySQL 服务的对话框，如图 4-9 所示。

在图 4-9 中，输入 root 用户的密码，即第 1 章设置的密码 123456。输入完成后，单击 OK 按钮，登录成功后会进入主界面，如图 4-10 所示。

针对主界面中各区域的解释如下。

- 菜单栏区域：通过菜单栏可以访问 MySQL Workbench 工具的大部分功能。
- 工具栏区域：提供了一些功能按钮，方便进行操作。

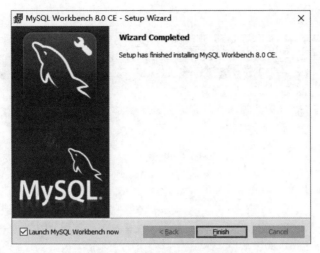

图 4-7　安装向导已完成页面

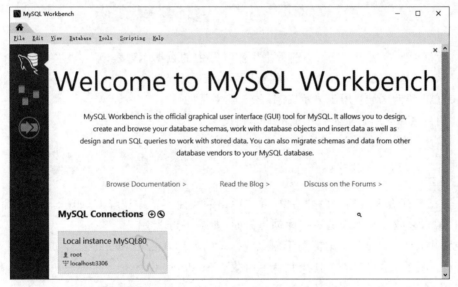

图 4-8　MySQL Workbench 8.0 CE 初始界面

图 4-9　连接 MySQL 服务的对话框

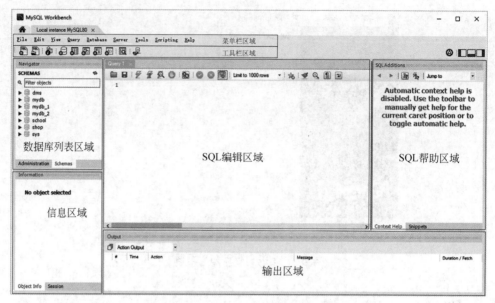

图 4-10　主界面

- 数据库列表区域：显示当前数据库服务器中的数据库列表。
- SQL 编辑区域：SQL 代码的编辑区域,用于执行输入的 SQL 语句。
- SQL 帮助区域：用于显示 SQL 的上下文帮助。
- 信息区域：用于查看数据库的基本情况。
- 输出区域：用于显示 MySQL 语句的执行情况。

2. 创建数据库

在数据库列表区域的空白处右击,并在弹出的快捷菜单中选择 Create Schema 命令,此时 SQL 编辑区域会出现新的数据库创建界面,如图 4-11 所示。

在图 4-11 中,Name 文本框用于输入数据库的名称,Default Charset 下拉列表用于选择数据库的字符集,不选择表示使用默认字符集,Default Collation 下拉列表用于选择数据库的校对集,不选择表示使用默认校对集。

在 Name 文本框中输入 test,然后单击 Apply 按钮,并在弹出的对话框中单击 Finish 按钮,即可完成数据库 test 的创建。

3. 选择默认数据库

在数据库列表区域中可以选择默认数据库。右击指定的数据库,选择 Set As Default Schema 命令,即可将其设为默认数据库,该操作相当于执行命令行工具中的"USE 数据库名称;"命令。

数据库列表区域中被选择的默认数据库会加粗显示。例如,选择 test 为默认数据库,如图 4-12 所示。

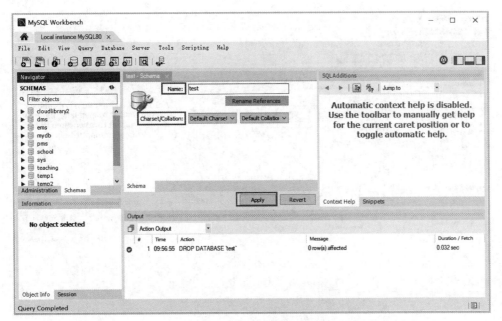

图 4-11　数据库创建界面

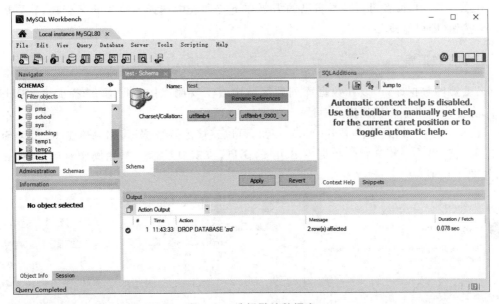

图 4-12　选择默认数据库

4．修改数据库

若要修改数据库，可以在要修改的数据库上右击，选择 Alter Schema 命令，此时 SQL 编辑区域会出现数据库修改界面。需要注意的是，在数据库修改界面，可以修改数据库的字符集或校对集，而数据库的名称不可以修改。例如，在 test 数据库上右击，选择 Alter Schema 命令，修改 test 数据库的字符集，如图 4-13 所示。

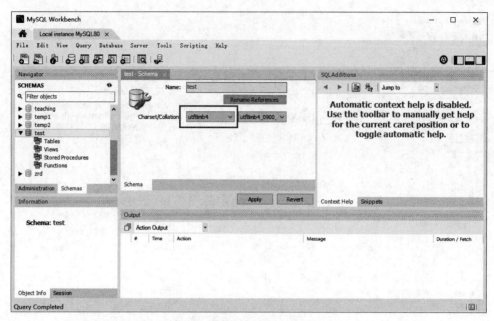

图 4-13　修改 test 数据库的字符集

在图 4-13 中，读者可以根据自己的需要在下拉列表中选择要修改的字符集，然后单击 Apply 按钮，即可修改字符集。

5. 删除数据库

若要删除数据库，可以在数据库列表区域中右击要删除的数据库，选择 Drop Schema 命令，会弹出一个删除数据库的对话框，如图 4-14 所示。

在图 4-14 中，如果单击 Drop Now 按钮，可以直接删除数据库；如果单击 Review SQL 按钮，则会弹出一个预览删除数据库 SQL 的窗口，该窗口显示了删除操作对应的 SQL 语句，如图 4-15 所示。

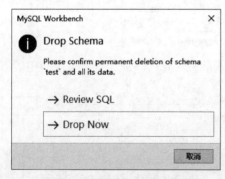

图 4-14　删除数据库的对话框

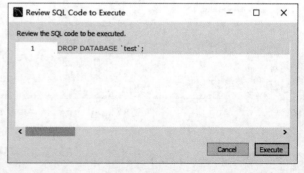

图 4-15　预览删除数据库 SQL 的窗口

在图 4-15 中，单击 Execute 按钮即可删除数据库。

4.3.4　操作数据表

在讲解了如何使用 MySQL Workbench 操作数据库后,下面讲解数据表的操作,包括数据表的创建、查看、修改和删除。

1. 创建数据表

在数据库列表区域中将当前默认的数据库 test 展开,然后在 Tables 上右击,选择 Create Table 命令,此时 SQL 编辑区域会出现数据表创建界面,如图 4-16 所示。

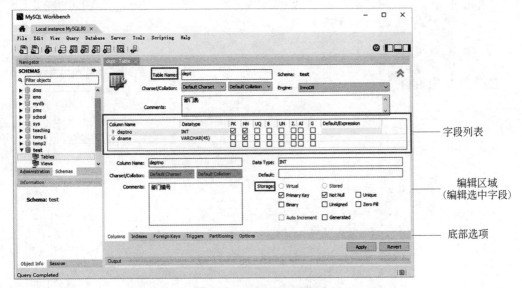

图 4-16　数据表创建界面

在图 4-16 中,Table Name 文本框用于输入数据表的名称,字段列表用于可以编辑数据表的列信息,可以对字段、数据类型、约束等内容进行编辑。双击字段列表最后一行(空白行)可以添加字段,单击已有字段可以进行编辑。字段列表中 PK、NN 等复选框与编辑区域的 Storage 中的 Primary Key、Not Null 对应。底部选项卡用于在列(Columns)、索引(Indexes)、外键(Foreign Keys)、触发器(Triggers)等功能之间切换。

在 Table Name 文本框中输入 dept,在 Colume Name 中定义字段名 deptno,并勾选 PK 和 NN 复选框;定义字段名 dname,并勾选 NN 复选框。编辑完成后,单击 Apply 按钮,可以预览当前操作的 SQL 脚本,如图 4-17 所示。

在图 4-17 中单击 Apply 按钮,并在下一个弹出的对话框中直接单击 Finish 按钮,即可完成数据表 dept 的创建。

2. 查看数据表结构

若想要查看数据表结构,可以在要查看的数据表上右击,选择 Table Inspector 命令。例如,在 dept 数据表上右击,选择 Table Inspector 命令,查看 dept 数据表结构,如图 4-18 所示。

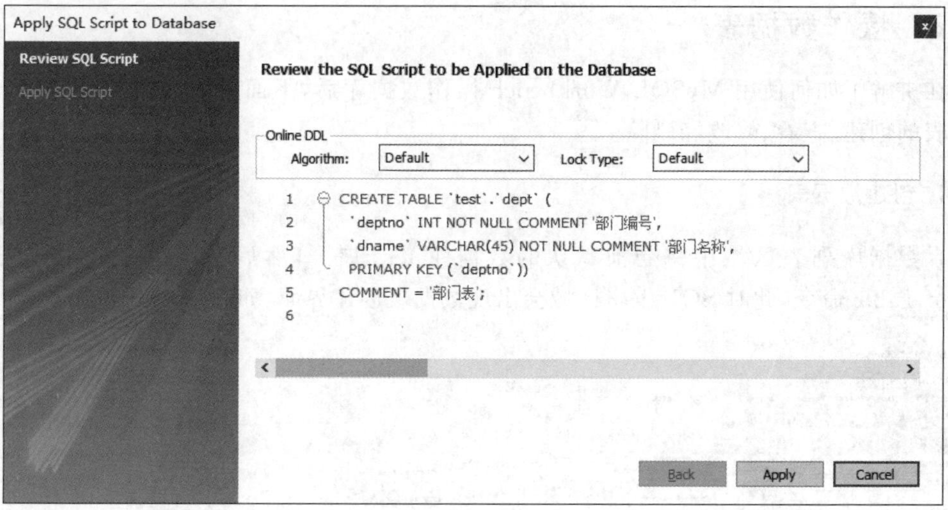

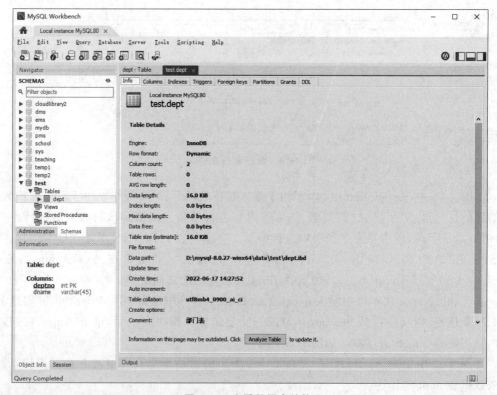

图 4-17　预览 SQL 脚本

图 4-18　查看数据表结构

图 4-18 展示了数据表 dept 的表结构,其中 Info 标签项显示了数据表的信息,包括表名、存储引擎、列数、表空间大小、创建时间、更新时间、字符集校对规则等;Columns 标签项显示了数据表 dept 数据列的信息,包括列名、数据类型、默认值、非空标识、字符集、校对规则和使用权限、备注等信息。

3.修改数据表

若要修改数据表,可以在要修改的数据表上右击,选择 Alter Table 命令,此时 SQL 编辑区域会出现新的数据表修改页面。例如,在 test 数据库中的数据表 dept 上右击,选择 Alter Table 命令,修改 dept 数据表,如图 4-19 所示。

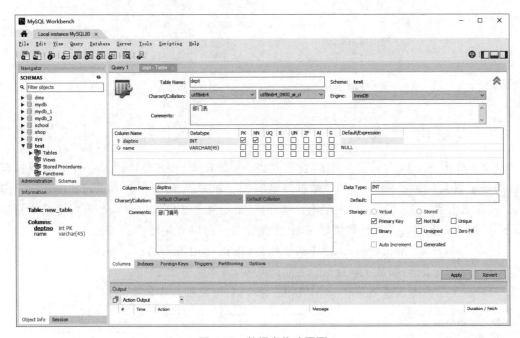

图 4-19　数据表修改页面

在图 4-19 中,Table Name 文本框用于修改数据表的名称;字段列表用于编辑数据表的列信息,通过上下拖曳可以调整列的顺序,若要删除某列,则直接在该列上右击,选择 Delete Selected 命令即可。编辑完成后,单击 Apply 按钮,即可成功修改数据表。

4.删除数据表

若要删除数据表,可以在数据库列表区域中找到要删除的数据表,然后在该数据表上右击,选择 Drop Table 命令,会弹出一个删除数据表的对话框,如图 4-20 所示。

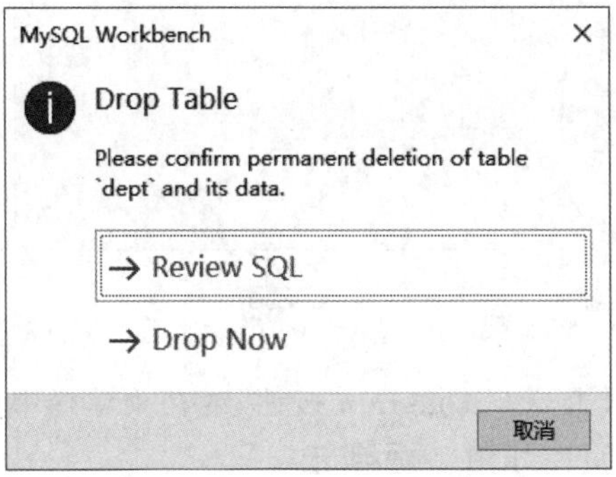

在图 4-20 中,如果单击 Drop Now 按钮,可以直接删除数据表;如果单击 Review SQL 按钮,则会弹出一个预览删除数据表 SQL 的窗口,该窗口显示了删除操作对应的 SQL 语句,如图 4-21 所示。

在图 4-21 中,单击 Execute 按钮可以删除数据表。

图 4-20　删除数据表对话框

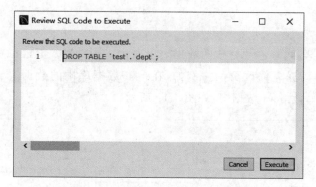

图 4-21　预览删除数据表 SQL 的窗口

4.3.5　绘制 EE-R 图

1.2.2 节讲解了概念数据模型的表示方法——E-R 图,而 EE-R 图是一种高级数据模型,是基于 E-R 的扩展模型,是物理数据模型的表示方法,以图形化方式描述和捕获用户需求。相比 E-R 图,EE-R 图表达的范围更加准确,更能通过抽象的数字表达现实生活中复杂关系,更加适合专业人员进行数据建模,在绘制完成后可以直接转换成 SQL。

学习了 MySQL Workbench 的基本使用后,下面使用 MySQL Workbench 绘制 EE-R图,描述部门表(dept)和员工表(emp)之间的联系,具体步骤如下。

(1) 在菜单栏中选择 File→New Model 命令,打开添加图表界面,如图 4-22 所示。

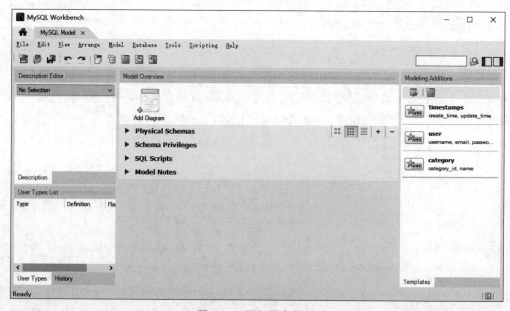

图 4-22　添加图表界面

(2) 图 4-22 中打开了 MySQL Model 选项卡,双击 Add Diagram 按钮(或在菜单栏中选择 Model→Add Diagram 命令)创建绘图区域,初始页面如图 4-23 所示。

在图 4-23 中,左侧为选择的图形类型,右侧为绘制区域。

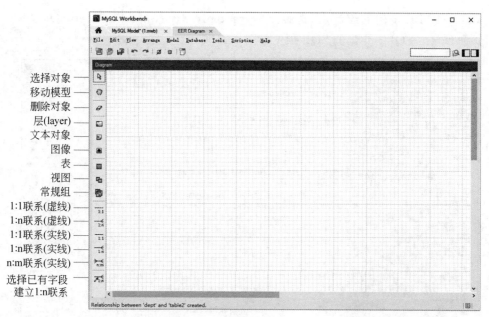

图 4-23　初始页面

（3）下面演示如何绘制两个数据表，分别为 dept 和 emp。单击左侧的表图形，然后在右侧绘制区域再次单击，即可完成数据表的绘制。绘制完成后为数据表添加字段即可。dept 和 emp 数据表之间的联系为 1：n，若要绘制这两张表之间的联系，先在左侧栏单击 1：n联系（实线）图标，然后依次单击数据表 dept 和 emp，EE-R 图绘制完成后如图 4-24 所示。

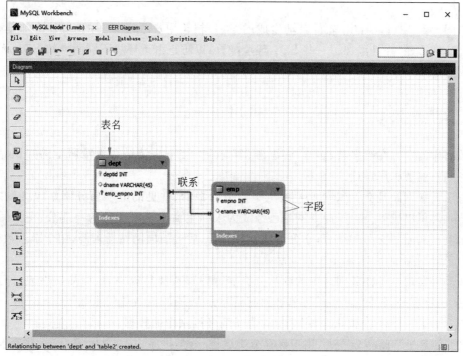

图 4-24　EE-R 图绘制完成

（4）完成 EE-R 图的绘制后，选择 File→Export→Forward Engineer SQL CREATE Script 命令导出 SQL。导出的 SQL 预览如图 4-25 所示。

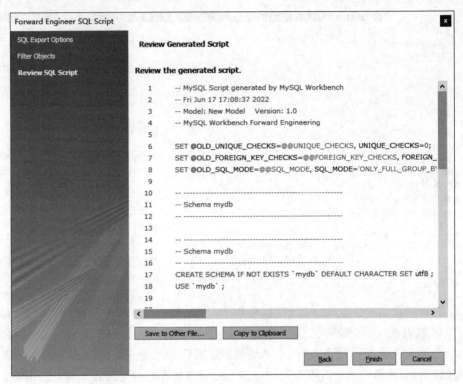

图 4-25　导出的 SQL 预览

从图 4-25 中可以看出，软件自动生成的 SQL 相比用户手动编写的 SQL 更加复杂，它的语法非常严谨，并且添加了一些 SET 环境配置，以防止由于环境不同而导致 SQL 无法按预期执行。

4.4　动手实践：电子商务网站

数据库的学习在于多看、多学、多思考、多动手。接下来请结合本章所学的知识完成电子商务网站的数据库设计。

电子商务网站是在互联网上开展电子商务的平台，常见的电子商务网站包括淘宝、当当、京东、阿里巴巴等。电子商务网站已经成为人们生活中不可或缺的一部分，主要用于通过网络实现商品的交易和结算，它分为前台和后台，后台面向网站运营商，用于录入数据；前台面向访问网站的用户，用于选购商品。

请动手实现电子商务网站中的商品分类表、商品表、商品规格表、商品属性表、用户表、评论表、购物车表、收货地址表、订单表和商品评分表的设计，具体需求如下：

（1）创建一个数据库 shop，用于保存电子商务网站中的数据。

（2）创建一个商品分类表，用于保存分类名称、分类排序、是否显示等信息，并要求支持多级分类嵌套。

（3）创建一个商品表，用于保存商品 id、商品名称、商品详情、图片等信息。

（4）创建一个商品规格表，用于保存商品规格 id 和规格名称等信息。

（5）创建一个商品属性表，用于保存商品属性 id、商品属性名称、排序等信息。

（6）创建一个用户表，用于保存用户 id、用户名、密码、手机号、金额等信息。

（7）创建一个评论表，用于保存评论 id、用户 id、评论内容、创建时间等信息。

（8）创建一个购物车表，用于保存购物车 id、用户 id、商品 id、单价等信息。

（9）创建一个收货地址表，用于保存地址 id、用户 id、具体地址、收件人等信息。

（10）创建一个订单表，用于保存订单 id、用户 id、订单总价等信息。

（11）创建一个商品评分表，用于保存评分 id、用户 id、商品 id、商品评分等信息。

说明：读者可以参考本书配套源码包中的操作文档，按照上述需求完成动手实践。

4.5　本章小结

本章主要讲解了数据库设计的基本理论和具体实战。读者应掌握数据库设计的基本概念、数据建模工具的使用，并深入理解数据库范式的作用和局限。通过本章的学习，读者应该能够分析用户需求，并具备设计合理、规范和高效的数据库的能力。

第 5 章
单 表 操 作

学习目标：

- 掌握表结构和数据的复制，能够复制现有数据表的表结构和数据。
- 掌握主键冲突的解决方法，能够解决主键冲突问题。
- 掌握清空数据操作，能够利用 TRUNCATE 语句清空数据。
- 掌握如何去除查询结果中的重复记录，能够利用 DISTINCT 实现去重查询。
- 掌握排序查询操作，能够利用 ORDER BY 对返回的查询结果进行排序。
- 掌握限量查询操作，能够利用 LIMIT 对返回的数据进行限量。
- 掌握分组查询操作，能够利用 GROUP BY 对返回的查询结果进行分组。
- 掌握聚合函数的使用，能够根据不同场景对查询数据进行统计。
- 熟悉算术运算符的用法，能够说明每个算术运算符的含义。
- 熟悉比较运算符的用法，能够说明每个比较运算符的含义。
- 熟悉逻辑运算符的用法，能够说明每个逻辑运算符的含义。
- 熟悉赋值运算符的用法，能够说明每个赋值运算符的含义。
- 熟悉位运算符的用法，能够说明每个位运算符的含义。
- 熟悉运算符的优先级，能够说明常用运算符的优先级。

在前面的章节中已经学习了数据表和数据的基本操作。但是，实际的需求可能会更加复杂，仅仅通过前面学习的知识并不能完全满足开发的需要。例如，对查询到的数据进行排序、限量和分组，以及连接多张表进行查询等。因此，需要学习更多关于数据操作的知识，这些知识主要分为单表操作和多表操作，将在第 5 章和第 6 章中进行详细讲解。本章讲解数据库中的单表操作。

5.1 数据进阶操作

在实际开发中，除了需要对数据进行添加、修改、查询和删除外，有时还需要进行一些进阶操作，例如复制表结构和数据、解决主键冲突、清空数据和去除查询结果中的重复记录。本节对数据进阶操作进行详细讲解。

5.1.1 复制表结构和数据

MySQL 中提供了专门的 SQL 语句，用于创建表并复制已有数据表的表结构和数据。

下面分别进行讲解。

1. 复制已有的表结构

在开发时,若需要创建一个与已有数据表相同结构的数据表,基本语法格式如下。

```
CREATE [TEMPORARY] TABLE [IF NOT EXISTS] 新数据表名称 {LIKE 源表| (LIKE 源表)}
```

上述语法格式中,在复制已有的数据表结构时,使用"LIKE 源表"与使用"(LIKE 源表)"语法效果相同,任选其一即可。通过这种方式复制的数据表为一个空表,该表包括源表中定义的任何字段属性和索引,但不会复制源表中保存的数据。

为了帮助读者更好地理解如何复制已有的表结构,接下来将以 4.4 节动手实践中设计的电子商务网站数据库为例进行演示。读者可通过本书配套源代码获取该数据库的 SQL 文件,导入 MySQL 中,将数据库命名为 shop。下面演示如何复制 shop 数据库中 sh_goods 数据表的表结构,将复制出来的数据表命名为 my_goods,并存放于 mydb 数据库中,具体 SQL 语句及执行结果如下。

```
mysql>USE shop;
Database changed
mysql>CREATE TABLE mydb.my_goods (LIKE sh_goods);
Query OK, 0 rows affected (0.05 sec)
```

按以上步骤创建完成后,通过 SHOW CREATE TABLE 语句查看 my_goods 数据表的结构,具体 SQL 语句及执行结果如下。

```
mysql>SHOW CREATE TABLE mydb.my_goods;
+-----------+----------------------------------------------------------+
| Table     | Create Table                                             |
+-----------+----------------------------------------------------------+
| my_goods  | CREATE TABLE `my_goods` (                                |
|           |   `id` int unsigned NOT NULL AUTO_INCREMENT              |
|           |   COMMENT '商品 id',                                      |
|           |   `category_id` int unsigned NOT NULL DEFAULT '0'        |
|           |   COMMENT '分类 id',                                      |
|           |   `spu_id` int unsigned NOT NULL DEFAULT '0'             |
|           |   COMMENT 'SPU id ',                                      |
|           |   ……(此处省略部分字段)                                    |
|           |   PRIMARY KEY (`id`)                                      |
|           | ) ENGINE=InnoDB DEFAULT CHARSET=utf8mb4                  |
|           | COLLATE=utf8mb4_0900_ai_ci COMMENT='商品表'             |
+-----------+----------------------------------------------------------+
1 row in set (0.00 sec)
```

从上述执行结果可以看出,当前已经成功依据已有的数据表创建出与其结构相同的数据表。

2. 复制已有的表数据

复制已有的表数据是新增数据的一种方式,它是从已有的数据中获取数据,并且将获取的数据添加到对应的数据表中。需要注意的是,此种方式获取数据与添加数据的表结构要相同,否则可能会遇到添加不成功的情况,基本语法格式如下。

```
INSERT [INTO] 新数据表名称 [(字段名[, …])]
SELECT * | {字段名[, …]} FROM 源表;
```

在上述语法格式中,如果将新数据表名称和源表设为同一个数据表,可在短期内快速增加该数据表的数据量。

下面演示如何将 sh_goods 表中的数据复制到数据表 my_goods 中,具体 SQL 语句及执行结果如下。

```
mysql> INSERT INTO mydb.my_goods SELECT * FROM sh_goods;
Query OK, 10 rows affected (0.01 sec)
Records: 10 Duplicates: 0 Warnings: 0
```

执行完上述 SQL 语句后,使用 SELECT 语句查看商品数据的添加情况,会看到已将数据表 sh_goods 中的数据完全复制到了数据表 my_goods 中。由于查询结果很长,比较占用篇幅,这里不再演示。

需要注意的是,在向一张数据表中复制数据时,如果该数据表中含有主键,可能会遇到主键重复的问题。例如,再次将 sh_goods 表中的数据复制到 my_goods 表中,系统会报主键重复的错误,具体 SQL 语句如下。

```
mysql> INSERT INTO mydb.my_goods SELECT * FROM sh_goods;
ERROR 1062 (23000): Duplicate entry '1' for key 'my_goods.PRIMARY'
```

对于上述问题,可以通过指定主键 id 字段以外的字段来完成数据复制,具体 SQL 语句如下。

```
mysql>   INSERT INTO mydb.my_goods (category_id, name, keyword, content,
    ->   price, stock, score, comment_count)
    ->   SELECT category_id, name, keyword, content, price, stock,
    ->   score, comment_count FROM sh_goods;
Query OK, 10 rows affected (0.01 sec)
Records: 10 Duplicates: 0 Warnings: 0
```

上述 SQL 语句中,在添加数据时,指定除主键 id 字段之外的字段,避免了主键重复。

📖多学一招:临时表

临时表是一种在当前会话中可见,并在当前会话关闭时自动删除的数据表,主要用于临时存储数据。若要创建临时表,只需要在 CREATE 与 TABLE 关键字中间添加 TEMPORARY 即可,示例如下。

```
#方式 1: 创建临时表
CREATE TEMPORARY TABLE mydb.tmp_table1 (id int);
Query OK, 0 rows affected (0.00 sec)
#方式 2: 创建临时表并复制数据
CREATE TEMPORARY TABLE mydb.tmp_table2 SELECT id, name FROM shop.sh_goods;
Query OK, 10 rows affected (0.00 sec)
Records: 10 Duplicates: 0 Warnings: 0
```

上述示例中,方式 1 表示在 mydb 数据库下创建一个 tmp_table1 临时表;方式 2 表示将 shop 数据库下的 sh_goods 数据表中的数据复制到 mydb 数据库下的 tmp_table2 临时表中。临时表中数据的操作与普通表相同,都可以进行 SELECT、INSERT、UPDATE 和 DELETE 操作,这里不再演示。

需要注意的是,使用 SHOW TABLES 语句不能查看当前数据库下有哪些临时表。

若要修改临时表的表名必须使用 ALTER TABLE,而不能使用 RENAME TABLE。下面演示如何将 tmp_table2 的表名改为 tmp_table3,具体 SQL 语句及示例结果如下。

```
mysql>ALTER TABLE mydb.tmp_table2 RENAME TO mydb.tmp_table3;
Query OK, 10 rows affected (0.00 sec)
Records: 10 Duplicates: 0 Warnings: 0
```

使用 DESC 语句查看临时表的结构,具体 SQL 语句及执行结果如下。

```
mysql>DESC mydb.tmp_table3;
+-------+--------------+------+-----+---------+-------+
| Field | Type         | Null | Key | Default | Extra |
+-------+--------------+------+-----+---------+-------+
| id    | int unsigned | NO   |     | 0       | NULL  |
| name  | varchar(120) | NO   |     |         | NULL  |
+-------+--------------+------+-----+---------+-------+
2 rows in set (0.00 sec)
```

上述 SQL 语句中,使用 DESC 语句可以查看 tmp_table3 临时表的表结构。

5.1.2　解决主键冲突

在向数据表中添加一条记录时,如果添加的记录的主键值在现有的数据中已经存在,会产生主键冲突的情况。

下面演示主键冲突的情况。例如,当 my_goods 表经过数据复制以后,再添加一条会引起主键冲突的数据,具体 SQL 语句及执行结果如下。

```
mysql>INSERT INTO mydb.my_goods (id, name, content, keyword)
    -> VALUES (20, '橡皮', '修正书写错误', '文具');
ERROR 1062 (23000): Duplicate entry '2' for key 'my_goods.PRIMARY'
```

从上述执行结果可以看出,系统提示添加数据的主键发生冲突。若要解决这类问题,MySQL 中提供了两种方式,分别为主键冲突更新和主键冲突替换,下面分别进行讲解。

1. 主键冲突更新

主键冲突更新是指在添加数据的过程中若发生主键冲突,则添加数据操作利用更新的方式实现,语法格式如下。

```
INSERT [INTO] 数据表名称 [(字段名[,…])]
{VALUES | VALUE} (值[,…])
ON DUPLICATE KEY UPDATE 字段名 1=新值 1[,字段名 2=新值 2,…];
```

上述语法格式中,在 INSERT 语句后添加 ON DUPLICATE KEY UPDATE,以便在主键冲突时,通过"字段名 1=新值 1[,字段名 2=新值 2,…]"更新此条记录中设置的字段名对应的新值。

例如,修改以上发生主键冲突的添加语句,具体 SQL 语句及执行结果如下。

```
mysql>INSERT INTO mydb.my_goods (id, name, content, keyword)
    ->VALUES (20, '橡皮', '修正书写错误', '文具')
    ->ON DUPLICATE KEY UPDATE name='橡皮', content='修正书写错误',
    ->keyword='文具';
Query OK, 2 rows affected (0.01 sec)
```

上述 SQL 语句中,添加数据时使用 ON DUPLICATE KEY UPDATE 更新 name 字段、content 字段和 keyword 字段的值。由执行结果可知,当添加的记录与数据表中已存在的记录主键冲突时,返回的结果为 2 rows affected,表示影响了两条记录。

修改完成后,查看数据是否添加成功,具体 SQL 语句及执行结果如下。

```
mysql>SELECT name, content, keyword FROM mydb.my_goods WHERE id=20;
+------+--------------+---------+
| name | content      | keyword |
+------+--------------+---------+
| 橡皮  | 修正书写错误   | 文具     |
+------+--------------+---------+
1 row in set (0.00 sec)
```

从上述执行结果可以看出,成功查询出 id 字段值为 20 的记录,说明数据添加成功。

2. 主键冲突替换

主键冲突替换是指在添加数据的过程中若发生主键冲突,则先删除原有记录,再新增记录,语法格式如下。

```
REPLACE [INTO] 数据表名称 [(字段名[, …])]
{VALUES|VALUE} (值[, …]);
```

上述语法中,REPLACE 语句与 INSERT 语句的使用类似,区别在于前者每执行一次就会发生两个操作,即删除记录和添加记录。

例如,修改发生主键冲突的添加语句,具体 SQL 语句及执行结果如下。

```
mysql>REPLACE INTO mydb.my_goods (id, name, content, keyword)
    ->VALUES (20, '橡皮', '修正书写错误', '文具');
Query OK, 2 rows affected (0.00 sec)
```

从上述执行结果可以看出,返回的结果为 2 rows affected,表示影响了两条记录。

修改完成后,查看数据是否添加成功,具体 SQL 语句及执行结果如下。

```
mysql>SELECT name, content, keyword FROM mydb.my_goods WHERE id=20;
```

```
+------+--------------+---------+
| name | content      | keyword |
+------+--------------+---------+
| 橡皮 | 修正书写错误  | 文具    |
+------+--------------+---------+
1 row in set (0.00 sec)
```

从上述执行结果可以看出,成功查询出 id 字段值为 20 的记录,说明数据添加成功。

综上所述,主键冲突更新和主键冲突替换这两种方式都可以解决添加数据时主键冲突的问题。主键冲突替换遇到主键重复会先删除、后新增,适用于添加数据字段特别多的情况。

5.1.3　清空数据

在 MySQL 中,除了可以使用 DELETE 语句删除数据表中的部分数据或全部数据外,还可以通过 TRUNCATE 语句删除数据表中的全部数据,其基本语法如下。

```
TRUNCATE [TABLE] 数据表名称;
```

上述语法中,"数据表名称"用于指定要删除的数据表的名称。

使用 TRUNCATE 语句与使用 DELETE 语句删除数据的操作类似,但是两者存在本质的区别,具体如下。

(1) 实现方式不同。TRUNCATE 语句相当于先执行删除数据表(DROP TABLE)的操作,再根据有效的表结构文件(.frm)重新创建数据表,实现数据清空操作;而 DELETE 语句则是逐条地删除数据表中保存的数据。

(2) 执行效率不同。在针对大型数据表(如千万级的数据记录)时,从实现方式角度考虑,TRUNCATE 语句比 DELETE 语句删除数据的方式执行效率更好。而当删除的数据量很小时,DELETE 语句的执行效率高于 TRUNCATE 语句。

(3) 对设置了 AUTO_INCREMENT 字段的影响不同。使用 TRUNCATE 语句删除数据后,如果字段值设置了 AUTO_INCREMENT,那么再次添加数据时,该字段的值会从默认的初始值重新开始;而使用 DELETE 语句删除数据时,字段值会保持原有的自动增长值。

(4) 删除数据的范围不同。TRUNCATE 语句只能用于清空数据表中的全部数据;而 DELETE 语句可以通过 WHERE 子句指定删除满足条件的部分数据。

(5) 返回值含义不同。TRUNCATE 语句的返回值一般是无意义的;而 DELETE 语句则会返回符合条件被删除的数据数量。

(6) 所属 SQL 语言的组成部分不同。TRUNATE 语句通常被认为是数据定义语言;而 DELETE 语句属于数据操作语言。

下面通过实际操作演示 TRUNCATE 语句和 DELETE 语句的区别。使用 TRUNCATE 语句删除全部数据并重新添加一条数据,具体 SQL 语句及执行结果如下。

```
# 删除全部数据
mysql> TRUNCATE TABLE mydb.my_goods;
```

```
Query OK, 0 rows affected (0.06 sec)
#添加数据
mysql>INSERT INTO mydb.my_goods (name, content, keyword)
    ->VALUES ('香蕉', '一种富含钾元素的水果', '水果');
Query OK, 1 row affected (0.01 sec)
#查看数据
mysql>SELECT id, name, content, keyword FROM mydb.my_goods;
+----+------+----------------------+---------+
| id | name | content              | keyword |
+----+------+----------------------+---------+
| 1  | 香蕉 | 一种富含钾元素的水果    | 水果    |
+----+------+----------------------+---------+
1 row in set (0.00 sec)
```

从上述执行结果可以看出,执行 TRUNCATE 语句后,返回值为 0 rows affected,明显无实际意义。删除数据后,再次新增一条数据,查询到的商品 id 值为 1。

使用 DELETE 语句删除全部数据并重新添加一条数据,查询添加后的结果,具体 SQL 语句及执行结果如下。

```
#删除全部数据
mysql>DELETE FROM mydb.my_goods;
Query OK, 1 row affected (0.01 sec)
#添加数据
mysql>INSERT INTO mydb.my_goods (name, content, keyword)
    ->VALUES ('苹果', '一种很有营养的水果', '水果');
Query OK, 1 row affected (0.01 sec)
#查看数据
mysql>SELECT id, name, content, keyword FROM mydb.my_goods;
+----+------+----------------------+---------+
| id | name | content              | keyword |
+----+------+----------------------+---------+
| 2  | 苹果 | 一种很有营养的水果     | 水果    |
+----+------+----------------------+---------+
1 row in set (0.00 sec)
```

从上述执行结果可以看出,执行 DELETE 语句后,返回值为 1 row affected,表示有一条记录受影响。删除数据后,再次新增一条数据,查询到的商品 id 值为 2。

5.1.4 去除查询结果中的重复记录

数据表的字段如果没有设置唯一约束或主键约束,那么该字段就有可能存储了重复的值。在实际应用中,有时需要从查询记录中去除重复数据,这时可以使用 SELECT 语句的查询选项 DISTINCT 实现去重查询。带有查询选项的 SELECT 语句的语法格式如下。

```
SELECT [查询选项] 字段名[, …] FROM 数据表名称;
```

上述语法中,查询选项为可选项,取值为 ALL 或 DISTINCT,其中 ALL 为默认值,表示保存所有查询到的记录;当设置为 DISTINCT 时,表示去除重复记录,只保留一条记录。

需要注意的是,当查询的字段有多个时,只有所有字段的值完全相同,才会被认为是重复数据。

　　下面通过具体操作演示查询选项 DISTINCT 的使用。先查看 sh_goods 表中所有 keyword 字段的值,具体 SQL 语句及执行结果如下。

```
mysql>SELECT keyword FROM sh_goods;
+----------+
| keyword  |
+----------+
| 办公      |
| 办公      |
| 办公      |
| 电子产品   |
| 电子产品   |
| 电子产品   |
| 电子产品   |
| 电子产品   |
| 服装      |
| 服装      |
+----------+
10 rows in set (0.00 sec)
```

从上述执行结果可知,查询出的 keyword 字段值有 3 条为"办公",5 条为"电子产品",2 条为"服装"。即使存在重复的数据,默认情况下也会保存所有查询到的记录。

　　接下来,查看 sh_goods 表中去除重复记录的 keyword 字段值,具体 SQL 语句如下。

```
mysql>SELECT DISTINCT keyword FROM sh_goods;
+----------+
| keyword  |
+----------+
| 办公      |
| 电子产品   |
| 服装      |
+----------+
3 rows in set (0.01 sec)
```

从上述执行结果可以看出,查询结果中仅包含 3 条记录,分别为办公、电子产品和服装,不再包含重复的记录。

5.2　排序和限量

　　随着电子商务网站的迅速发展,商品的数量越来越多,商品的种类越来越丰富,人们在查看商品列表时,常常会对其进行排序,以便将符合要求的数据显示在前面,方便进一步操作。同时,为了提高执行效率,经常需要对操作的数据进行限量。例如,在查看商品时,只显示 10 条符合要求的记录。本节详细讲解 MySQL 中的排序和限量操作。

5.2.1 排序

在查询数据表中的数据时,如果需要进行排序,可以通过 ORDER BY 来实现。排序可以使数据更有组织性、更容易查找,经过排序整理后的数据便于观察,易于从中发现规律。同样,在我们的学习和工作中,也需要做到有组织、有计划,以便更高效地完成任务。

ORDER BY 排序查询的基本语法格式如下。

```
SELECT * | {字段名[,…]} FROM 数据表名称
ORDER BY 字段名 1[ASC | DESC][, 字段名 2[ASC | DESC]]…;
```

上述语法格式中,使用 ORDER BY 进行排序时,如果不指定排序方式,默认按照 ASC (ascending,升序)方式进行排序。排序意味着数据与数据发生比较,需要遵循一定的比较规则,具体规则取决于当前使用的校对集。默认情况下,数字和日期的顺序为从小到大;英文字母的顺序按 ASCII 码的次序,即从 A 到 Z。如果想要降序排序,将 ASC 改为 DESC (descending,降序)即可。

ORDER BY 可以对多个字段的值进行排序,首先按照字段名 1 进行排序,当字段名 1 的值相同时,再按照字段名 2 进行排序,以此类推。ORDER BY 后面也可以跟表达式。

需要说明的是,按照指定字段进行排序时,如果指定字段中包含 NULL,NULL 会被当作最小值进行排序。

下面演示查询 sh_goods 表中的数据,让数据在显示时首先按商品分类(category_id 字段)升序排序,然后再按商品价格(price 字段)降序排序,具体 SQL 语句及执行结果如下。

```
mysql>SELECT category_id, keyword, name, price FROM sh_goods
    ->ORDER BY category_id, price DESC;
+-------------+----------+-------------------------+---------+
| category_id | keyword  | name                    | price   |
+-------------+----------+-------------------------+---------+
|           3 | 办公      | 钢笔 T1616              |   15.00 |
|           3 | 办公      | 碳素笔 GP1008           |    1.00 |
|           3 | 办公      | 2H 铅笔 S30804          |    0.50 |
|           6 | 电子产品  | 华为 P50 智能手机       | 1999.00 |
|           8 | 电子产品  | 桌面音箱 BMS10          |   69.00 |
|           9 | 电子产品  | 头戴耳机 Star Y360      |  109.00 |
|          11 | 电子产品  | 办公计算机 天逸 510Pro  | 2000.00 |
|          12 | 电子产品  | 超薄笔记本 Pro12        | 5999.00 |
|          15 | 服装      | 收腰风衣中长款          |  299.00 |
|          16 | 服装      | 薄毛衣联名款            |   48.00 |
+-------------+----------+-------------------------+---------+
10 rows in set (0.00 sec)
```

从上述执行结果可以看出,查询的所有数据先按 category_id 字段升序排序,相同 category_id 值的记录再按照 price 字段降序排序。此外,由于 sh_goods 数据表的字符集是 utf8mb4,当排序的字段为中文时,默认不会按照中文拼音的顺序排序。在不改变数据表结构的情况下,若要强制字段按中文首字母排序,可以使用"CONVERT(字段名 USING gbk)"函数将字段的字符集指定为 gbk。

下面演示如何查询 sh_goods 表中的数据,按照 keyword 关键词字段进行降序排序,具

体 SQL 语句及执行结果如下。

```
mysql>SELECT category_id, keyword, name, price FROM sh_goods
    ->ORDER BY CONVERT(keyword USING gbk) DESC;
+-------------+----------+------------------------+----------+
| category_id | keyword  | name                   | price    |
+-------------+----------+------------------------+----------+
| 15          | 服装     | 收腰风衣中长款         |   299.00 |
| 16          | 服装     | 薄毛衣联名款           |    48.00 |
| 12          | 电子产品 | 超薄笔记本 Pro12       |  5999.00 |
| 6           | 电子产品 | 华为 P50 智能手机      |  1999.00 |
| 8           | 电子产品 | 桌面音箱 BMS10         |    69.00 |
| 9           | 电子产品 | 头戴耳机 Star Y360     |   109.00 |
| 11          | 电子产品 | 办公计算机 天逸 510Pro |  2000.00 |
| 3           | 办公     | 2H 铅笔 S30804         |     0.50 |
| 3           | 办公     | 钢笔 T1616             |    15.00 |
| 3           | 办公     | 碳素笔 GP1008          |     1.00 |
+-------------+----------+------------------------+----------+
10 rows in set (0.00 sec)
```

上述 SELECT 语句中,按照 keyword 字段值的中文首字母进行降序排序。

📖 多学一招:按指定顺序排序

前面使用 ORDER BY 实现了对字段的升序和降序排序,如果想要对 sh_goods 表中 keyword 字段的查询结果集进行指定顺序排序,则可以借助 FIELD()函数来实现。使用 FIELD()函数查询排序结果的语法格式如下。

```
SELECT * | {字段名[, …]} FROM 数据表名称
ORDER BY FIELD(value, str1, str2, str3, …);
```

上述语法格式表示将获取到的 value 字段,按照"str1,str2,str3"的顺序进行排序,其中 str1、str2、str3 属于查询字段 value 的结果集中的内容。value 参数后面的参数可自定义,不限制参数个数。

下面演示如何查询 sh_goods 表中的数据,将关键词 keyword 字段按照"办公,服装,电子产品"排序,具体 SQL 语句及执行结果如下。

```
mysql>SELECT category_id, keyword, name, price FROM sh_goods
    ->ORDER BY FIELD(keyword, '办公', '服装', '电子产品');
+-------------+----------+------------------------+----------+
| category_id | keyword  | name                   | price    |
+-------------+----------+------------------------+----------+
| 3           | 办公     | 2H 铅笔 S30804         |     0.50 |
| 3           | 办公     | 钢笔 T1616             |    15.00 |
| 3           | 办公     | 碳素笔 GP1008          |     1.00 |
| 15          | 服装     | 收腰风衣中长款         |   299.00 |
| 16          | 服装     | 薄毛衣联名款           |    48.00 |
| 12          | 电子产品 | 超薄笔记本 Pro12       |  5999.00 |
| 6           | 电子产品 | 华为 P50 智能手机      |  1999.00 |
| 8           | 电子产品 | 桌面音箱 BMS10         |    69.00 |
| 9           | 电子产品 | 头戴耳机 Star Y360     |   109.00 |
| 11          | 电子产品 | 办公计算机 天逸 510Pro |  2000.00 |
```

```
+------------+----------+-----------------------+--------+
10 rows in set (0.00 sec)
```

上述 SELECT 语句中,将获取到的 keyword 字段,按照"办公,服装,电子产品"进行
排序。

5.2.2 限量

查询数据时,SELECT 语句可能会返回多条数据,而用户需要的数据可能只是其中的
一条或者几条。MySQL 中提供了一个关键字 LIMIT,可以指定查询结果从哪条数据开始
以及一共查询多少条信息,在 SELECT 语句中使用 LIMIT 的基本语法如下。

```
SELECT [查询选项] * | {字段名[, …]} FROM 数据表名称 [WHERE 条件表达式]
LIMIT [OFFSET, ] 记录数;
```

上述语法中,OFFSET 为可选项,如果不指定 OFFSET 的值,其默认值为 0,表示从第 1
条数据开始获取,OFFSET 值为 1 则从第 2 条数据开始获取,以此类推;"记录数"表示查询
结果中的最大条数限制,在"记录数"大于数据表符合要求的实际记录数量时,"记录数"以实
际记录数为准。

下面以 sh_goods 表为例,演示如何获取限量查询记录以及指定区间的记录。

1. 获取限量查询记录

查询 sh_goods 中价格最低的一件商品,首先获取商品的最低价格,然后将获取到的商
品最低价格取出来,具体 SQL 语句及执行结果如下。

```
mysql>SELECT id, name, price FROM sh_goods ORDER BY price;
+----+----------------------+---------+
| id | name                 | price   |
+----+----------------------+---------+
| 1  | 2H 铅笔 S30804        |    0.50 |
| 3  | 碳素笔 GP1008         |    1.00 |
| 2  | 钢笔 T1616            |   15.00 |
| 10 | 薄毛衣联名款          |   48.00 |
| 6  | 桌面音箱 BMS10        |   69.00 |
| 7  | 头戴耳机 Star Y360    |  109.00 |
| 9  | 收腰风衣中长款        |  299.00 |
| 5  | 华为 P50 智能手机     | 1999.00 |
| 8  | 办公计算机 天逸 510Pro| 2000.00 |
| 4  | 超薄笔记本 Pro12      | 5999.00 |
+----+----------------------+---------+
10 rows in set (0.01 sec)
```

上述 SQL 语句中,按 price 字段升序排序;由执行结果可知,第一件商品的价格最低。
将上述查询结果中的第一条记录获取出来,具体 SQL 语句及执行结果如下。

```
mysql>SELECT id, name, price FROM sh_goods ORDER BY price LIMIT 1;
+----+---------------+-------+
| id | name          | price |
+----+---------------+-------+
| 1  | 2H 铅笔 S30804 | 0.50  |
+----+---------------+-------+
1 row in set (0.00 sec)
```

上述 SQL 语句中,利用 LIMIT 限制查询出的记录数为一条,即可获取 sh_goods 表中价格最低的一件商品。

2. 获取指定区间的记录

获取指定区间的记录通常在项目开发中用于实现数据的分页展示,从而缓解网络和服务器的压力。例如,从第一条记录开始,获取 5 条商品记录,商品记录中包含 id、name 和 price,具体 SQL 语句及执行结果如下。

```
mysql>SELECT id, name, price FROM sh_goods ORDER BY price LIMIT 0, 5;
+----+---------------+-------+
| id | name          | price |
+----+---------------+-------+
| 1  | 2H 铅笔 S30804 | 0.50  |
| 3  | 碳素笔 GP1008  | 1.00  |
| 2  | 钢笔 T1616     | 15.00 |
| 10 | 薄毛衣联名款    | 48.00 |
| 6  | 桌面音箱 BMS10  | 69.00 |
+----+---------------+-------+
5 rows in set (0.00 sec)
```

上述 SQL 语句中,LIMIT 关键字后的 0 表示第一条记录的偏移量,5 表示从第一(偏移量＋1)条记录开始最多获取 5 条记录。

📖多学一招:对修改或删除操作进行排序和限量

在 MySQL 中,除了对查询操作进行排序与限制外,还可以对修改或删除操作进行排序和限量,其基本语法格式如下。

```
#对修改操作进行排序和限量
UPDATE 数据表名称 SET 字段名 1=新值 1[, 字段名 2=新值 2, …][WHERE 条件表达式]
ORDER BY 字段名 1[ASC | DESC][, 字段名 2[ASC | DESC]] LIMIT 记录数;
#对删除操作进行排序和限量
DELETE FROM 数据表名称 [WHERE 条件表达式]
ORDER BY 字段名 1[ASC | DESC][, 字段名 2[ASC | DESC]] LIMIT 记录数;
```

上述语法格式中,在修改操作和删除操作中添加 ORDER BY 表示根据指定的字段,按顺序更新或删除符合条件的记录。

下面演示将 sh_goods 表中价格最低的两种商品的库存量设置为 500,具体 SQL 语句及查询结果如下。

```
mysql>UPDATE sh_goods SET stock=500 ORDER BY price LIMIT 2;
Query OK, 0 rows affected (0.01 sec)
Rows matched: 2 Changed: 0 Warnings: 0
mysql>SELECT id, name, price, stock FROM sh_goods ORDER BY price LIMIT 2;
+----+-------------------------+---------+-------+
| id | name                    | price   | stock |
+----+-------------------------+---------+-------+
|  1 | 2H 铅笔 S30804           | 0.50    | 500   |
|  3 | 碳素笔 GP1008            | 1.00    | 500   |
+----+-------------------------+---------+-------+
10 rows in set (0.00 sec)
```

上述 UPDATE 语句中,将 sh_goods 表按价格升序排序,限制更新库存量 stock 的前两条记录。修改后,从 SELECT 的查询结果可以看出,两种最低价格商品的库存量 stock 已被修改为 500。

同样,数据删除的排序和限制,与数据更新的排序和限制的使用方式相同,此处将不再演示。感兴趣的读者可以尝试在不添加 WHERE 子句时,删除价格最高的两种商品。

5.3　分组与聚合函数

数据库中存储的数据不仅可以根据项目需求进行添加、删除、修改和查询,还可以用于数据的统计分析。例如,电子商务网站根据对用户经常浏览或购买的商品类型的统计向用户推荐热门商品。MySQL 中提供分组操作的目的是统计。为了便于统计,MySQL 还提供了大量的聚合函数。本节详细讲解 MySQL 中分组和聚合函数的使用。

5.3.1　分组

在对数据表中的数据进行统计时,有时需要按照一定的类别进行统计,例如,财务人员在统计每个部门的工资总数时,属于同一个部门的员工就是一个分组。在 MySQL 中,可以使用 GROUP BY 根据指定的字段对返回的数据进行分组,如果某些数据的指定字段具有相同的值,那么分组后会被合并为一条数据。分组可以使数据更易于管理和理解,让数据更易读。在日常生活和工作中,我们应该学会团结协作,发挥团队精神、互补互助,共同完成任务,以实现最高的工作效率。

在查询数据时,在 WHERE 子句后添加 GROUP BY 即可根据指定字段进行分组,其基本语法格式如下。

```
SELECT [查询选项] * | {字段名[, …]} FROM 数据表名称 [WHERE 条件表达式]
GROUP BY 字段名[, …];
```

上述语法格式中,GROUP BY 后指定的字段名是数据分组依据的字段。
下面通过 GROUP BY 获取 sh_goods 表中 keyword 的分类,具体示例如下。

```
mysql>SELECT keyword FROM sh_goods GROUP BY keyword;
+-----------+
| keyword   |
```

```
+----------+
| 办公       |
| 电子产品    |
| 服装       |
+----------+
3 rows in set (0.00 sec)
```

从执行结果可以看出,商品表中关键词分类包含 3 种,分别是办公、电子产品和服装。

5.3.2　聚合函数

在对数据进行分组统计时,经常需要结合 MySQL 提供的聚合来统计有价值的数据。例如,获取每个商品分类的商品数量和平均价格、最高价格的商品、最低价的商品等。此时可以通过聚合函数实现。聚合函数用于完成聚合操作,聚合操作是指对一组值进行运算,获得一个运算结果。

MySQL 中常用的聚合函数如表 5-1 所示。

表 5-1　MySQL 中常用的聚合函数

聚 合 函 数	功 能 描 述
COUNT()	返回参数字段的行数,参数可以是字段名或者 *
SUM()	返回参数字段的总和
AVG()	返回参数字段的平均值
MAX()	返回参数字段的最大值
MIN()	返回参数字段的最小值
GROUP_CONCAT()	返回符合条件的参数字段值的连接字符串
JSON_ARRAYAGG()	将结果集作为单个 JSON 数组返回
JSON_OBJECTAGG()	将结果集作为单个 JSON 对象返回

在表 5-1 中,COUNT()、SUM()、AVG()、MAX()、MIN()和 GROUP_CONCAT()函数中可以在参数前添加 DISTINCT,表示对不重复的记录进行相关操作。聚合函数是 MySQL 中内置的函数,使用者根据函数的语法格式直接调用即可。

接下来,针对常用聚合函数的使用方法进行详细讲解。

1. COUNT()函数

COUNT()函数用于统计查询的总记录数,使用 COUNT()函数查询数据的基本语法格式如下。

```
SELECT COUNT( * |字段名) FROM 数据表名称;
```

上述语法中,如果参数为 * ,表示统计数据表中数据的总条数,不会忽略字段中值为 NULL 的行。如果参数为字段名,表示统计数据中数据的总条数时,会忽略字段值为 NULL 的行。如果没有匹配的行,则 COUNT()返回 0。

2. SUM()函数

SUM()函数会对指定字段中的值进行累加,并且在数据累加时忽略字段中的 NULL 值。使用 SUM()函数查询数据的基本语法格式如下。

```
SELECT SUM(字段名) FROM 数据表名称;
```

上述语法格式中,字段名表示要进行累加的字段。

3. AVG()函数

AVG()函数用于计算指定字段中的值的平均值,并且计算时会忽略字段中的 NULL 值,即只对非 NULL 的数值进行累加,然后将累加和除以非 NULL 的行数计算出平均值。使用 AVG()函数查询数据的基本语法如下。

```
SELECT AVG(字段名) FROM 数据表名称;
```

AVG()函数在统计平均值时会忽略字段中的 NULL 值。如果想要统计的字段中包含 NULL 值时,可以借助 IFNULL()函数,将 NULL 值转换为 0 再进行计算。例如,sal 字段中含有 NULL 值,查询语句语法格式如下。

```
SELECT AVG(IFNULL(sal, 0)) FROM 数据表名称;
```

上述语法格式中,首先处理 IFNULL(sal, 0),判断 sal 字段的值是否为 NULL,如果值不为 NULL,则返回 sal 字段的值,如果为 NULL,则返回 0;然后再处理 AVG()函数。

4. MAX()函数和 MIN()函数

MAX()函数用于查询指定字段中的最大值,基本语法格式如下。

```
SELECT MAX(字段名) FROM 数据表名称;
```

MAX()函数用于查询指定字段中的最小值,基本语法格式如下。

```
SELECT MIN(字段名) FROM 数据表名称;
```

下面演示使用聚合函数单独获取 sh_goods 表中商品价格最高和最低的商品信息,具体 SQL 语句及执行结果如下。

```
mysql>SELECT MAX(price), MIN(price) FROM sh_goods;
+------------+------------+
| MAX(price) | MIN(price) |
+------------+------------+
| 5999.00    | 0.50       |
+------------+------------+
1 row in set (0.02 sec)
```

从上述执行结果可以看出,利用 MAX()和 MIN()函数可以从 sh_goods 的所有记录中获取 price 字段最高和最低的值。

5. JSON_ARRAYAGG()函数和 JSON_OBJECTAGG()函数

JSON_ARRAYAGG()函数的参数可以是一个字段或表达式,返回值为一个 JSON 数组;JSON_OBJECTAGG()函数将两个字段名或表达式作为参数,其中第一个参数表示"键",第二个参数表示"键"对应的值,并返回一个包含键值对的 JSON 对象。

下面演示 JSON_ARRAYAGG()函数和 JSON_OBJECTAGG()函数的使用。将 id 字段的结果集作为 JSON 数组返回,将 id 和 name 字段作为 JSON 对象返回,具体 SQL 语句及执行结果如下。

```
mysql>SELECT JSON_ARRAYAGG(id) AS '[编号]',
    ->JSON_OBJECTAGG(id, name) AS '{编号:名称}'
    ->FROM sh_goods\G
*************************** 1. row ***************************
  [编号]: [1, 8, 5, 7, 9, 6, 3, 10, 4, 2]
{编号:名称}: {"1": "2H铅笔S30804", "2": "钢笔T1616", "3": "碳素笔GP1008", "4": "超薄笔记本
Pro12", "5": "华为P50智能手机", "6": "桌面音箱BMS10", "7": "头戴耳机Star Y360", "8": "办公计算机
天逸510Pro", "9": "收腰风衣中长款", "10": "薄毛衣联名款"}
1 row in set (0.00 sec)
```

上述 SQL 语句中,使用 JSON_ARRAYAGG()函数返回 id 字段组成的 JSON 数组;JSON_OBJECTAGG()函数返回由 id 字段的值和 name 字段的值组成的 JSON 对象。

5.3.3 分组并使用聚合函数

如果分组查询时要进行统计汇总,此时需要将 GROUP BY 和聚合函数一起使用,其基本语法格式如下。

```
SELECT [查询选项] [字段名[, …]] 聚合函数 FROM 数据表名称 [WHERE 条件表达式]
GROUP BY 字段名[, …];
```

上述语法格式中,聚合函数可以是 SUM()、AVG()、MAX()、MIN()等。

下面使用 GROUP BY 结合聚合函数 MAX()统计每个分类下商品的最高价格,具体 SQL 语句及执行结果如下。

```
mysql>SELECT category_id, MAX(price) FROM sh_goods GROUP BY category_id;
+-------------+------------+
| category_id | MAX(price) |
+-------------+------------+
| 3           |      15.00 |
| 12          |    5999.00 |
| 6           |    1999.00 |
| 8           |      69.00 |
| 9           |     109.00 |
| 10          |    2000.00 |
| 15          |     299.00 |
| 16          |      48.00 |
```

```
+-------------+------------+
8 rows in set (0.00 sec)
```

上述 SQL 语句中,根据 category_id 字段进行分组,使用 MAX(price)获取每个 category_id 字段分组下商品的最高价格。

5.3.4　分组后进行条件筛选

如果需要对分组后的结果进行条件筛选,此时需要将 GROUP BY 和 HAVING 结合使用。GROUP BY 结合 HAVING 查询的基本语法格式如下。

```
SELECT [查询选项][字段名[,…]] FROM 数据表名称 [WHERE 条件表达式]
GROUP BY 字段名[,…]
HAVING 条件表达式;
```

上述语法格式中,GROUP BY 后指定的字段名是对数据分组的依据,HAVING 后指定条件表达式对分组后的内容进行筛选。

下面演示通过 GROUP BY 结合 HAVING,以评分字段 score 和评论计数字段 comment_count 分组统计,获取分组后含有两件商品的商品 id,具体示例如下。

```
mysql>SELECT score, comment_count, GROUP_CONCAT(id) FROM sh_goods
    ->GROUP BY score, comment_count
    ->HAVING COUNT(*)=2;
+-------+---------------+------------------+
| score | comment_count | GROUP_CONCAT(id) |
+-------+---------------+------------------+
| 3.90  | 500           | 2,7              |
| 4.90  | 40000         | 1,9              |
| 5.00  | 98000         | 3,5              |
+-------+---------------+------------------+
3 rows in set (0.01 sec)
```

上述 SQL 语句中,首先根据 score 字段进行分组,然后再根据 comment_count 字段进行分组,分组后利用 HAVING 筛选出了商品数量等于 2 的商品 id。

📖多学一招:在查询中使用别名

在 MySQL 中执行查询操作时,可以根据具体情况为获取的字段设置别名。例如,通过设置别名缩短字段的名称长度。如果别名中包含了特殊字符,或想让别名原样显示,可以使用英文的单引号或双引号将别名包裹起来。

为字段设置别名的方法很简单,只需在字段名后面添加"AS 别名"即可。为字段设置别名的基本语法格式如下。

```
SELECT 字段名 1[AS] 数据表别名 1, 字段名 2[AS] 数据表别名 2 … FROM 数据表名称;
```

上述语法格式中,AS 用于为其前面的字段、表达式、函数等设置别名,也可以省略 AS 使用空格代替。

下面以获取商品分类 id 为 3 或 6 的商品的最低价格为例演示别名的使用。需要为 category_id 字段设置别名 cid，为最低价格 MIN(price)字段设置别名 min_price，具体 SQL 语句及执行结果如下。

```
mysql>SELECT category_id cid, MIN(price) min_price FROM sh_goods
    ->GROUP BY cid HAVING cid=3 OR cid=6;
+-----+-----------+
| cid  | min_price  |
+-----+-----------+
| 3    |      0.50  |
| 6    |  1999.00   |
+-----+-----------+
2 rows in set (0.01 sec)
```

上述 SQL 语句中，为查询的 category_id 字段和 MIN(price)字段分别设置了别名 cid 和 min_price 后，在 GROUP BY 分组、HAVING 分组筛选和查询结果中就可以使用设置的别名，方便开发与阅读。

此外，如果想要在数据表名称很长的情况下简化数据表名称，或者想要在多表查询时区分不同数据表的同名字段，可以为数据表设置别名。

MySQL 中为数据表设置别名的基本语法如下。

```
SELECT 数据表别名.字段名[, …] FROM 数据表名称 [AS] 数据表别名;
```

在上面的语法中，AS 用于指定数据表的别名，同样地，AS 也可以省略，使用空格代替。例如，为以上示例中的数据表设置别名，修改效果如下。

```
SELECT g.category_id cid, MIN(price) min_price FROM sh_goods g
GROUP BY cid HAVING cid=3 OR cid=6;
```

需要注意的是，字段与数据表设置别名后，在排序和分组中可以使用原来的字段名，也可以使用别名。数据表的别名主要用于多表查询，具体会在第 6 章讲解。

5.3.5　回溯统计

回溯统计用于对数据进行分析。回溯统计可以简单理解为，按照指定字段分组后，系统自动对分组的字段进行了一次新的统计，并产生一个新的统计数据，且该数据对应的分组字段值为 NULL，其基本语法格式如下。

```
SELECT [查询选项][字段名[, …]] FROM 数据表名称 [WHERE 条件表达式]
GROUP BY 字段名[, …] WITH ROLLUP;
```

由上述语法可知，回溯统计的实现很简单，只需要在"GROUP BY 字段名[, …]"后添加 WITH ROLLUP 即可。

下面以查看 sh_goods 表中每个分类编号 category_id 字段下的商品数量为例，演示回溯统计的使用，具体 SQL 语句及执行结果如下。

```
mysql>SELECT category_id, COUNT( * ) FROM sh_goods
    ->GROUP BY category_id WITH ROLLUP;
+--------------+----------+
| category_id  | COUNT( * ) |
+--------------+----------+
|      3       |    3     |
|      6       |    1     |
|      8       |    1     |
|      9       |    1     |
|     10       |    1     |
|     12       |    1     |
|     15       |    1     |
|     16       |    1     |
|    NULL      |   10     |
+--------------+----------+
9 rows in set (0.01 sec)
```

从上述执行结果可以看出,在获取每种商品分类 category_id 字段下的商品数量后,系统又自动对获取的数量进行了一次累加统计,并且累加的新数据(如 10)对应的分组字段(如 category_id)的值为 NULL。此行的记录就是对 category_id 分组的一次回溯统计。

在了解了单字段的分组回溯统计后,下面演示如何对多个分组进行回溯统计,具体SQL 语句及执行结果如下。

```
mysql>SELECT score, comment_count, COUNT( * ) FROM sh_goods
    ->GROUP BY score, comment_count WITH ROLLUP;
+-------+---------------+----------+
| score | comment_count | COUNT( * ) |
+-------+---------------+----------+
| 2.50  | 200           |    1     |
| 2.50  | NULL          |    1     |
| 3.90  | 500           |    2     |
| 3.90  | NULL          |    2     |
| 4.50  | 1000          |    1     |
| 4.50  | NULL          |    1     |
| 4.80  | 6000          |    1     |
| 4.80  | 98000         |    1     |
| 4.80  | NULL          |    2     |
| 4.90  | 40000         |    2     |
| 4.90  | NULL          |    2     |
| 5.00  | 98000         |    2     |
| 5.00  | NULL          |    2     |
| NULL  | NULL          |   10     |
+-------+---------------+----------+
14 rows in set (0.00 sec)
```

上述 SQL 语句中,分组操作根据 GROUP BY 后的字段从前往后依次执行,即先按 score 字段进行分组,再按 comment_count 字段进行分组。数据分组后,系统再进行回溯统计,从 GROUP BY 后最后一个指定的分组字段开始回溯统计,并将结果上报,然后根据上报结果依次向前一个分组的字段进行回溯统计,即先回溯 comment_count 字段分组的结果,再根据 comment_count 字段的回溯结果对 score 字段分组进行回溯统计。

5.4　常用运算符

MySQL 提供了一系列运算符用于完成不同的运算。例如,在条件表达式中,使用比较运算符查找年龄大于 16 的学生信息。MySQL 常用的运算符如下。

（1）算术运算符:用于对数据进行加、减、乘、除、取模和除法运算,适用于数值类型的数据。

（2）比较运算符:用于对数据进行相等、不等、大于、小于等判断。

（3）逻辑运算符:用于对数据进行逻辑非、逻辑与、逻辑或和逻辑异或等判断。

（4）赋值运算符:用于将字段或变量设置成指定的数据。

（5）位运算符:用于对数据进行按位与、按位或、按位异或等运算,能够对二进制数的每一位进行运算。

当条件表达式中使用多个运算符时,条件表达式的运算会有先后顺序,这就是运算符的优先级。运算符的优先级别高,则先参与运算;运算符的优先级别低,则后参与运算。如果想要改变表达式的运算顺序,可以使用小括号“（）”提升运算符的优先级。

读者可以扫描右方二维码查看常用运算符的详细讲解。

5.5　动手实践:商品评论表的操作

数据库的学习在于多看、多学、多思考、多动手。接下来请结合本章所学的知识完成商品评论表的操作,具体需求如下。

（1）查询商品 id 等于 9 且有效的评论内容。

（2）查询每个用户评论的商品数量。

（3）查询最新发布的 4 条有效商品评论内容。

（4）查询评论过两种以上不同商品的用户 id 及对应的商品 id。

（5）结合 sh_goods 表和 sh_goods_comment 表,查询没有任何评论信息的商品 id 和 name。

（6）结合 sh_goods 表和 sh_goods_comment 表,查询商品评分为 5 星的商品评论信息。

说明:读者可以参考本书配套源码包中的操作文档,按照上述需求完成动手实践。

5.6　本章小结

本章主要讲解了单表操作的相关内容,包括如何根据数据库中已有的数据表复制新的表结构和数据,如何利用排序和限量、分组和聚合函数对数据进行操作,以及如何通过运算符完成条件表达式的编写。通过本章的学习,希望读者能够掌握单表操作,为后续的学习打下坚实的基础。

第 6 章

多 表 操 作

学习目标：

- 掌握联合查询的使用，能够根据不同场景灵活使用联合查询。
- 掌握连接查询操作，能够根据不同场景使用交叉连接查询、内连接查询和外连接查询。
- 熟悉子查询的概念，能够区分每种子查询的作用。
- 掌握子查询的使用，能够根据不同的需求使用标量子查询、列子查询、行子查询、表子查询和 EXISTS 子查询。
- 熟悉外键约束的概念，能够说明外键约束的作用。
- 掌握数据表中外键约束的使用，能够正确添加、删除外键约束，并完成关联表中数据的添加、更新和删除操作。

前面章节所涉及的数据操作都是基于一张表完成的，即单表操作。然而实际开发中，业务逻辑较为复杂，有时需要对两张以上的数据表进行操作，即多表操作。本章针对多表操作进行详细讲解，包括联合查询、连接查询、子查询，以及外键约束的添加、查看和删除，外键约束关联表中数据的添加、更新和删除。

6.1 联合查询

在数据库操作中，若想同时查看员工表和部门表中的数据，可以使用联合查询实现。联合查询是一种多表查询方式，它将多个查询结果集合并为一个结果进行显示，还可以对数据量较大的表进行分表操作，将每张表的数据合并起来显示，联合查询的基本语法格式如下。

```
SELECT * |{字段名[，…]} FROM 数据表名称 1 …
UNION [ALL|DISTINCT]
SELECT * |{字段名[，…]} FROM 数据表名称 2 …；
```

上述语法中，UNION 为实现联合查询的关键字，ALL 关键字和 DISTINCT 关键字为联合查询的选项。ALL 关键字表示保留所有查询结果，DISTINCT 关键字为默认值，可以省略，表示去除查询结果中完全重复的数据。

需要注意的是，参与联合查询的 SELECT 语句的字段数量必须一致，联合查询结果中的列来源于第一条 SELECT 语句的字段。即使 UNION 后的 SELECT 查询的字段与第一个 SELECT 查询的字段表达含义或数据类型不同,MySQL 也仅会根据第一个 SELECT 查询字段出现的顺序,对结果进行合并。

例如,在数据库 shop 下的 sh_goods 表中,以联合查询的方式获取 category_id 为 9 的 id、name 和 price 字段的信息,以及 category_id 为 6 的 id、name 和 keyword 字段的信息,具体 SQL 语句及执行结果如下。

```
mysql>USE shop;
Database changed
mysql>SELECT id, name, price FROM sh_goods WHERE category_id=9
    ->UNION
    ->SELECT id, name, keyword FROM sh_goods WHERE category_id=6;
+----+--------------------+----------+
| id | name               | price    |
+----+--------------------+----------+
| 7  | 头戴耳机 Star Y360   | 109.00   |
| 5  | 华为 P50 智能手机    | 电子产品  |
+----+--------------------+----------+
2 rows in set (0.00 sec)
```

上述 SQL 语句中,两个 SELECT 查询的字段个数相同,联合查询结果中的列取自第一条 SELECT 语句的字段,即 id、name 和 price。从执行结果可以看出,category_id 为 9 的 price 字段和 category_id 为 6 的 keyword 字段,在合并时只保留了 price 字段的名称,而 keyword 字段的值合并到了 price 字段下。

除此之外,若要对联合查询的记录进行排序操作,需要使用括号"( )"包裹每一个 SELECT 语句,在 SELECT 语句内或在联合查询的最后添加 ORDER BY 语句。并且若要排序生效,必须在 ORDER BY 后添加 LIMIT 限定联合查询返回结果集的数量。LIMIT 后的记录数根据实际需求进行设置,若设置的实际记录数小于数据表记录数,则会以设置的实际记录数为准;若设置的实际记录数大于或等于数据表记录数,则会以数据表记录数为准。

为了帮助读者更好地理解联合查询中的排序操作,下面使用联合查询对 sh_goods 表中 category_id 为 3 的商品按价格升序排序,其他类型的产品按价格降序排序,查询的商品信息为 id、name、price 和 category_id,具体 SQL 语句及执行结果如下。

```
mysql>(SELECT id, name, price, category_id FROM sh_goods
    ->WHERE category_id=3 ORDER BY price LIMIT 3)
    ->UNION
    ->(SELECT id, name, price, category_id FROM sh_goods
    ->WHERE category_id<>3 ORDER BY price DESC LIMIT 7);
+----+------------------------+---------+-------------+
| id | name                   | price   | category_id |
```

```
+-----+--------------------------------+----------+----------------+
| 1   | 2H 铅笔 S30804                 |     0.50 |        3       |
| 3   | 碳素笔 GP1008                  |     1.00 |        3       |
| 2   | 钢笔 T1616                     |    15.00 |        3       |
| 4   | 超薄笔记本 Pro12               |  5999.00 |       12       |
| 8   | 办公计算机 天逸 510Pro         |  2000.00 |       11       |
| 5   | 华为 P50 智能手机              |  1999.00 |        6       |
| 9   | 收腰风衣中长款                 |   299.00 |       15       |
| 7   | 头戴耳机 Star Y360             |   109.00 |        9       |
| 6   | 桌面音箱 BMS10                 |    69.00 |        8       |
| 10  | 薄毛衣联名款                   |    48.00 |       16       |
+-----+--------------------------------+----------+----------------+
10 rows in set (0.00 sec)
```

上述 SQL 语句中,第一条 SELECT 语句获取 category_id 为 3 的商品,并按价格进行升序排序,再利用 LIMIT 限制查询出的记录数为 3 条。因为 ORDER BY 默认为升序排序,所以后面省略了 ASC;第二条 SELECT 语句获取 category_id 除 3 之外的商品,并按价格进行降序排序,再利用 LIMIT 限制查询出的记录数为 7 条。

6.2　连接查询

在关系数据库中,如果想要同时获得多张数据表中的数据,可以将多张数据表中相关联的字段进行连接,并对连接后的数据表进行查询,这样的查询方式称为连接查询。在MySQL 中,连接查询包括交叉连接查询、内连接查询和外连接查询。下面对不同的连接查询进行讲解。

6.2.1　交叉连接查询

1.3.3 节讲解了关系代数中的笛卡儿积运算,而交叉连接(CROSS JOIN)查询是笛卡儿积在 SQL 中的实现,交叉连接查询结果由第一张表的每行记录与第二张表的每行记录连接组成。例如,数据表 A 有 4 条记录,5 个字段,数据表 B 有 10 条记录,4 个字段,如果对这两张数据表进行交叉连接查询,那么交叉连接查询后的笛卡儿积就有 40(4×10)条记录,每条记录中含有 9(5+4)个字段。

下面以商品表(g)和分类表(c)为例,使用交叉连接查询将商品信息与商品所属分类的信息显示在同一个结果中。其中,分类表和商品表之间是一对多的关系,即一个分类下可以有多个商品。商品表中的 cid 字段引用分类表中的主键 id 字段。交叉连接查询的示意如图 6-1 所示。

在图 6-1 中,商品表中定义了 3 个字段,其中,id 表示商品编号,name 表示商品名称,cid 表示商品分类。分类表中定义了两个字段,其中 id 表示分类编号,name 表示分类名称。由查询结果可知,商品表和分类表中的全部记录都显示在一个结果中,商品表中有 3 条记录,分类表中有 3 条记录,最后的查询结果有 9 条记录,每条记录中含有 5 个字段。

交叉连接查询的基本语法格式如下。

查询结果

g.id	g.name	g.cid	c.id	c.name
1	商品1	1	1	分类1
1	商品1	1	2	分类2
1	商品1	1	4	分类4
2	商品2	2	1	分类1
2	商品2	2	2	分类2
3	商品2	2	4	分类4
3	商品3	3	1	分类1
3	商品3	3	2	分类2
3	商品3	3	4	分类4

商品表（g）

id	name	cid
1	商品1	1
2	商品2	2
3	商品3	3

分类表（c）

id	name
1	分类1
2	分类2
4	分类4

图 6-1　交叉连接查询

```
SELECT * | {字段名[, …]} FROM 数据表名称 1 CROSS JOIN 数据表名称 2;
```

上述语法中,字段名是指需要查询的字段名称,CROSS JOIN 用于连接两个要查询的数据表。

上述语法也可以简写为如下形式。

```
SELECT * | {字段名[, …]} FROM 数据表名称 1, 数据表名称 2;
```

为了帮助读者更好地理解交叉连接查询的使用,下面对商品分类表 sh_goods_category 和商品表 sh_goods 进行交叉连接查询,由于 MySQL 默认不会对交叉连接查询进行排序,为了方便查看查询结果,所以使用 ORDER BY 进行排序。具体 SQL 语句及执行结果如下。

```
mysql>SELECT c.id cid, c.name cname, g.id gid, g.name gname
    ->FROM sh_goods_category c
    ->CROSS JOIN sh_goods g ORDER BY c.id, g.id;
+-----+------------+-----+--------------------+
| cid | cname      | gid | gname              |
+-----+------------+-----+--------------------+
| 1   | 办公       | 1   | 2H 铅笔 S30804      |
| 1   | 办公       | 2   | 钢笔 T1616          |
| 1   | 办公       | 3   | 碳素笔 GP1008       |
| 1   | 办公       | 4   | 超薄笔记本 Pro12     |
……(因篇幅有限,此处省略了其他的数据)
+-----+------------+-----+--------------------+
160 rows in set (0.00 sec)
```

从上述查询结果可以看出,查询出的记录数为 160,即 16(sh_goods_category 表的记录数) * 10(sh_goods 表的记录数)。

上述示例也可以简写为如下形式。

```
SELECT c.id, c.name, g.id, g.name
FROM sh_goods_category AS c, sh_goods AS g;
```

需要说明的是,交叉连接查询没有实际数据价值,只是丰富了连接查询的完整性,在实际应用中应避免使用交叉连接查询,而是使用具体的条件对数据进行有目的的查询。

6.2.2　内连接查询

6.2.1 节介绍的交叉连接查询会返回很多无效的数据,没有参考意义。为了提高查询结果的准确度,可以使用内连接查询限定查询语句的条件,去除无效的数据。内连接查询是将一张数据表中的每一行记录按照指定条件与另外一张数据表进行匹配,如果匹配成功,则返回参与内连接查询的两张数据表中符合连接条件的部分,如果匹配失败,则不保留数据。

下面以商品表(g)和分类表(c)为例,使用内连接查询添加商品分类的商品的信息。内连接查询如图 6-2 所示。

商品表（g）

id	name	cid
1	商品1	1
2	商品2	2
3	商品3	3

分类表（c）

id	name
1	分类1
2	分类2
4	分类4

连接条件g.cid=c.id

g.id	g.name	g.cid	c.id	c.name
1	商品1	1	1	分类1
2	商品2	2	2	分类2

图 6-2　内连接查询

在图 6-2 中,商品表中 id 为 3 的商品,在分类表中不存在对应的 id 和 name,因此不在查询结果中。

MySQL 中内连接查询分为隐式内连接查询和显式内连接查询两种,具体如下。

1. 隐式内连接查询

隐式内连接查询语法相对简单,基本语法格式如下。

```
SELECT * |{字段名[,…]} FROM 数据表名称 1, 数据表名称 2 WHERE 连接条件;
```

上述语法中,使用 WHERE 子句完成条件的限定,根据连接条件返回所有匹配成功的数据,不会保留匹配失败的数据。

2. 显式内连接查询

显式内连接查询在查询多张表时执行速度比隐式内连接查询快,基本语法格式如下。

```
SELECT * |{字段名[,…]} FROM 数据表名称 1 [INNER] JOIN 数据表名称 2 ON 连接条件;
```

上述语法中,[INNER] JOIN 用于连接两张数据表,其中 INNER 可以省略;ON 用来设置内连接的连接条件。由于内连接查询是对两张数据表进行操作,在查询数据时,为了避免重名出现错误,需要在连接条件中指定所操作的字段来源于哪一张数据表,可以使用“数据表.字段名”或“表别名.字段名”的方式进行区分。

需要注意的是,由于 WHERE 是限定已全部查询出来的记录,在数据量很大的情况下,此操作会浪费很多性能,此处推荐使用 ON 实现内连接的条件匹配。

为了帮助读者更好地理解内连接查询的使用,下面对商品分类表 sh_goods_category 和商品表 sh_goods 进行内连接查询,具体 SQL 语句及执行结果如下。

```
mysql>SELECT g.id gid, g.name gname, c.id cid, c.name cname
    ->FROM sh_goods_category c JOIN sh_goods g
    ->ON g.category_id=c.id;
+-----+------------------------+-----+--------------+
| gid | gname                  | cid | cname        |
+-----+------------------------+-----+--------------+
| 1   | 2H 铅笔 S30804          | 3   | 文具          |
| 2   | 钢笔 T1616             | 3   | 文具          |
| 3   | 碳素笔 GP1008          | 3   | 文具          |
| 4   | 超薄笔记本 Pro12        | 12  | 笔记本计算机   |
| 5   | 华为 P50 智能手机       | 6   | 手机          |
| 6   | 桌面音箱 BMS10         | 8   | 音箱          |
| 7   | 头戴耳机 Star Y360     | 9   | 耳机          |
| 8   | 办公计算机 天逸 510Pro  | 11  | 台式计算机     |
| 9   | 收腰风衣中长款          | 15  | 风衣          |
| 10  | 薄毛衣联名款            | 16  | 毛衣          |
+-----+------------------------+-----+--------------+
10 rows in set (0.00 sec)
```

上述 SQL 语句中,指定 sh_goods 表的别名为 g,sh_goods_category 表的别名为 c。只有 g 表的 category_id 与 c 表中的 id 相等的信息才会被查询出来。

📖多学一招:自连接查询

在连接查询中,将一张数据表与它自身连接,这种查询方式称为自连接查询。参与连接的数据表在物理上为同一张数据表,但逻辑上分为两张数据表,因此必须为表设置别名,通过别名对两张数据表进行区分。

自连接查询的基本语法格式如下。

SELECT * |{字段名[,…]} FROM 数据表名称 1 别名 1 JOIN 数据表名称 1 别名 2 ON 连接条件;

上述语法格式中,分别为数据表名称 1 设置了别名 1 和别名 2,在连接条件中对所有查询字段的引用必须使用表的别名,如"别名 1.字段""别名 2.字段"。

为了帮助读者更好地理解自连接查询的使用,下面查询商品名称为"钢笔 T1616"所在的分类下有哪些商品,具体 SQL 语句及执行结果如下。

```
mysql>SELECT DISTINCT g1.id, g1.name FROM sh_goods g1
    ->JOIN sh_goods g2
    ->ON g2.name='钢笔 T1616' AND g2.category_id=g1.category_id;
+-----+--------------+
| id  | name         |
+-----+--------------+
| 1   | 2H 铅笔 S30804 |
| 2   | 钢笔 T1616    |
| 3   | 碳素笔 GP1008 |
+-----+--------------+
3 rows in set (0.00 sec)
```

上述 SQL 语句中,将数据表 sh_goods 与自身进行连接,并且指定了 g1 和 g2 两个别名,然后在连接条件中,指定查询 g2 表中商品名称为"钢笔 T1616",并且 g1 表和 g2 表属于同一分类的记录,从而获取 sh_goods 表中"钢笔 T1616"分类下的所有商品。

6.2.3　外连接查询

6.2.2 节讲的内连接查询,返回结果是符合连接条件的记录,然而有时除了要查询出符合条件的记录外,还需要查询出其中一张数据表中符合条件之外的其他记录,此时就需要使用外连接查询。

外连接查询的基本语法格式如下。

```
SELECT 数据表名称.字段名[, …] FROM 数据表名称 1 LEFT|RIGHT [OUTER] JOIN 数据表名称 2 ON 连接条件;
```

上述语法格式中,OUTER 关键字为可选项,可以省略。

外连接查询分为左外连接(LEFT JOIN)查询和右外连接(RIGHT JOIN)查询。一般称呼上述语法格式中的数据表名称 1 为左表,数据表名称 2 为右表。

使用左外连接查询和右外连接查询的区别如下。

(1) 左外连接查询: 返回左表中的所有记录和右表中符合连接条件的记录。

(2) 右外连接查询: 返回右表中的所有记录和左表中符合连接条件的记录。

为了帮助读者更好地理解外连接查询,下面分别对左外连接查询和右外连接查询进行讲解。

1. 左外连接查询

左外连接查询是用左表的记录匹配右表的记录,查询的结果包括左表中的所有记录,以及右表中满足连接条件的记录。如果左表的某条记录在右表中不存在,则右表中对应字段的值显示为 NULL。

下面以商品表(g)和分类表(c)为例,使用左外连接查询商品所属的分类信息,即使某件商品没有分类,也要包含在查询结果中。左外连接查询如图 6-3 所示。

商品表(g)

id	name	cid
1	商品1	1
2	商品2	2
3	商品3	3

分类表(c)

id	name
1	分类1
2	分类2
4	分类4

连接条件g.cid=c.id

g.id	g.name	g.cid	c.id	c.name
1	商品1	1	1	分类1
2	商品2	2	2	分类2
3	商品3	3	NULL	NULL

图 6-3　左外连接查询

在图 6-3 中,商品表中 id 为 3 的商品没有分类,所以在查询结果中它的 id 和 name 显示为 NULL。

例如,技术人员想要通过 SQL 语句,查询评分为 5 的商品名称及对应的分类名称。因为需要查询出所有商品的分类名称,查询时可以使用左外连接,将商品表作为查询中的左表,具体 SQL 语句及执行结果如下。

```
mysql>SELECT g.name gname, g.score gscore, c.name cname
    ->FROM sh_goods g LEFT JOIN sh_goods_category c
    ->ON g.category_id=c.id AND g.score=5 ORDER BY g.score;
+------------------------+--------+-------+
| gname                  | gscore | cname |
+------------------------+--------+-------+
| 超薄笔记本 Pro12        | 2.50   | NULL  |
| 钢笔 T1616             | 3.90   | NULL  |
| 头戴耳机 Star Y360      | 3.90   | NULL  |
| 桌面音箱 BMS10          | 4.50   | NULL  |
| 办公计算机 天逸 510Pro   | 4.80   | NULL  |
| 薄毛衣联名款            | 4.80   | NULL  |
| 2H 铅笔 S30804         | 4.90   | NULL  |
| 收腰风衣中长款           | 4.90   | NULL  |
| 碳素笔 GP1008          | 5.00   | 文具   |
| 华为 P50 智能手机       | 5.00   | 手机   |
+------------------------+--------+-------+
10 rows in set (0.00 sec)
```

上述 SQL 语句中,使用左外连接将 sh_goods 表与 sh_goods_category 表进行连接,并且分别指定了 g 和 c 两个别名,然后在连接条件中,指定查询 g 表中 category_id 与 c 表中 id 值相等,并且 g 表中 score 为 5 的记录,查询结果按照 g 表中 score 字段值进行升序排序。由执行结果可知,查询语句返回了 10 条记录,其中返回了左表 sh_goods 中 gname 字段和 gscore 字段所有的数据,评分不为 5 的商品分类名称都显示为 NULL。

2. 右外连接查询

右外连接查询是用右表的记录匹配左表的记录,查询的结果包括右表中的所有记录,以及左表中满足连接条件的记录。如果右表的某条记录在左表中不存在,则左表中对应字段的值显示为 NULL。

下面以商品表(g)和分类表(c)为例,使用右外连接查询商品分类下的商品信息,即使某个分类下没有商品,也要包含在查询结果中。右外连接查询如图 6-4 所示

商品表（g）				分类表（c）			连接条件g.cid=c.id				
id	name	cid		id	name		g.id	g.name	g.cid	c.id	c.name
1	商品1	1		1	分类1		1	商品1	1	1	分类1
2	商品2	2		2	分类2		2	商品2	2	2	分类2
3	商品3	3		4	分类4		NULL	NULL	NULL	4	分类4

图 6-4 右外连接查询

在图 6-4 中,分类表中 cid 为 4 的分类在商品表中没有对应的商品,所以在查询结果中它的 id、name 和 cid 显示为 NULL。

例如,技术人员想要通过 SQL 语句,查询评分为 5 的商品分类名称对应的商品名称,评分不为 5 的商品分类名称也需要查询出来。因为需要查询出所有商品分类的名称,查询时可以使用右外连接,将商品分类表作为查询中的右表,具体 SQL 语句及执行结果如下。

```
mysql>SELECT g.name gname, g.score gscore, c.name cname
    ->FROM sh_goods g RIGHT JOIN sh_goods_category c
    ->ON g.category_id=c.id AND g.score=5 ORDER BY g.score DESC;
+------------------+--------+---------------+
| gname            | gscore | cname         |
+------------------+--------+---------------+
| 碳素笔 GP1008    | 5.00   | 文具          |
| 华为 P50 智能手机 | 5.00   | 手机          |
| NULL             | NULL   | 办公          |
| NULL             | NULL   | 耗材          |
| NULL             | NULL   | 电子产品      |
| NULL             | NULL   | 通信          |
| NULL             | NULL   | 影音          |
| NULL             | NULL   | 音箱          |
| NULL             | NULL   | 耳机          |
| NULL             | NULL   | 计算机        |
| NULL             | NULL   | 台式计算机    |
| NULL             | NULL   | 笔记本计算机  |
| NULL             | NULL   | 服装          |
| NULL             | NULL   | 女装          |
| NULL             | NULL   | 风衣          |
| NULL             | NULL   | 毛衣          |
+------------------+--------+---------------+
16 rows in set (0.00 sec)
```

上述 SQL 语句中,使用右外连接将 sh_goods 表与 sh_goods_category 表进行连接,并且分别指定了 g 和 c 两个别名,然后在连接条件中,指定查询 g 表中 category_id 与 c 表中 id 相等,并且 g 表中 score 为 5 的记录,查询记录按照 g 表中 score 字段值进行降序排序。由执行结果可知,查询语句返回了 16 条记录,其中返回了右表 sh_goods_category 中 cname 字段所有的记录,评分不为 5 的商品名称都显示为 NULL。

📖多学一招:USING 关键字

在连接查询时,若数据表连接的字段同名,则连接时的匹配条件可以使用 USING 关键字。USING 关键字的基本语法格式如下。

```
SELECT * |{字段名[,…]} FROM 数据表名称 1
[CROSS|INNER|LEFT|RIGHT] JOIN 数据表名称 2
USING(同名的连接字段列表);
```

上述语法中,多个同名的连接字段之间使用逗号分隔。

为了帮助读者更好地理解自连接查询的使用,下面使用 USING 关键字查询"钢笔 T1616"所在的分类下有哪些商品,具体 SQL 语句及执行结果如下。

```
mysql>SELECT DISTINCT g1.id, g1.name FROM sh_goods g1
    ->JOIN sh_goods g2
    ->USING(category_id) WHERE g2.name='钢笔 T1616';
+-----+---------------+
| id  | name          |
```

```
+----+---------------+
| 1  | 2H 铅笔 S30804  |
| 2  | 钢笔 T1616      |
| 3  | 碳素笔 GP1008   |
+----+---------------+
3 rows in set (0.00 sec)
```

需要注意的是,在实际开发中并不经常使用 USING 关键字,因为在设计数据表时,不能确定两张数据表中是否使用相同的字段名来保存相应的数据。

6.3　子查询

在多表查询中,有时可能需要多条 SQL 语句查询数据,当一条查询语句嵌套在另一条查询语句中,且外层查询语句依赖内层查询语句的结果时,可以使用子查询实现。同样地,在日常生活和工作中,我们也需要思考和处理各种复杂的问题,不断进行自我学习,提升专业素养,从而更好地应对各种挑战。本节详细讲解子查询的使用。

6.3.1　子查询的分类

子查询可以理解为,在一个 SQL 语句 A(A 可以是 SELECT 语句、INSERT 语句、UPDATE 语句或 DELETE 语句)中嵌入一个查询语句 B,将语句 B 作为执行的条件或查询的数据源,那么 B 就是子查询语句。子查询语句是一条完整的 SELECT 语句,能够独立地执行。

在含有子查询的语句中,子查询必须书写在小括号内。MySQL 首先执行子查询中的语句,然后再将返回的结果作为外层 SQL 语句的过滤条件。当同一条 SQL 语句包含多层子查询时,它们执行的顺序是从最里层的子查询开始执行。

子查询的划分方式有多种,常见的是按功能划分,可分为标量子查询、列子查询、行子查询、表子查询和 EXISTS 子查询。

接下来,以子查询功能的划分方式为例,详细解释子查询的使用。

1. 标量子查询

标量子查询是指子查询返回的结果为单个数据,即一行一列。标量子查询位于 WHERE 之后,通常与运算符=、<>、>、>=、<、<=结合使用。

在 SELECT 语句中使用标量子查询的基本语法格式如下。

```
SELECT * |{字段名[, …]} FROM 数据表名称
WHERE 字段名 {=|<>|>|>=|<|<=}
(SELECT 字段名 FROM 数据表名称 [WHERE][GROUP BY][HAVING]
[ORDER BY][LIMIT]);
```

上述语法中,标量子查询利用运算符,判断子查询语句返回的数据是否与指定的条件相匹配,然后根据比较的结果完成相关需求的操作。

例如,想要从商品分类表中获取商品名称为"钢笔 T1616"所在的商品分类名称。考虑到商品名称需要从商品表中找到,要想根据商品名称在商品分类表中查找商品信息,需要先到商品表中查询商品名称对应的分类 id,然后再使用分类 id 在商品分类表中查找商品信息。由于

分两次查询比较麻烦，所以使用标量子查询的方式实现只用一条 SQL 语句完成查询需求。

下面利用标量子查询的方式，从 sh_goods_category 表中获取商品名称为"钢笔 T1616"所在的商品分类名称。查询时可以先通过子查询返回 name 为"钢笔 T1616"的 category_id 的值，然后根据 category_id 的值筛选出与 sh_goods_category 表中的 id 值相等的信息，具体 SQL 语句及执行结果如下。

```
mysql>SELECT name FROM sh_goods_category WHERE id=
    ->(SELECT category_id FROM sh_goods WHERE name='钢笔 T1616');
+------+
| name |
+------+
| 文具 |
+------+
1 row in set (0.00 sec)
```

从上述执行结果可以看出，商品名称为"钢笔 T1616"所在的商品分类名称为"文具"。

2. 列子查询

列子查询是一种返回结果为一列多行数据的子查询。列子查询位于 WHERE 之后，通常与运算符 IN、NOT IN 结合使用。其中，IN 表示在指定的集合范围之内，多选一；NOT IN 表示不在指定的集合范围之内。

在 SELECT 语句中使用列子查询的基本语法格式如下。

```
SELECT * |{字段名[,…]} FROM 数据表名称
WHERE 字段名 {IN|NOT IN}
(SELECT 字段名 FROM 数据表名称 [WHERE][GROUP BY][HAVING][ORDER BY][LIMIT]);
```

上述语法中，列子查询利用运算符 IN 或 NOT IN，判断指定的条件是否在子查询返回的结果集中，然后根据比较结果完成数据的查询。

下面利用列子查询的方式，从 sh_goods_category 表中获取添加了商品的商品分类名称有哪些。查询时可以先通过子查询返回 category_id 的值，然后使用 IN 关键字根据 category_id 的值查询部门分类名称的信息，具体 SQL 语句及执行结果如下。

```
mysql>SELECT name FROM sh_goods_category
    ->WHERE id IN(SELECT DISTINCT category_id FROM sh_goods);
+-------------+
| name        |
+-------------+
| 文具        |
| 笔记本计算机 |
| 手机        |
| 音箱        |
| 耳机        |
| 台式计算机   |
| 风衣        |
| 毛衣        |
+-------------+
8 rows in set (0.00 sec)
```

从上述执行结果可以看出,商品分类名称"文具""笔记本计算机""手机""音箱""耳机""台式计算机""风衣""毛衣"中添加了商品信息。

3. 行子查询

行子查询是一种返回结果为一行多列数据的子查询。行子查询位于 WHERE 之后,通常与比较运算符、IN 和 NOT IN 结合使用。行子查询中不同比较运算符的行比较有以下几种形式,如表 6-1 所示。

表 6-1　不同比较运算符的行比较

不同比较运算符的行比较	逻辑关系等价于
(a, b)=(x, y)	(a=x) AND (b=y)
(a, b)<=>(x, y)	(a<=>x) AND (b<=>y)
(a, b)<>(x, y)或(a, b)!=(x, y)	(a<>x) OR (b<>y)
(a, b)>(x, y)	(a>x) OR ((a=x) AND (b>y))
(a, b)>=(x, y)	(a>x) OR ((a=x) AND (b>=y))
(a, b) <(x, y)	(a<x) OR ((a=x) AND (b<y))
(a, b)<=(x, y)	(a<x) OR ((a=x) AND (b<=y))

在表 6-1 中,a 和 b 对应外层 SQL 语句中 WHERE 之后的字段,而 x 和 y 对应子查询中 SELECT 之后的字段,也就是子查询的返回字段。当行在进行相等比较(=或<=>)时,条件之间的逻辑关系为与(AND);在不等比较(<>或!=)时,条件之间的逻辑关系为或(OR);在进行其他方式比较(>、>=、<、<=)时,条件之间的逻辑关系包含与(AND)和或(OR)两种情况。

在 SELECT 语句中使用行子查询的基本语法格式如下。

```
SELECT * |{字段名[, …]} FROM 数据表名称
WHERE (字段名 1, 字段名 2, …) {比较运算符|IN|NOT IN}
(SELECT 字段名 1, 字段名 2 … FROM 数据表名称 [WHERE][GROUP BY][HAVING][ORDER BY][LIMIT]);
```

上述语法中,行子查询利用比较运算符、IN 或 NOT IN 将子查询语句返回的数据与指定的条件进行比较,然后根据比较结果完成数据的查询。其中,运算符 IN 或 NOT IN 用于判断指定的条件是否在子查询返回的结果集中。行子查询需要指定多个字段组成查询匹配条件,字段数量需要和外层 SELECT 语句中 WHERE 之后的字段的数量保持一致。

下面利用行子查询的方式,从 sh_goods 表中获取价格最高,且评分最低的商品信息,该信息包括 id、name、price、score、content。查询时可以先通过子查询返回 price 最高且 score 最低的商品的 price 和 score 的值,然后根据返回的值筛选出对应的商品信息,具体 SQL 语句及执行结果如下。

```
mysql>SELECT id, name, price, score, content FROM sh_goods
    ->WHERE (price, score)=(SELECT MAX(price), MIN(score) FROM sh_goods);
```

```
+----+------------------+---------+-------+----------+
| id | name             | price   | score | content  |
+----+------------------+---------+-------+----------+
| 4  | 超薄笔记本 Pro12  | 5999.00 | 2.50  | 轻小便携 |
+----+------------------+---------+-------+----------+
1 row in set (0.00 sec)
```

从上述执行结果可以看出,sh_goods 表中 id 为 4 的商品价格最高,评分最低。

4．表子查询

表子查询是一种返回结果为多行多列的子查询,可以是一行一列、一列多行、一行多列或多行多列。表子查询多位于 FROM 关键字之后。

在 SELECT 语句中使用表子查询的基本语法格式如下。

```
SELECT * |{字段名[,…]} FROM (表子查询) [AS] 别名
[WHERE] [GROUP BY] [HAVING] [ORDER BY] [LIMIT];
```

上述语法格式中,FROM 关键字后跟的表子查询用来提供数据源,并且必须为表子查询设置别名。以便将查询结果作为一个数据表使用时,可以进行条件判断、分组、排序以及限量等操作。

下面利用表子查询的方式,从 sh_goods 表中获取每个商品分类下价格最高的商品信息,该信息包括 id、name、price、category_id,将此查询结果作为数据表 a。再通过子查询返回 category_id 和 price 最高的值,并将此查询结果作为一个数据表 b,然后根据 category_id 和 price 的值筛选出与 a 表中 category_id 和 price 值相等的信息,具体 SQL 语句及执行结果如下。

```
mysql>SELECT a.id, a.name, a.price, a.category_id FROM sh_goods a,
    ->(SELECT category_id, MAX(price) max_price FROM sh_goods
    ->GROUP BY category_id) b
    ->WHERE a.category_id=b.category_id AND a.price=b.max_price;
+----+----------------------+---------+-------------+
| id | name                 | price   | category_id |
+----+----------------------+---------+-------------+
| 2  | 钢笔 T1616            | 15.00   | 3           |
| 4  | 超薄笔记本 Pro12      | 5999.00 | 12          |
| 5  | 华为 P50 智能手机      | 1999.00 | 6           |
| 6  | 桌面音箱 BMS10        | 69.00   | 8           |
| 7  | 头戴耳机 Star Y360     | 109.00  | 9           |
| 8  | 办公计算机 天逸 510Pro | 2000.00 | 11          |
| 9  | 收腰风衣中长款         | 299.00  | 15          |
| 10 | 薄毛衣联名款           | 48.00   | 16          |
+----+----------------------+---------+-------------+
8 rows in set (0.00 sec)
```

从执行结果可以看出,查询出了各商品分类下价格最高的商品信息。

5. EXISTS 子查询

EXISTS 子查询用于判断子查询语句是否有返回的结果,若存在结果则返回 1,代表成立;否则返回 0,代表不成立。EXISTS 子查询位于 WHERE 之后。在 SELECT 语句中使用 EXISTS 子查询的基本语法格式如下。

```
SELECT * |{字段名[,…]} FROM 数据表名称 WHERE
EXISTS(SELECT * FROM 数据表名称 [WHERE][GROUP BY][HAVING][ORDER BY][LIMIT]);
```

上述语法中,使用 EXISTS 子查询时,会先执行外层查询语句,再根据 EXISTS 后面子查询的查询结果,判断是否保留外层语句查询出的记录,EXISTS 的判断结果为 1 时,保留对应的记录,否则去除记录。由于 EXISTS 子查询的结果取决于子查询是否查到了记录,而不取决于记录的内容,因此子查询的字段列表无关紧要,可以使用 * 代替。

当需要相反的操作时,也可以使用 NOT EXISTS 判断子查询的结果,当没有返回结果时,则 NOT EXISTS 的返回结果为 1,否则返回 0。

下面讲解 EXISTS 子查询的使用,若在 sh_goods_category 表中存在名称为"厨具"的分类时,将 sh_goods 表中 id 等于 5 的商品名称修改为电饭煲,价格修改为 400,分类修改为"厨具"对应的 id。具体 SQL 语句及执行结果如下。

```
mysql>UPDATE sh_goods SET name='电饭煲', price=400,
    ->category_id=(SELECT id FROM sh_goods_category WHERE name='厨具')
    ->WHERE EXISTS(SELECT id FROM sh_goods_category WHERE name='厨具')
    ->AND id=5;
Query OK, 0 rows affected (0.03 sec)
Rows matched: 0 Changed: 0 Warnings: 0
```

从上述执行结果可以看出,sh_goods_category 表中不存在厨具分类,子查询无结果返回,则 EXISTS() 的返回结果为 0。此时,UPDATE 语句的更新条件不满足,将不会更新 sh_goods 中对应的语句。

6.3.2　子查询关键字

在 WHERE 子查询中,不仅可以使用比较运算符,还可以使用 MySQL 提供的一些特定关键字,如前面讲解过的 IN 和 EXISTS。除此之外,常用的子查询关键字还有 ANY 和 ALL。值得一提的是,带 ANY、SOME、ALL 关键字的子查询,不能使用运算符<=>。另外,若子查询结果与条件匹配时有 NULL,那么此条记录不参与匹配。

下面分别讲解 ANY 和 ALL 关键字与子查询的结合使用。

1. ANY 关键字结合子查询

ANY 关键字表示"任意一个"的意思,必须和比较运算符一起使用,例如,当 ANY 和>运算符结合起来使用时,表示大于任意一个。ANY 关键字结合子查询时,表示与子查询返回的任意值进行比较,只要符合 ANY 子查询结果中的任意一个,就返回 1,否则返回 0。例如"值 1>ANY(子查询)",表示比较值 1 是否大于子查询返回的结果集中任意一个结果。基本语法格式如下。

```
SELECT * |{字段名[, …]} FROM 数据表名称 WHERE 字段名 比较运算符
ANY(SELECT 字段名 FROM 数据表名称 [WHERE][GROUP BY][HAVING][ORDER BY][LIMIT]);
```

上述语法中,当"比较运算符"为=时,其执行的效果等价于 IN 关键字。

下面讲解 ANY 关键字结合子查询的使用,若要从 sh_goods_category 表中获取商品价格小于 200 的商品分类名称。查询时可以先使用子查询获取 price 小于 200 的 category_id 的值,然后使用 ANY 根据 category_id 的值与 sh_goods_category 表中的 id 值进行比较,筛选出符合条件的 name 值,具体 SQL 语句及执行结果如下。

```
mysql>SELECT name FROM sh_goods_category WHERE id=
    ->ANY(SELECT DISTINCT category_id FROM sh_goods WHERE price<200);
+------+
| name |
+------+
| 文具  |
| 音箱  |
| 耳机  |
| 毛衣  |
+------+
4 rows in set (0.00 sec)
```

从上述执行结果可以看出,商品价格小于 200 的商品分类名称有"文具""音箱""耳机""毛衣"。

若将上述 SQL 语句中的=运算符替换为运算符<>,就可以获取 sh_goods_category 表中全部的商品分类名称,具体 SQL 语句及执行结果如下。

```
mysql>SELECT name FROM sh_goods_category WHERE id<>
    ->ANY(SELECT DISTINCT category_id FROM sh_goods WHERE price<200);
+------------+
| name       |
+------------+
| 办公        |
| 耗材        |
| 文具        |
| 电子产品     |
| 通信        |
| 手机        |
| 影音        |
| 音箱        |
| 耳机        |
| 计算机       |
| 台式计算机    |
| 笔记本计算机   |
| 服装        |
| 女装        |
| 风衣        |
| 毛衣        |
```

```
+-------------+
16 rows in set (0.00 sec)
```

上述 SQL 语句中，外层 SELECT 语句用于获取 name 的值，ANY 结合子查询的结果返回值为 3、8、9、16，而 sh_goods_category 表的 id 值分别为 1～16。sh_goods_category 表的 id 值只要与 ANY 子查询结果中的一个不等，就表示匹配成功，因此最后查询的结果为 sh_goods_category 表中全部商品分类的名称。

2. ALL 关键字结合子查询

ALL 关键字表示"所有"的意思，ALL 关键字结合子查询时，表示与子查询返回的所有值进行比较，只有全部符合 ALL 子查询的结果时，才返回 1，否则返回 0。例如"值 1>ALL（子查询）"，比较值 1 是否大于子查询返回的结果集中所有结果。基本语法格式如下。

```
SELECT * |{字段名[，…]} FROM 数据表名称 WHERE 字段名 比较运算符
ALL(SELECT 字段名 FROM 数据表名称 [WHERE][GROUP BY][HAVING][ORDER BY][LIMIT]);
```

下面演示 ALL 关键字结合子查询的使用。假设从 sh_goods 表中获取 category_id 为 3，且商品价格全部低于 category_id 为 8 的商品信息，该信息包括 id、name、price、keyword。查询时可以先通过子查询返回 category_id 等于 8 的 price 的值，然后根据返回的值筛选出 category_id 等于 3 且全部小于返回值的商品信息，具体 SQL 语句及执行结果如下。

```
mysql>SELECT id, name, price, keyword FROM sh_goods
    ->WHERE category_id=3 AND price<
    ->ALL(SELECT DISTINCT price FROM sh_goods WHERE category_id=8);
+----+---------------+-------+---------+
| id | name          | price | keyword |
+----+---------------+-------+---------+
| 1  | 2H 铅笔 S30804 | 0.50  | 办公    |
| 2  | 钢笔 T1616     | 15.00 | 办公    |
| 3  | 碳素笔 GP1008  | 1.00  | 办公    |
+----+---------------+-------+---------+
3 rows in set (0.01 sec)
```

从上述执行结果可以看出，sh_goods 表中 category_id 为 3，且商品价格全部低于 category_id 为 8 的商品信息分别对应 id 为 1、2、3 的商品。

📖 多学一招：SOME 关键字

MySQL 中还有一个 SOME 关键字，它的功能与 ANY 关键字完全相同。MySQL 之所以在设计中添加 SOME，是因为尽管 SOME 和 ANY 在语法含义上相同，但 NOT SOME 和 NOT ANY 的含义不同。前者仅用于否定部分内容，而后者表示完全不，相当于 NOT ALL。

6.4 外键约束

在设计数据库时，为了保证多个相关联的数据表中数据的一致性和完整性，可以为数据表添加外键约束。在添加或更新数据表中的数据时，外键约束可以限制所涉及的其他数据

表的数据,从而使数据更加规范。同样地,在日常生活中,我们应该遵守法律法规和社会公德,不断提高自律能力,做一个遵纪守法的公民。本节详细讲解外键约束的使用。

6.4.1　外键约束概述

外键约束指的是在一个数据表中引用另一个数据表中的一列或多列,被引用的列应该具有主键约束或唯一性约束,从而保证数据的一致性和完整性。其中,被引用的表称为主表;引用外键的表称为从表。

下面演示员工表 employees 和部门表 department 数据之间的关联。假设为员工表的 dept_id 字段上添加外键约束,引用部门表 dept 的主键字段 id,如图 6-5 所示。

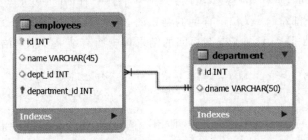

图 6-5　员工表和部门表数据之间的关联

在图 6-5 中,department 表为主表,employees 表为从表,从表通过外键字段 dept_id 连接主表中的主键字段 id,从而建立了两张数据表之间的关联。

6.4.2　添加外键约束

在 MySQL 中,可以通过 FOREIGN KEY 添加外键约束。外键约束可以在创建数据表时设置,也可以在修改数据表时添加,下面分别进行讲解。

1. 创建数据表时设置外键约束

在创建数据表时设置外键约束,具体语法如下。

```
CREATE TABLE 数据表名称 (
  字段名 1 数据类型,
  …
  [CONSTRAINT [外键名称]] FOREIGN KEY(外键字段名) REFERENCES 主表(主键字段名)
  [ON DELETE {RESTRICT|CASCADE|SET NULL|NO ACTION|SET DEFAULT}]
  [ON UPDATE {RESTRICT|CASCADE|SET NULL|NO ACTION|SET DEFAULT}]
);
```

上述语法中,关键字 CONSTRAINT 用于定义外键名称,如果省略外键名称,MySQL 将会自动生成约束名称。FOREIGN KEY 表示外键约束。REFERENCES 用于指定外键引用哪个表的主键。

ON DELETE 与 ON UPDATE 用于设置主表中的数据被删除或修改时,从表对应数据的处理办法,从而保证数据的一致性,ON DELETE 与 ON UPDATE 的各参数的具体说明如表 6-2 所示。

表 6-2　ON DELETE 与 ON UPDATE 的各参数的具体说明

参　数	说　明
RESTRICT	默认值,拒绝主表删除或更新外键关联的字段
CASCADE	主表中删除或更新数据时,自动删除或更新从表中对应的数据
SET NULL	主表中删除或更新数据时,使用 NULL 值替换从表中对应的数据(不适用于设置了非空约束的字段)
NO ACTION	拒绝主表删除或更新外键关联的字段
SET DEFAULT	设为默认值,但 InnoDB 目前不支持

在表 6-2 中,在未定义 ON DELETE 和 ON UPDATE 子句时,参数 RESTRICT 是默认设置。NO ACTION 和 RESTRICT 在 MySQL 中的作用是相同的,而在有些数据库中可能存在区别。前者是一种延迟检查,即在更新或删除完成后,检查从表中是否有对应的数据,如果有,则拒绝操作;后者在更新或删除前检查从表中是否有对应的数据,如果有,则拒绝操作。

需要注意的是,建立外键约束的表必须使用 InnoDB 存储引擎,不能为临时表,因为在 MySQL 中只有 InnoDB 存储引擎才允许使用外键;外键所在列的数据类型必须和主表中主键对应列的数据类型相同。

下面在 mydb 数据库中,以员工表 employees 和部门表 department 为例,演示如何在创建数据表时添加外键约束。为从表 employees 添加外键约束时,要保证数据库中已经存在主表 department,否则程序会提示"不能添加外键约束"的错误,具体实现步骤如下。

(1) 在 mydb 数据库下创建主表 department,具体 SQL 语句及执行结果如下。

```
mysql>CREATE TABLE mydb.department (
    ->   id INT UNSIGNED PRIMARY KEY AUTO_INCREMENT COMMENT '部门编号',
    ->   name VARCHAR(50) NOT NULL COMMENT '部门名称'
    ->) COMMENT '部门表';
Query OK, 0 rows affected (0.09 sec)
```

上述 SQL 语句中,创建了一个名称为 department 的部门表,该表中定义了 id 和 name 两个字段。

(2) 在 mydb 数据库下创建从表 employees 表,为 dept_id 字段添加外键约束,具体 SQL 语句及执行结果如下。

```
mysql>CREATE TABLE mydb.employees (
    ->   id INT UNSIGNED PRIMARY KEY AUTO_INCREMENT COMMENT '员工编号',
    ->   name VARCHAR(120) NOT NULL COMMENT '员工姓名',
    ->   dept_id INT UNSIGNED NOT NULL COMMENT '部门编号',
    ->   CONSTRAINT FK_ID FOREIGN KEY(dept_id) REFERENCES department(id)
    ->   ON DELETE RESTRICT ON UPDATE CASCADE
    ->) COMMENT '员工表';
Query OK, 0 rows affected (0.06 sec)
```

上述 SQL 语句中,创建了一个名称为 employees 的员工表,该表中定义了 id、name 和

dept_id 三个字段。为 dept_id 字段添加了名称为 FK_ID 的外键约束,与主表 department 中的主键 id 相关联。同时,利用 ON DELETE RESTRICT 指定从表该关联字段含有数据时,拒绝主表 department 执行删除操作,利用 ON UPDATE CASCADE 设置主表 department 执行更新操作时,从表 employees 中的相关字段也执行更新操作。

2. 修改数据表时添加外键约束

在 MySQL 中,修改数据表时可以使用 ALTER TABLE 语句的 ADD 子句添加外键约束,基本语法格式如下。

```
ALTER TABLE 从表
ADD [CONSTRAINT [外键名称]] FOREIGN KEY(外键字段名) REFERENCES 主表(主键字段名)
[ON DELETE {CASCADE|SET NULL|NO ACTION|RESTRICT|SET DEFAULT}]
[ON UPDATE {CASCADE|SET NULL|NO ACTION|RESTRICT|SET DEFAULT}];
```

上述语法中,ADD CONSTRAINT 表示添加约束;外键名称是可选参数,用来指定要添加的外键约束的名称;使用 REFERENCES 指定创建的外键引用哪个表的主键;ON DELETE 与 ON UPDATE 与前面讲过的含义相同。

下面讲解在修改数据表时如何添加外键约束,具体实现步骤如下。

(1) 删除并重新创建 employees 表,然后为 employees 表的 dept_id 字段添加外键约束,具体 SQL 语句及执行结果如下。

```
mysql>DROP TABLE mydb.employees;
Query OK, 0 rows affected (0.01 sec)
mysql>CREATE TABLE mydb.employees (
    ->   id INT UNSIGNED PRIMARY KEY AUTO_INCREMENT COMMENT '员工编号',
    ->   name VARCHAR(120) NOT NULL COMMENT '员工姓名',
    ->   dept_id INT UNSIGNED NOT NULL COMMENT '部门编号'
    ->) COMMENT '员工表';
Query OK, 0 rows affected (0.02 sec)
mysql>ALTER TABLE mydb.employees
    ->ADD CONSTRAINT FK_ID FOREIGN KEY(dept_id) REFERENCES department(id)
    ->ON DELETE RESTRICT ON UPDATE CASCADE;
Query OK, 0 rows affected (0.12 sec)
Records: 0 Duplicates: 0 Warnings: 0
```

从以上示例可知,外键约束在创建数据表时添加和在修改数据表时添加的位置不同,但是基本实现语法相同。

(2) 使用 DESC 查看从表 employees 中外键字段 dept_id 的信息,具体 SQL 语句及执行结果如下。

```
mysql>DESC mydb.employees dept_id;
+---------+--------------+------+-----+---------+-------+
| Field   | Type         | Null | Key | Default | Extra |
+---------+--------------+------+-----+---------+-------+
| dept_id | int unsigned | NO   | MUL | NULL    |       |
```

```
+---------+---------------+------+-----+---------+-------+
1 row in set (0.00 sec)
```

从上述执行结果可以看出,添加了外键约束的 dept_id 字段的 Key(索引)值为 MUL,表示 MULTIPLE KEY(非唯一性索引),值可以重复。由此可见,在创建外键约束时,MySQL 会自动为没有索引的外键字段创建索引。

另外,读者还可以使用 SHOW CREATE TABLE 语句查看 employees 表的详细结构,以验证字段 dept_id 是否添加外键约束,具体 SQL 语句及执行结果如下。

```
mysql>SHOW CREATE TABLE mydb.employees\G
*************************** 1. row ***************************
    Table: employees
Create Table: CREATE TABLE `employees` (
  `id` int unsigned NOT NULL AUTO_INCREMENT COMMENT '员工编号',
  `name` varchar(120) NOT NULL COMMENT '员工姓名',
  `dept_id` int unsigned NOT NULL COMMENT '部门编号',
  PRIMARY KEY (`id`),
  KEY `FK_ID` (`dept_id`),
  CONSTRAINT `FK_ID` FOREIGN KEY (`dept_id`) REFERENCES `department` (`id`) ON DELETE
RESTRICT ON UPDATE CASCADE
) ENGINE=InnoDB DEFAULT CHARSET=utf8mb4 COLLATE=utf8mb4_0900_ai_ci COMMENT='员工表'
1 row in set (0.00 sec)
```

从上述执行结果可以看出,dept_id 字段添加外键约束后,因为 dept_id 字段没有索引,所以服务器会自动为其创建与外键同名的索引。数据表的默认存储引擎为 InnoDB,关于存储引擎与索引会在第 11 章详细讲解,此处了解即可。

6.4.3　关联表操作

关联表中的数据可以通过连接查询获取,并且在不添加外键约束的情况下,关联表中的数据添加、更新和删除操作互不影响。而对于添加了外键约束的关联表,数据的添加、更新和删除操作将受到一定的约束。接下来分别讲解关联表中数据的添加、更新和删除。

1. 添加数据

一个具有外键约束的从表在添加数据时,外键字段的值会受到主表数据的约束。若要为两个数据表添加数据,需要先为主表添加数据,再为从表添加数据,且从表中外键字段不能添加主表中不存在的数据。

下面演示主表 department 中未添加数据时,向从表 employees 中添加一条员工姓名为 Tom,所属部门编号为 3 的记录,具体 SQL 语句及执行结果如下。

```
mysql>INSERT INTO mydb.employees (name, dept_id) VALUES ('Tom', 3);
ERROR 1452 (23000): Cannot add or update a child row: a foreign key constraint fails (`mydb`.`
employees`, CONSTRAINT `FK_ID` FOREIGN KEY (`dept_id`) REFERENCES `department` (`id`) ON
DELETE RESTRICT ON UPDATE CASCADE)
```

从上述执行结果可以看出,在向从表中添加 dept_id 为 3 的员工信息后,会报错误提示。这是因为从表中外键字段添加的值必须选取主表中相关联字段已经存在的数据,否则就会报以上的错误提示信息。

下面为主表 department 添加一条部门编号为 3,部门名称为"研发部"的记录,然后再利用上述示例中的 SQL 语句为从表 employees 添加数据,具体 SQL 语句及执行结果如下。

```
mysql>INSERT INTO mydb.department (id, name) VALUES (3, '研发部');
Query OK, 1 row affected (0.02 sec)
mysql>INSERT INTO mydb.employees (name, dept_id) VALUES ('Tom', 3);
Query OK, 1 row affected (0.00 sec)
```

从上述执行结果可以看出,当主表 department 中含有 id 为 3 的部门信息后,从表 employees 中才能添加此部门的用户信息。

2. 更新数据

对于建立外键约束的关联数据表来说,如果对主表执行更新操作,从表将按照其设置外键约束时设置的 ON UPDATE 参数自动执行相应的操作。例如,当 ON UPDATE 的参数设置为 CASCADE 时,若主表数据发生更新,则从表也会对相应的字段进行更新。

下面对具有外键约束关系的主表 department 和从表 employees 进行更新数据的操作,将部门名称为"研发部"的部门编号修改为 1,具体 SQL 语句及执行结果如下。

```
mysql>UPDATE mydb.department SET id=1 WHERE name='研发部';
Query OK, 1 row affected (0.01 sec)
Rows matched: 1 Changed: 1 Warnings: 0
mysql>SELECT * FROM mydb.department;
+----+--------+
| id | name   |
+----+--------+
| 1  | 研发部  |
+----+--------+
1 row in set (0.00 sec)
mysql>SELECT * FROM mydb.employees;
+----+------+---------+
| id | name | dept_id |
+----+------+---------+
| 2  | Tom  | 1       |
+----+------+---------+
1 row in set (0.00 sec)
```

上述 SQL 语句中,使用 UPDATE 语句将主表 department 中 name 字段值为"研发部"的 id 字段的值修改为 1。由执行结果可知,当主表 department 中 name 为"研发部"的 id 值成功修改为 1 后,从表 employees 中的相关用户(Tom)的外键 dept_id 也同时被修改为 1。

3. 删除数据

对于建立外键约束的关联数据表来说,如果对主表执行删除操作,从表将按照其设置外键约束时设置的 ON DELETE 参数自动执行相应的操作。例如,当 ON DELETE 参数设置为 RESTRICT 时，如果主表数据进行删除操作，同时从表中的外键字段有关联数据，就会阻止主表的删除操作。

下面对具有外键约束关系的主表 department 和从表 employees 进行删除数据的操作，将 id 为 1 的记录删除，具体 SQL 语句及执行结果如下。

```
mysql>DELETE FROM mydb.department WHERE id=1;
ERROR 1451 (23000): Cannot delete or update a parent row: a foreign key constraint fails (`mydb
`.`employees`, CONSTRAINT `FK_ID` FOREIGN KEY (`dept_id`) REFERENCES `department` (`id`) ON
DELETE RESTRICT ON UPDATE CASCADE)
```

从上述执行结果可以看出，在删除主表 department 中 id 为 1 的数据时，程序出现错误提示信息，这是因为从表 employees 中含有 id 为 1 的用户信息，因此在删除主表数据时，会出现上述提示错误。

此时，若要删除具有 ON DELETE RESTRICT 约束关系的主表 id 为 1 的记录时，需要先删除从表中 dept_id 为 1 的记录，再删除主表中的 id 为 1 的记录，具体 SQL 语句及执行结果如下。

```
mysql>DELETE FROM mydb.employees WHERE dept_id=1;
Query OK, 1 row affected (0.01 sec)
mysql>DELETE FROM mydb.department WHERE id=1;
Query OK, 1 row affected (0.01 sec)
```

从上述执行结果可以看出，成功执行了删除操作。

6.4.4 删除外键约束

在实际开发中，根据业务逻辑的需求，若要解除两张数据表之间的关联时，可以使用 ALTER TABLE 语句的 DROP 子句删除外键约束，其基本语法格式如下。

```
ALTER TABLE 从表 DROP FOREIGN KEY 外键名称;
```

需要注意的是，删除字段的外键约束后，并不会自动删除字段的索引。

下面演示如何删除主表 department 和从表 employees 之间的外键约束，具体 SQL 语句及执行结果如下。

```
mysql>ALTER TABLE mydb.employees DROP FOREIGN KEY FK_ID;
Query OK, 0 rows affected (0.01 sec)
Records: 0 Duplicates: 0 Warnings: 0
```

在删除 employees 表的外键约束后，下面利用 DESC 查询 employees 表中删除了外键约束的字段信息，具体 SQL 语句及执行结果如下。

```
mysql>DESC mydb.employees dept_id;
+---------+--------------+------+-----+---------+-------+
| Field   | Type         | Null | Key | Default | Extra |
+---------+--------------+------+-----+---------+-------+
| dept_id | int unsigned | NO   | MUL | NULL    |       |
```

```
+---------+---------------+------+-----+---------+-------+
1 row in set (0.00 sec)
```

从上述执行结果可以看出，在删除 dept_id 字段的外键约束后，dept_id 字段的 Key 值依然为 MUL。

若要在删除外键约束的同时删除索引，则需要通过手动删除索引的方式完成，具体 SQL 语句如下。

```
ALTER TABLE 数据表名称 DROP KEY 外键索引名称；
```

下面演示如何手动删除索引，具体 SQL 语句及执行结果如下。

```
mysql>ALTER TABLE mydb.employees DROP KEY FK_ID;
Query OK, 0 rows affected (0.02 sec)
Records: 0 Duplicates: 0 Warnings: 0
```

上述操作执行成功后，读者可再次利用 DESC 查看已删除的外键字段，会发现 Key 值为空。另外，读者也可以尝试使用 SHOW CREATE TABLE 语句查看 mydb.employees 表的详细结构，会发现 employees 表中的外键约束以及普通索引已经全部删除。

6.5　动手实践：多表查询练习

数据库的学习在于多看、多学、多思考、多动手。接下来请结合本章所学的知识完成多表查询练习，具体需求如下。

（1）查询 sh_goods_attr 表中 category_id 为 6 所对应的商品的属性信息，将属性信息按照层级升序排列。

（2）查询 sh_goods_attr_value 表中 goods_id 为 5 的商品所具有的属性信息，显示属性名称和属性值。

（3）查询 sh_goods_attr 表中 parent_id 为 1 的属性包含的所有子属性值。

（4）查询拥有属性值个数大于 1 的商品的 id 和 name。

说明：读者可以参考本书配套源码包中的操作文档，按照上述需求完成动手实践。

6.6　本章小结

本章主要对多表操作进行详细讲解，包括联合查询、连接查询和子查询，以及外键约束的相关内容，其中外键约束主要讲解在关联表中添加、更新和删除数据的操作。通过本章的学习，希望读者能够掌握多表操作，为后续的学习打下坚实的基础。

第 7 章
用户与权限

学习目标：

- 了解用户与权限的概念，能够说出用户与权限的相关字段分类。
- 掌握用户的管理，能够使用 root 用户创建用户、修改用户和删除用户。
- 掌握权限的管理，能够使用 root 用户给其他用户授予权限、查看权限、回收权限和刷新权限。

在前面的章节中都是使用 root 用户操作的数据库，在实际工作环境中，为了保证数据库的安全，数据库管理员通常会给需要操作数据库的人员创建用户名和密码，并分配可操作的权限，让其仅能在自己拥有的权限范围内操作数据库。本章对 MySQL 中的用户与权限进行详细讲解。

7.1 用户与权限概述

用户既可以是数据库的使用者，也可以是数据库的管理者。在 MySQL 中可以创建多个用户，实现对数据库的使用和管理。权限用来限制用户的操作范围，例如，A 用户具有数据库的查看权限，B 用户具有数据库的修改权限。

安装 MySQL 时会自动安装一个名称为 mysql 的数据库，该数据库主要用于维护数据库的用户和权限，用户和权限的相关信息都保存在 user 数据表中。

user 数据表中的字段，根据功能的不同可将其分为 6 类，分别是用户字段、用户身份验证字段、安全连接字段、资源控制字段、权限字段和用户锁定字段。为了方便读者理解，下面分别对这 6 类字段进行详细讲解。

1. 用户字段

user 数据表中的 Host 字段和 User 字段共同组成的复合主键用于区分 MySQL 中的用户，User 字段表示用户的名称，Host 字段表示允许访问的客户端 IP 地址或主机地址，当 Host 字段的值为 * 时，表示所有客户端的用户都可以访问。

下面使用 SELECT 语句查询 user 数据表中默认用户的 Host 字段和 User 字段的值，具体 SQL 语句及执行结果如下。

```
mysql>SELECT Host, User FROM mysql.user;
```

```
+-----------+-------------------+
| Host      | User              |
+-----------+-------------------+
| localhost | mysql.infoschema  |
| localhost | mysql.session     |
| localhost | mysql.sys         |
| localhost | root              |
+-----------+-------------------+
4 rows in set (0.00 sec)
```

从上述执行结果可知,除了默认的 root 用户外,还有其他 3 个用户,mysql.infoschema 用户用于管理和访问系统自带的 information_schema 数据库,mysql.session 用户用于验证用户身份,mysql.sys 用户用于定义系统模式对象,防止数据库管理员在进行重命名或删除 root 用户的操作时发生错误。其中 mysql.session 用户和 mysql.sys 用户默认已经被锁定,无法使用这两个用户连接 MySQL 服务器,读者不要随意解锁和使用这两个用户,否则可能会产生错误。

2. 用户身份验证字段

user 数据表中的 plugin 字段和 authentication_string 字段用于保存用户的身份验证信息。其中,plugin 字段用于指定验证插件的名称,authentication_string 字段用于保存使用指定插件对密码(如 123456)加密后的字符串。

下面使用 SELECT 语句查询 user 数据表中 root 用户的 plugin 字段和 authentication_string 字段的值,具体 SQL 语句及执行结果如下。

```
mysql>SELECT plugin, authentication_string FROM mysql.user
    ->WHERE User='root';
+----------------------+-------------------------------------------+
| plugin               | authentication_string                     |
+----------------------+-------------------------------------------+
| caching_sha2_password| $A$005$0>}* u"})--q?+7{S<rwGvanRy1         |
|                      | CcM3ojrWCo5120eFvsVocwllDGt3FtNKA1         |
+----------------------+-------------------------------------------+
1 row in set (0.00 sec)
```

从上述执行结果可知,MySQL 中 root 用户的默认验证插件名为 caching_sha2_password,authentication_string 字段保存的是对密码加密后的字符串。

除此之外,与用户身份验证相关的字段还有 password_expired(密码是否过期)、password_last_changed(密码最后一次修改的时间)以及 password_lifetime(密码的有效期)。

3. 安全连接字段

在客户端与 MySQL 服务器连接时,除了基于用户名和密码的常规验证外,还可以判断当前连接是否符合 SSL 安全协议,user 数据表中安全连接相关的字段如下。

(1) ssl_type:用于保存安全连接的类型,它的可选值有"(一对单引号表示空)、ANY

（任意类型）、X509（X509 证书）、SPECIFIED（规定的）4 种。

（2）ssl_cipher：用于保存安全加密连接的特定密码。

（3）x509_issuer：保存由 CA 签发的有效的 X509 证书。

（4）x509_subject：保存包含主题的有效的 X509 证书。

要想使用 SSL 安全协议，需要先确认 SSL 加密是否开启，通过查看系统变量 have_openssl 查看 SSL 加密是否开启，具体 SQL 语句及执行结果如下。

```
mysql>SHOW VARIABLES LIKE 'have_openssl';
+---------------+----------+
| Variable_name | Value    |
+---------------+----------+
| have_openssl  | YES      |
+---------------+----------+
1 row in set, 1 warning (0.00 sec)
```

从上述执行结果可以看出，have_openssl 系统变量的值为 YES，表示已开启 SSL 加密，当连接 MySQL 服务器时会使用 SSL 加密安全连接。

4. 资源控制字段

user 数据表中的 max_ 开头的字段用于控制用户可使用的服务器资源，防止用户登录 MySQL 服务器后执行不合规范的操作浪费服务器资源。user 数据表中资源控制相关的字段如下。

（1）max_questions：保存每小时允许用户执行查询操作的最多次数。

（2）max_updates：保存每小时允许用户执行更新操作的最多次数。

（3）max_connections：保存每小时允许用户建立连接的最多次数。

（4）max_user_connections：保存允许单个用户同时建立连接的最多数量。

资源控制字段的默认值均为 0，表示对此用户没有任何的资源限制。

5. 权限字段

user 数据表中的_priv 结尾的字段用于保存用户的权限，user 数据表中的权限字段如表 7-1 所示。

表 7-1　user 数据表中的权限字段

字段名	数据类型	默认值	说　　明
Select_priv	enum('N','Y')	N	用户是否可以通过 SELECT 查询数据
Insert_priv	enum('N','Y')	N	用户是否可以通过 INSERT 插入数据
Update_priv	enum('N','Y')	N	用户是否可以通过 UPDATE 修改数据
Delete_priv	enum('N','Y')	N	用户是否可以通过 DELETE 删除数据
Create_priv	enum('N','Y')	N	用户是否可以创建新的数据库和数据表
Drop_priv	enum('N','Y')	N	用户是否可以删除现有的数据库和数据表

字段名	数据类型	默认值	说　明
Reload_priv	enum('N','Y')	N	用户是否可以执行刷新和重新加载 MySQL 所用的各种内部缓存的特定命令,包括日志、权限、主机、查询和表
Shutdown_priv	enum('N','Y')	N	用户是否可以关闭 MySQL 服务器(应谨慎授权给 root 账户之外的用户)
Process_priv	enum('N','Y')	N	用户是否可以通过 SHOW PROCESSLIST 命令查看其他用户的进程
File_priv	enum('N','Y')	N	用户是否可以执行 SELECT INTO OUTFILE 和 LOAD DATA INFILE 命令
Grant_priv	enum('N','Y')	N	用户是否可以将自己的权限再授予其他用户
References_priv	enum('N','Y')	N	用户是否可以创建外键约束
Index_priv	enum('N','Y')	N	用户是否可以创建和删除索引
Alter_priv	enum('N','Y')	N	用户是否可以修改数据表和索引
Show_db_priv	enum('N','Y')	N	用户是否可以查看服务器上所有数据库的名字
Super_priv	enum('N','Y')	N	用户是否可以执行某些强大的管理功能,如通过 KILL 命令删除用户进程
Create_tmp_table_priv	enum('N','Y')	N	用户是否可以创建临时表
Lock_tables_priv	enum('N','Y')	N	用户是否可以使用 LOCK TABLES 阻止对表的访问和修改
Execute_priv	enum('N','Y')	N	用户是否可以执行存储过程
Repl_slave_priv	enum('N','Y')	N	用户是否可以读取二进制日志文件
Repl_client_priv	enum('N','Y')	N	用户是否可以复制从服务器和主服务器的位置
Create_view_priv	enum('N','Y')	N	用户是否可以创建视图
Show_view_priv	enum('N','Y')	N	用户是否可以查看视图
Create_routine_priv	enum('N','Y')	N	用户是否可以创建存储过程和存储函数
Alter_routine_priv	enum('N','Y')	N	用户是否可以修改或删除存储过程和存储函数
Create_user_priv	enum('N','Y')	N	用户是否可以执行 CREATE USER 创建新用户
Event_priv	enum('N','Y')	N	用户是否可以创建、修改和删除事件
Trigger_priv	enum('N','Y')	N	用户是否可以创建和删除触发器
Create_tablespace_priv	enum('N','Y')	N	用户是否可以创建表空间
Create_role_priv	enum('N','Y')	N	用户是否可以创建角色
Drop_role_priv	enum('N','Y')	N	用户是否可以删除角色

在表 7-1 所示的权限字段中,数据类型都是 ENUM(枚举)类型,有 N 和 Y 两个值,N 表示该用户没有对应权限,Y 表示该用户有对应权限。为了保证数据库的安全,这些字段的

默认值都为 N,如果需要可以对其进行修改。

6.用户锁定字段

user 数据表中的 account_locked 字段用于保存当前用户是锁定或解锁的状态。该字段是 ENUM(枚举)类型,当其值为 N 时表示解锁,该用户可以连接 MySQL 服务器;当其值为 Y 时表示锁定,该用户不能连接 MySQL 服务器。

7.2 用户管理

MySQL 数据库中的用户大致可以分为 root 用户和普通用户,root 用户也被称为超级管理员,拥有所有的权限,普通用户只拥有被授予的指定权限。为了保证数据库的安全,需要创建不同的用户来操作数据库,本节对 MySQL 的用户管理进行详细讲解。

7.2.1 创建用户

在 MySQL 中,使用 CREATE USER 语句创建用户,基本语法如下。

```
CREATE USER [IF NOT EXISTS]
账户名 [用户身份验证选项][, 账户名 [用户身份验证选项]]
[REQUIRE {NONE | 加密连接协议选项}]
[WITH 资源控制选项][密码管理选项|账户锁定选项]
```

在上述语法中,CREATE USER 语句可以一次创建多个用户,每个账户名之间使用逗号分隔。账户名的格式为"用户名@主机名",其中,用户名是登录 MySQL 服务器时使用的用户名,用户名不超过 32 个字符且区分大小写;主机名是登录 MySQL 服务器时所使用的地址,主机名可以是 IP 地址或字符串,例如,localhost 表示本地主机地址。值得一提的是,如果允许任何主机连接 MySQL 服务器,则主机名可以使用通配符%或"(空字符串)。

如果用户名或主机名中包含特殊符号,如-或%,则需要将用户名或主机名使用单引号包裹,例如账户名"'test-1'@localhost"中的用户名包含"-",则使用单引号包裹。

CREATE USER 语句的其他选项如表 7-2 所示。

表 7-2 CREATE USER 语句的其他选项

选 项	说 明	默 认 值
用户身份验证选项	设置用户身份验证插件和登录密码,默认使用系统变量 default_authentication_plugin 定义的插件进行身份验证	caching_sha2_password
加密连接协议选项	设置用户是否使用加密连接	NONE(表示不使用加密连接)
资源控制选项	控制用户对服务器资源的使用,如设置用户每小时可以查询数据和更新数据的次数	N(表示无限制)
密码管理选项	设置用户登录密码有效期	PASSWORD EXPIRE DEFAULT
账户锁定选项	设置用户的锁定状态	ACCOUNT UNLOCK(表示未锁定)

在表 7-2 中，当使用 CREATE USER 语句创建用户，如果未设置选项值则使用默认值，用户身份验证选项的设置仅适用于其前面的账户名，可将其理解为某个用户的私有属性；其余的选项对声明中的所有用户都有效，可以将其理解为全局属性。

使用 CREATE USER 语句创建用户时，服务器会自动修改相应的授权表。但需要注意的是，默认情况下，创建的用户没有任何权限，需要给用户授权，关于给用户授权的相关内容将在 7.3 节中进行讲解。

为了读者更好地理解用户的创建，下面分别创建不同选项的用户，具体示例如下。

1. 创建用户时不设置任何选项

创建用户时，指定用户名和主机名，表示此用户只能通过指定的主机登录 MySQL 服务器。下面创建普通用户，具体 SQL 语句及执行结果如下。

```
mysql>CREATE USER 'test1'@'localhost';
Query OK, 0 rows affected (0.01 sec)
```

从上述执行结果可以看出，test1 用户创建成功。

创建用户时，如果不指定主机名，表示此用户可以通过任意主机登录 MySQL 服务器。下面创建可以从任意主机登录的用户，具体 SQL 语句及执行结果如下。

```
mysql>CREATE USER 'test2';
Query OK, 0 rows affected (0.01 sec)
```

从上述执行结果可以看出，test2 用户创建成功。

使用 SELECT 语句查看创建的 test1 用户和 test2 用户，具体 SQL 语句及执行结果如下。

```
mysql>SELECT Host, User FROM mysql.user;
+-----------+-------------------+
| Host      | User              |
+-----------+-------------------+
| %         | test2             |
| localhost | mysql.infoschema  |
| localhost | mysql.session     |
| localhost | mysql.sys         |
| localhost | root              |
| localhost | test1             |
+-----------+-------------------+
5 rows in set (0.01 sec)
```

从上述查询结果可以看出，新增了 test1 用户和 test2 用户，test2 用户的 Host 列的值为“%”，表示 test2 用户可以通过任意主机连接 MySQL 服务器。

注意：创建用户时如果用户名是空字符串("")，表示创建的是匿名用户，即登录 MySQL 服务器时不需要输入用户名和密码。由于这种操作会给 MySQL 服务器带来极大的安全隐患，因此不推荐创建匿名用户和使用匿名用户操作 MySQL 服务器。

2. 创建用户时设置用户身份验证选项

创建用户时，通过 IDENTIFIED BY 关键字来设置用户身份验证选项，具体 SQL 语句及执行结果如下。

```
mysql>CREATE USER 'test3'@'localhost' IDENTIFIED BY '123456';
Query OK, 0 rows affected (0.01 sec)
```

在上述 SQL 语句中，IDENTIFIED BY 后指定的是字符串形式的明文密码。

使用 SELECT 语句查看创建的 test3 用户，具体 SQL 语句及执行结果如下。

```
mysql>SELECT plugin, authentication_string FROM mysql.user
    ->WHERE user='test3';
+------------------------+-----------------------------------------+
| plugin                 | authentication_string                   |
+------------------------+-----------------------------------------+
| caching_sha2_password  | $A$005$6NEIee./A&-87ii I/zWyf45Y29       |
|                        | ep9XA/sHvZJeOBsFqBlnSfjLC3ghtZG8         |
+------------------------+-----------------------------------------+
1 row in set (0.00 sec)
```

从查询结果可知，authentication_string 列保存的是对明文密码"123456"加密后的值，使用的身份验证插件是 caching_sha2_password。

MySQL 数据库中常用的身份验证插件如下所示。

（1）mysql_native_password：基于本机密码散列方法实现身份验证。

（2）sha256_password：实现基本的 SHA-256 身份认证。

（3）caching_sha2_password：默认的插件，在服务器端使用缓存实现基本的 SHA-256 身份验证。

创建用户时如果要指定身份验证插件，使用用户身份验证选项中的 IDENTIFIED WITH 关键字来指定，具体如表 7-3 所示。

表 7-3 创建用户时指定身份验证插件名称

选 项	描 述
IDENTIFIED WITH '验证插件名称'	使用指定的身份验证插件对空密码进行加密
IDENTIFIED WITH '验证插件名称' BY '明文密码'	使用指定的身份验证插件对明文密码进行加密
IDENTIFIED WITH '验证插件名称' BY RANDOM PASSWORD	使用指定的身份验证插件对随机密码进行加密
IDENTIFIED WITH '验证插件名称' AS '明文密码'	设置为指定的验证插件，并将明文密码的值存储在 MySQL 中，如果插件需要一个散列字符串，则假定该字符串已经按照插件需要的格式进行了散列处理

下面创建一个用户名为 test4 的用户，使用 mysql_native_password 插件对明文密码"123456"加密，具体 SQL 语句及执行结果如下。

```
mysql>CREATE USER 'test4'@'localhost'
    ->IDENTIFIED WITH 'mysql_native_password' BY '123456';
Query OK, 0 rows affected (0.01 sec)
```

在上述 SQL 语句中,创建 test4 用户时使用 IDENTIFIED WITH 关键字指定身份验证插件为 mysql_native_password,关键字 BY 后跟明文密码"123456"。上述 SQL 语句执行成功后,将使用指定的身份验证插件对明文密码"123456"加密并保存在 user 数据表中。

使用 SELECT 语句查询创建的 test4 用户,具体 SQL 语句及执行结果如下。

```
mysql>SELECT plugin, authentication_string FROM mysql.user
    ->WHERE user='test4';
+----------------------+------------------------------------------------------+
| plugin               | authentication_string                                |
+----------------------+------------------------------------------------------+
| mysql_native_password | * 6BB4837EB74329105EE4568DDA7DC67ED2CA2AD9           |
+----------------------+------------------------------------------------------+
1 row in set (0.00 sec)
```

3. 创建用户时设置资源操作选项

创建用户时,可以通过 WITH 关键字设置资源操作选项,例如,登录的用户在一小时内可以查询数据的次数。资源操作选项如表 7-4 所示。

表 7-4 资源操作选项

选 项	描 述
MAX_QUERIES_PER_HOUR	一小时内允许用户执行查询操作的次数
MAX_UPDATES_PER_HOUR	一小时内允许用户执行更新操作的次数
MAX_CONNECTIONS_PER_HOUR	一小时内允许用户执行连接服务器的次数
MAX_USER_CONNECTIONS	限制同时连接服务器的最大用户数量

在表 7-4 中,MAX_USER_CONNECTIONS 选项的值为 0 时,服务器将根据系统变量 max_user_connections 的值来确定同时连接服务器的最大用户数量,如果系统变量的值也为 0,表示不限制同时连接服务器的最大用户数量。

下面创建一个用户名为 test5 的用户,限制其每小时最多可以执行 10 次更新操作,具体 SQL 语句及执行结果如下。

```
mysql>CREATE USER 'test5'@'localhost' IDENTIFIED BY '555555'
    ->WITH MAX_UPDATES_PER_HOUR 10;
Query OK, 0 rows affected (0.00 sec)
```

test5 用户创建完成后,查看 user 数据表中 test5 用户的 max_updates 字段的值,具体 SQL 语句及执行结果如下。

```
mysql>SELECT max_updates FROM mysql.user WHERE user='test5';
+-------------+
| max_updates |
+-------------+
| 10          |
+-------------+
1 row in set (0.00 sec)
```

从上述查询结果可以看出,max_updates 字段的值为 10,表示 test5 用户每小时最多可以执行 10 次更新数据的操作。

4. 创建用户时设置密码管理选项

创建用户时,不仅可以为用户设置登录密码,还可以设置登录密码的有效期,密码管理选项如表 7-5 所示。

表 7-5　密码管理选项

选　项	描　述
PASSWORD EXPIRE	将密码设置为立即过期
PASSWORD EXPIRE DEFAULT	根据 default_password_lifetime 系统变量设置密码有效期
PASSWORD EXPIRE NEVER	密码永不过期
PASSWORD EXPIRE INTERVAL n DAY	将账户密码有效期设置为 n 天

为了让读者更好地理解如何在创建用户时设置密码管理选项,下面创建一个用户名为 test6 的用户,并将其密码有效期设置为 180 天,具体 SQL 语句及执行结果如下。

```
mysql>CREATE USER 'test6'@'localhost' IDENTIFIED BY '666666'
    ->PASSWORD EXPIRE INTERVAL 180 DAY;
Query OK, 0 rows affected (0.00 sec)
```

需要注意的是,为了确保 MySQL 客户端用户信息的安全,推荐每 3~6 个月变更一次登录密码。在重置用户密码时,操作的用户必须要有全局的 CREATE USER 权限或 MySQL 数据库的 UPDATE 特权。

当使用 PASSWORD EXPIRE 选项创建一个密码过期的用户后,该用户登录 MySQL 服务器后执行任何操作前,都需要先重置密码,才能执行后续的操作。下面创建一个用户名为 test7 的用户,并将密码设置为立即过期,具体 SQL 语句及执行结果如下。

```
mysql>CREATE USER 'test7'@'localhost' IDENTIFIED BY '777777'
    ->PASSWORD EXPIRE;
Query OK, 0 rows affected (0.00 sec)
```

打开一个新的命令行窗口,在该窗口中使用 test7 用户登录 MySQL,命令如下所示。

```
mysql -u test7 -p777777
```

登录成功后,查看所有的数据库,具体 SQL 语句及执行结果如下。

```
mysql>SHOW DATABASES;
ERROR 1820 (HY000): You must reset your password using ALTER USER statement before executing
this statement.
```

从上述执行结果可以看出,使用 test7 用户登录 MySQL 后,由于设置了该用户的登录
密码为立即过期,在执行任何操作前都会显示必须使用 ALTER USER 语句重置密码的错
误信息。

5. 创建用户时设置账户锁定选项

创建用户时,通过账户锁定选项设置用户是否被锁定,账户锁定选项有两个可选值,分
别为 ACCOUNT LOCK(锁定)和 ACCOUNT UNLOCK(解锁),当用户被锁定后,该用户
不能登录 MySQL 服务器。

下面创建一个被锁定的用户 test8,具体 SQL 语句及执行结果如下。

```
mysql>CREATE USER 'test8'@'localhost' IDENTIFIED BY '888888'
    ->ACCOUNT LOCK;
Query OK, 0 rows affected (0.00 sec)
```

使用 SELECT 语句查看 user 数据表中 test8 用户的 account_locked 字段,具体 SQL 语
句及执行结果如下。

```
mysql>SELECT account_locked FROM mysql.user WHERE user='test8';
+----------------+
| account_locked |
+----------------+
| Y              |
+----------------+
1 row in set (0.00 sec)
```

在上述查询结果中,account_locked 字段的值为 Y,表示当前创建的 test8 用户已被
锁定。

打开一个新的命令行窗口,在该窗口中使用 test8 用户登录 MySQL 服务器,具体命令
及执行结果如下。

```
mysql -utest8 -p
Enter password: ******
ERROR 3118 (HY000): Access denied for user 'test8'@'localhost'. Account is locked.
```

从上述结果可以看出,使用 test8 用户登录 MySQL 时会显示账户已被锁定,拒绝
test8@localhost 用户的访问,说明被锁定的用户不能登录 MySQL 服务器。

7.2.2 修改用户

创建用户后,可以使用 ALTER USER 语句修改用户的身份验证选项、加密连接协议选

项、资源控制选项、密码管理选项和账户锁定选项,修改用户的基本语法如下。

```
ALTER USER [IF EXISTS]
账户名 [用户身份验证选项][, 账户名 [用户身份验证选项]]
[REQUIRE {NONE | 加密连接协议选项}]
[WITH 资源控制选项][密码管理选项 | 账户锁定选项]
```

在上述语法中,ALTER USER 语句可以同时修改一个或多个用户,多个用户之间使用逗号分隔,修改用户语法中每个选项的值可以参考创建用户语法中选项的值来设置,这里不再赘述。

下面使用 ALTER USER 语句修改用户身份验证选项、资源控制选项和账户锁定选项,具体示例如下。

1. 修改用户身份验证选项

修改用户身份验证选项包括修改登录密码和修改验证插件,下面对这两种方式分别进行讲解。

(1) 修改登录密码。

修改登录密码分为修改指定用户的密码和修改自己的密码,下面将指定用户 test1 的登录密码修改为 123456,具体 SQL 语句及执行结果如下。

```
mysql>ALTER USER 'test1'@'localhost' IDENTIFIED BY '123456';
Query OK, 0 rows affected (0.00 sec)
```

修改自己的密码是指修改当前登录 MySQL 服务器的用户的密码,例如,将当前登录 MySQL 服务器的 test1 用户的密码修改为 123456,具体 SQL 语句及执行结果如下。

```
mysql>ALTER USER CURRENT_USER() IDENTIFIED BY '123456';
Query OK, 0 rows affected (0.00 sec)
```

在上述语句中,通过 CURRENT_USER() 函数获取用户名和主机地址,需要注意的是,修改自己的密码时,需要确保当前登录的用户是非匿名用户,密码才能修改成功。

(2) 修改验证插件。

修改 test1 用户的身份验证插件前,查看使用默认身份验证插件 caching_sha2_password 对密码 111111 加密后的 authentication_string 字段的值,具体 SQL 语句及执行结果如下。

```
mysql>SELECT authentication_string FROM mysql.user
    ->WHERE user='test1' AND plugin='caching_sha2_password';
+--------------------------------------------------------------------+
| authentication_string                                              |
+--------------------------------------------------------------------+
| $A$005$t\IZ%Cn#!`(   .sQtpCu61A3vEuyyjWboE1L1p/Ywz/                 |
| GxABDGTN5E9H5                                                       |
+--------------------------------------------------------------------+
1 row in set (0.00 sec)
```

修改 test1 用户的身份验证插件,使用 sha256_password 验证插件对明文密码 123456 加密,具体 SQL 语句及执行结果如下。

```
mysql>ALTER USER 'test1'@'localhost'
    ->IDENTIFIED WITH sha256_password BY '123456';
Query OK, 0 rows affected (0.01 sec)
```

修改身份验证插件后,查看使用验证插件 sha256_password 对密码 123456 加密后的 authentication_string 字段的值,具体 SQL 语句及执行结果如下。

```
mysql>SELECT authentication_string FROM mysql.user
    ->WHERE user='test1' AND plugin='sha256_password';
+-------------------------------------------------------------------------+
| authentication_string                                                   |
+-------------------------------------------------------------------------+
| $5$'S/ .-(bJSfG                                                         |
| ml/BJ$Ebthm0bA/DnSFFa9FAKBa8wVLUt67rt8OVQ7SGE/247                       |
+-------------------------------------------------------------------------+
1 row in set (0.00 sec)
```

从上述执行结果可以看出,身份验证插件不同,则加密算法不同,数据表中保存的 authentication_string 字段的值也不相同。

📖多学一招:修改登录密码

除了使用 ALTER USER 语句修改用户身份验证选项实现登录密码的修改外,还可以通过其他两种方式来修改登录密码,一种方式是使用 SET PASSWORD 语句修改登录密码,另一种方式是使用 mysqladmin.exe 应用程序修改登录密码,下面对这两种方式的使用分别进行讲解。

(1) 使用 SET PASSWORD 语句修改登录密码。

使用 SET PASSWORD 语句修改登录密码的语法如下。

```
SET PASSWORD [FOR 账户名][ ='明文密码'|TO RANDOM];
```

在上述语法中,"FOR 账户名"可以省略,当省略时表示给当前登录的用户设置密码,"='明文密码'"表示给账户名设置明文密码,TO RANDOM 表示给账户名分配一个由 MySQL 随机生成的密码。

下面使用 SET PASSWORD 语句将 test1 用户的密码修改为 123456,具体 SQL 语句及执行结果如下。

```
mysql>SET PASSWORD FOR 'test1'@'localhost'='123456';
Query OK, 0 rows affected (0.01 sec)
```

(2) 使用 mysqladmin.exe 应用程序修改登录密码。

在 MySQL 的安装目录下有一个名称为 mysqladmin.exe 的应用程序,该应用程序可以检查服务器的配置和状态、创建和删除数据库、修改密码等。

使用 mysqladmin.exe 应用程序修改登录密码的语法如下。

```
mysqladmin -u 用户名 [-h 主机地址] -p password 新密码
```

在上述语法格式中,-u 指定要修改密码的用户名;-h 指定对应的主机地址,省略时默认为 localhost;-p 后面的 password 为关键字,新密码是为用户设置的密码。需要注意的是,为了保证密码的安全性,通常不直接在命令行中输入新密码的值,而是输入完 password 关键字后直接按下回车键,根据提示信息完成用户密码的设置。

下面将 test2 用户的密码修改为 123456,具体 SQL 语句及执行结果如下。

```
C:\Windows\System32>mysqladmin -u test1 -p password
Enter password: ******
New password: ******
Confirm new password: ******
Warning: Since password will be sent to server in plain text, use ssl connection to ensure
password safety.
```

在上述命令行中,"-p password"后没有直接输入新密码,而是在按下回车键后,在 Enter password 提示信息后输入 test1 用户修改前的密码,只有此密码输入正确,才能完成密码的修改;New password 提示输入要修改的密码,这里输入的值为 123456,Confirm new password 提示用户确认新密码,只有 New password 的值和 Confirm new password 的值一致,密码才能修改成功。

通过 mysqladmin.exe 应用程序修改用户密码时,会有一个安全警告提示信息,提示用户通过 SSL 连接登录服务器确保密码的安全。为了确保密码安全,在开发中一般不推荐使用此方式修改用户密码,此处读者了解即可。

📖 多学一招:root 用户密码丢失找回

如果忘记了 root 用户的登录密码,就不能通过修改密码的方式给 root 用户重新设置密码。此时可以停止 MySQL80 服务,设置免密登录,具体命令如下。

```
mysqld --console --skip-grant-tables --shared-memory
```

重新打开命令行窗口,在该命令行窗口中使用 root 用户登录 MySQL,具体命令如下。

```
mysql -uroot -p
Enter password:
Welcome to the MySQL monitor. Commands end with ; or \g.
Your MySQL connection id is 8
Server version: 8.0.27 MySQL Community Server -GPL
Copyright (c) 2000, 2021, Oracle and/or its affiliates.
Oracle is a registered trademark of Oracle Corporation and/or its
affiliates. Other names may be trademarks of their respective
owners.
Type 'help;' or '\h' for help. Type '\c' to clear the current input statement.
```

提示输入密码时直接按下回车键,即可在不输入密码的情况下登录 MySQL 服务器。

登录 MySQL 服务器后,需要刷新权限,具体 SQL 语句及执行结果如下。

```
mysql>FLUSH PRIVILEGES;
Query OK, 0 rows affected (0.06 sec)
```

使用 ALTER USER 语句重新为 root 用户设置密码,具体 SQL 语句及执行结果如下。

```
mysql>ALTER USER 'root'@'localhost' IDENTIFIED BY '123456';
Query OK, 0 rows affected (0.01 sec)
```

从上述执行结果可以看出,将 root 用户的登录密码设置为 123456。需要注意的是,服务器开启免密登录后存在非常大的安全风险,建议读者慎重使用。

2. 修改资源控制选项

修改 test1 用户,限定该用户最多可同时建立两个连接,具体 SQL 语句及执行结果如下。

```
mysql>ALTER USER 'test1'@'localhost' WITH max_user_connections 2;
Query OK, 0 rows affected (0.00 sec)
```

完成上述操作后,读者可以打开 3 个客户端,使用 test1 用户登录 MySQL 服务器,当在第 3 个客户端登录 MySQL 服务器时,登录结果如下。

```
C:\Windows\system32>mysql -utest1 -p
Enter password: ******
ERROR 1226 (42000): User 'test1' has exceeded the 'max_user_connections' resource (current
value: 2)
```

从上述输出结果可以看出,当使用 test1 用户在第 3 个客户端登录 MySQL 服务器时,会显示该用户的连接数量已经超过了 max_user_connections 设置的值的错误信息。

3. 修改账户锁定选项

给被锁定的 test8 用户解锁,具体 SQL 语句及执行结果如下。

```
mysql>ALTER USER 'test8'@'localhost' ACCOUNT UNLOCK;
Query OK, 0 rows affected (0.00 sec)
```

test8 用户解锁后,该用户可以通过客户端连接 MySQL 服务器。

📖多学一招: 为用户重命名

使用 ALTER USER 语句修改用户时,只能修改指定用户的相关选项,不能为用户重新命名。此时可以使用 MySQL 提供的 RENAME USER 语句为用户重命名,基本语法如下。

```
RENAME USER 旧用户名 TO 新用户名[, 旧用户名 TO 新用户名…];
```

在上述语法中,RENAME USER 语句为用户重命名时,旧用户名与新用户名之间使用

TO 关键字连接,为多个用户重命名时,用户名之间使用逗号分隔。

下面将 test8 用户的用户名修改为 test88,具体 SQL 语句及执行结果如下。

```
mysql>RENAME USER 'test8'@'localhost' TO 'test88'@'localhost';
Query OK, 0 rows affected (0.01 sec)
```

上述 SQL 语句执行完成后,可以使用 SELECT 语句查看 user 数据表中用户名称的变化。需要注意的是,为用户重命名时,如果旧用户不存在(如 test8)或新用户名(如 test88)已经存在时,系统会报错。

7.2.3　删除用户

MySQL 中经常会创建多个用户来管理数据库,如果某些用户不再需要管理数据库,就可以将其删除,删除用户的基本语法如下。

```
DROP USER [IF EXISTS] 账户名[,账户名…];
```

在上述语法中,使用 DROP USER 语句可以同时删除一个或多个用户,删除用户时删除该用户对应的权限。当删除一个不存在的用户时,如果不添加 IF EXISTS 关键字,执行删除用户的语句时会发生错误,如果添加 IF EXISTS 关键字,执行删除用户的语句时生成一个警告作为提示。

下面删除 test88 用户,具体 SQL 语句及执行结果如下。

```
mysql>DROP USER IF EXISTS 'test88'@'localhost';
Query OK, 0 rows affected (0.01 sec)
```

需要说明的是,当使用 DROP USER 语句删除当前正在登录的用户后,该用户的命令行窗口不会自动关闭。只有在该用户关闭了命令行窗口后,删除用户的操作才会生效。另外,删除用户后该用户创建的数据库或数据表不会被删除。

7.3　权限管理

在实际项目开发中,为了保证数据的安全,数据库管理员需要为不同层级的操作人员分配相应的权限,用于限制每个操作人员只能在其权限范围内操作数据库,当操作人员不需要再操作数据库时,管理员还可以将权限回收。本节针对 MySQL 的权限管理进行详细讲解。

7.3.1　授予权限

MySQL 中的权限分为静态权限和动态权限,静态权限内置于 MySQL 服务器中,动态权限在服务器启动时定义,动态权限通常用于管理 MySQL 服务器,在开发中使用较少,本节主要讲解 MySQL 的静态权限。

MySQL 中的权限信息根据其作用范围,分别存储在 MySQL 数据库中的不同数据表中。当 MySQL 启动时会自动加载这些权限信息,并将这些权限信息读取到内存中。常用的权限相关的数据表如表 7-6 所示。

表 7-6　常用的权限相关的数据表

数　据　表	说　　明
user	保存用户被授予的全局权限
db	保存用户被授予的数据库权限
tables_priv	保存用户被授予的表权限
columns_priv	保存用户被授予的列权限
procs_priv	保存用户被授予的存储过程和函数的权限
proxies_priv	保存用户被授予的代理权限

MySQL 提供的 GRANT 语句用于给用户授予权限,基本语法格式如下。

```
GRANT 权限类型 [(字段列表)][, 权限类型 [(字段列表)]…]
ON [目标类型] 权限级别
TO 账户名[, 账户名…]
[WITH GRANT OPTION]
```

在上述语法中,权限类型可以参考表 7-7 中权限名称一列中的内容,字段列表用于指定授予列权限的列名,目标类型的可选值有 3 个,分别是 TABLE、FUNCTION 和 PROCEDURE,表示给数据表、自定义函数和存储过程授予权限,默认值为 TABLE。

权限级别指权限可以被应用在哪些数据库的内容中,设置权限级别的方式有 6 种,具体如下所示。

- "*":给默认数据库分配权限,如果没有默认数据库,则会发生错误。
- "*.*":全局权限,可以给任意数据库中的任意内容授予权限。
- 数据库名称.*:数据库权限,可以给指定数据库下的任意内容授予权限。
- 数据库名称.数据表名称:数据表权限,可以给指定数据库中的指定数据表授予权限。
- 数据表名称:列权限,可以给指定数据库中的指定数据表中的指定字段授予权限,当授予列权限时,需要在字段列表中指定列名称。
- 数据库名称.存储过程:存储过程权限,可以给指定数据库中的指定存储过程授予权限。

WITH GRANT OPTION 子句表示当前用户还可以给其他账户授权,当创建用户时添加了 WITH GRANT OPTION 子句时,该用户可以将自己拥有的权限授予给其他用户。例如,创建用户 A 时授予了插入数据库权限,在给用户 A 授予查询数据库的权限时指定了 WITH GRANT OPTION,随后又给用户 A 授予了更新数据库的权限,则用户 A 可以授予其他用户查询数据库、更新数据库和插入数据库 3 种权限。

给用户授予代理权限时不需要指定目标类型和权限级别,授予代理权限的基本语法如下。

```
GRANT PROXY ON 账户名 TO 代理账户名 [, 代理账户名…][WITH GRANT OPTION];
```

在上述语法中,将权限类型指定为 PROXY,账户名是代理用户,代理账户名是被代理用户。

根据权限的操作内容可将权限分为数据库权限、数据库对象权限和管理权限,通常只有管理员才有管理权限。下面列举常用的可以授予和取消的权限,具体如表 7-7 所示。

表 7-7　常用的可以授予和取消的权限

分类	权限名称	权限级别	描述
数据库权限	SELECT	全局、数据库、数据表、列	允许访问数据
	UPDATE	全局、数据库、数据表、列	允许更新数据
	DELETE	全局、数据库、数据表	允许删除数据
	INSERT	全局、数据库、数据表、列	允许插入数据
	SHOW DATABASES	全局	允许查看已存在的数据库
	SHOW VIEW	全局、数据库、数据表	允许查看已有视图的视图定义
	PROCESS	全局	允许查看正在运行的线程
数据库对象权限	DROP	全局、数据库、数据表	允许删除数据库、数据表和视图
	CREATE	全局、数据库、数据表	允许创建数据库和数据表
	CREATE ROUTINE	全局、数据库	允许创建存储过程和函数
	CREATE TABLESPACE	全局	允许创建、修改或删除表空间和日志组件
	CREATE TEMPORARY TABLES	全局、数据库	允许创建临时表
	CREATE VIEW	全局、数据库、数据表	允许创建和修改视图
	ALTER	全局、数据库、数据表	允许修改数据表
	ALTER ROUTINE	全局、数据库、存储过程和函数	允许修改或删除存储过程和函数
	INDEX	全局、数据库、数据表	允许创建和删除索引
	TRIGGER	全局、数据库、数据表	允许触发器的所有操作
	REFERENCES	全局、数据库、数据表、列	允许创建外键
管理权限	CREATE USER	全局	允许 CREATE USER、DROP USER、RENAME USER 和 REVOKE ALL PRIVILEGES 语句
	GRANT OPTION	全局、数据库、数据表、存储过程、代理	允许授予或删除用户权限
	RELOAD	全局	允许执行 FLUSH 操作重新加载授权信息
	PROXY	与被代理的用户相同	启用用户代理
	REPLICATION CLIENT	全局	允许用户访问主服务器或从服务器
	REPLICATION SLAVE	全局	允许复制从服务器读取主服务器二进制日志事件
	SHUTDOWN	全局	允许使用 mysqladmin shutdown 命令
	LOCK TABLES	全局、数据库	允许在有 SELECT 权限的表上使用 LOCK TABLES

　　为了让读者更好地理解给用户授予权限的使用,下面给 test1 用户授予 shop.sh_goods 表的 SELECT 权限,以及对 name 字段和 price 字段的插入权限,具体 SQL 语句及执行结果如下。

```
mysql>GRANT SELECT, INSERT (name, price)
    ->ON shop.sh_goods
    ->TO 'test1'@'localhost';
Query OK, 0 rows affected (0.00 sec)
```

　　在上述 SQL 语句中,SELECT 权限是表级权限,即对 shop 数据库下的 sh_goods 数据表具有查询权限;INSERT 权限是列级权限,即对 shop 数据库下的 sh_goods 数据表中的 name 字段和 price 字段具有插入数据的权限。
　　上述 SQL 语句执行成功后,若要查看 test1 用户的权限,可以在 mysql.tables_priv 数据表中查看表权限,在 mysql.columns_priv 数据表中查看列权限,具体 SQL 语句及执行结果如下。

```
#在 mysql.tables_priv 数据表中查看表权限
mysql>SELECT db,table_name,table_priv,column_priv
    ->FROM mysql.tables_priv WHERE user='test1';
+------+------------+------------+-------------+
| db   | table_name | table_priv | column_priv |
+------+------------+------------+-------------+
| shop | sh_goods   | Select     | Insert      |
+------+------------+------------+-------------+
1 row in set (0.00 sec)
#在 mysql.columns_priv 数据表中查看列权限
mysql>SELECT db,table_name,column_name,column_priv
    ->FROM mysql.columns_priv WHERE user='test1';
+------+------------+-------------+-------------+
| db   | table_name | column_name | column_priv |
+------+------------+-------------+-------------+
| shop | sh_goods   | name        | Insert      |
| shop | sh_goods   | price       | Insert      |
+------+------------+-------------+-------------+
2 rows in set (0.00 sec)
```

　　从上述查询结果可以看出,test1 用户对 shop 数据库下的 sh_goods 表有查询权限,对 sh_goods 表中的 name 字段和 price 字段有插入数据的权限。通过给用户授予权限可以看出,在实际工作中,应该对数据库的安全问题负责任,保持认真的工作态度和严谨的工作方式,体现出对数据保护的高度职业素养。

7.3.2　查看权限

　　MySQL 提供的 SHOW GRANTS 语句用于查看用户的权限,基本语法格式如下。

```
SHOW GRANTS FOR 账户名
```

　　在上述语法中,当查看的是 root 用户的权限时,可以省略"FOR 账户名"。
　　下面使用 SHOW GRANTS 语句查看 root 用户被授予的权限,具体 SQL 语句及执行结果如下。

```
mysql>SHOW GRANTS;
+----------------------------------------------------------------------+
| Grants for root@localhost                                            |
+----------------------------------------------------------------------+
| GRANT SELECT, INSERT, UPDATE, DELETE, CREATE, DROP, RELOAD,          |
| SHUTDOWN, PROCESS, FILE, REFERENCES, INDEX, ALTER,                   |
| SHOW DATABASES, SUPER, CREATE TEMPORARY TABLES, LOCK TABLES,         |
| EXECUTE, REPLICATION SLAVE, REPLICATION CLIENT, CREATE VIEW,         |
| SHOW VIEW, CREATE ROUTINE, ALTER ROUTINE, CREATE USER, EVENT,        |
| TRIGGER, CREATE TABLESPACE, CREATE ROLE, DROP ROLE ON * .* TO        |
| `root`@`localhost` WITH GRANT OPTION                                 |
| GRANT APPLICATION_PASSWORD_ADMIN,AUDIT_ADMIN,                        |
| AUTHENTICATION_POLICY_ADMIN,BACKUP_ADMIN,BINLOG_ADMIN,               |
| BINLOG_ENCRYPTION_ADMIN,CLONE_ADMIN,CONNECTION_ADMIN,                |
| ENCRYPTION_KEY_ADMIN,FLUSH_OPTIMIZER_COSTS,FLUSH_STATUS,             |
| FLUSH_TABLES,FLUSH_USER_RESOURCES,GROUP_REPLICATION_ADMIN,           |
| GROUP_REPLICATION_STREAM,INNODB_REDO_LOG_ARCHIVE,                    |
| INNODB_REDO_LOG_ENABLE,PASSWORDLESS_USER_ADMIN,                      |
| PERSIST_RO_VARIABLES_ADMIN,REPLICATION_APPLIER,                      |
| REPLICATION_SLAVE_ADMIN,RESOURCE_GROUP_ADMIN,                        |
| RESOURCE_GROUP_USER,ROLE_ADMIN,SERVICE_CONNECTION_ADMIN,             |
| SESSION_VARIABLES_ADMIN,SET_USER_ID,SHOW_ROUTINE,SYSTEM_USER,        |
| SYSTEM_VARIABLES_ADMIN,TABLE_ENCRYPTION_ADMIN,                       |
| XA_RECOVER_ADMIN ON * .* TO `root`@`localhost`                       |
| WITH GRANT OPTION                                                    |
| GRANT PROXY ON ''@'' TO 'root'@'localhost' WITH GRANT OPTION         |
+----------------------------------------------------------------------+
3 rows in set (0.00 sec)
```

在上述查询结果中，"''@''"表示任何主机中的匿名用户。

使用 SHOW GRANTS 语句查看 test1 用户的权限，具体 SQL 语句及执行结果如下。

```
mysql>SHOW GRANTS FOR 'test1'@'localhost';
+-----------------------------------------------------------------------+
| Grants for test1@localhost                                            |
+-----------------------------------------------------------------------+
| GRANT USAGE ON * .* TO `test1`@`localhost`                            |
| GRANT SELECT, INSERT (`name`, `price`) ON `shop`.`sh_goods`           |
| TO `test1`@`localhost`                                                |
+-----------------------------------------------------------------------+
2 row in set (0.00 sec)
```

在上述查询结果中，USAGE 表示没有任何权限。

7.3.3　回收权限

在 MySQL 中，为了保证数据库的安全，需要将用户不必要的权限回收。例如，数据库管理员发现某个用户不应该具有删除数据的权限，就应该及时将其回收。MySQL 提供的

REVOKE 语句用于回收指定用户的权限，基本语法格式如下。

```
REVOKE[IF EXISTS] 权限类型 [(字段列表)][, 权限类型[(字段列表)]…]
ON [目标类型] 权限级别
FROM 账户名[, 账户名…]
```

在上述语法中，权限类型、目标类型、权限级别与 GRANT 语句中的取值相同，这里不再一一进行赘述。

下面回收 test1 用户对 shop.sh_goods 数据表中的 name 字段和 price 字段的插入权限，具体 SQL 语句及执行结果如下。

```
mysql>REVOKE INSERT (name, price)
    ->ON shop.sh_goods FROM 'test1'@'localhost';
Query OK, 0 rows affected (0.00 sec)
```

上述 SQL 语句执行成功后，使用 test1 用户登录 MySQL 服务器，命令如下。

```
mysql -u test1 -p123456
```

向 shop.sh_goods 表中插入数据，具体 SQL 语句及执行结果如下。

```
mysql>INSERT INTO shop.sh_goods(name, price) VALUES('test', 23);
ERROR 1142 (42000): INSERT command denied to user 'test1'@'localhost' for table 'sh_goods'
```

从上述执行结果可知，系统拒绝 test1 用户对 sh_goods 数据表执行插入操作。

用户的权限比较多时，如果想要一次性将用户的权限全部回收，使用上述语句会比较麻烦，此时可以使用下面的方式回收权限，基本语法格式如下。

```
#方式 1
REVOKE[IF EXISTS] ALL [PRIVILEGES], GRANT OPTION
FROM 账户名 [, 账户名…]
#方式 2
REVOKE[IF EXISTS] PROXY ON 账户名 FROM 账户名 1[, 账户名 2…]
```

在上述语法中，方式 1 用于回收表 7-7 中的所有权限以及可为其他用户授权的权限，在使用时 PRIVILEGES 关键字可以省略，方式 2 用于回收用户的代理权限。

7.3.4 刷新权限

刷新权限是指从名称为 mysql 的数据库的权限表中重新加载用户的权限。在 MySQL 中，当执行创建用户和授予权限的操作后会将服务器的缓存信息保存到内存中，当执行删除用户和回收权限的操作后并不会同步到内存中，此时可以使用 MySQL 提供的 FLUSH PRIVILEGES 语句刷新权限，刷新权限的语句如下。

```
FLUSH PRIVILEGES;
```

另外，还可以通过 mysqladmin 命令重新加载权限表实现权限的刷新，具体方式如下。

```
#方式1
mysqladmin -uroot -p reload
#方式2
mysqladmin -uroot -p flush-privileges
```

执行上述命令时，会提示输入 root 用户的密码。其中，reload 与 flush-privileges 都可以重新加载权限表，刷新用户的权限信息。

7.4　动手实践：用户与权限练习

数据库的学习在于多看、多学、多想、多动手。接下来请结合本章所学的知识给 shop 数据库创建用户并授予权限，具体需求如下。

（1）创建 shop 用户，该用户可以通过 IP 地址为"192.168.1.％"范围内的客户端登录 MySQL 服务器，用户的初始密码为 123456，并且将密码设置为登录后立即过期。

（2）将 shop 用户的密码重置为 2c5-q8h。

（3）给 shop 用户授予查看 sh_goods 数据表的权限。

（4）回收 shop 用户对 sh_goods 数据表的查询权限。

说明：读者可以参考本书配套源码包中的操作文档，按照上述需求完成动手实践。

7.5　本章小结

本章主要讲解了 MySQL 中用户与权限的相关操作。首先讲解了用户与权限的概述，接着讲解了用户管理，主要包括创建用户、修改用户和删除用户，然后讲解了权限管理，主要包括授予权限、查看权限、回收权限和刷新权限，最后通过动手实践练习创建用户和授予权限。通过本章的学习，希望读者能够掌握如何创建用户、给用户授予和回收权限。

第 8 章
视 图

学习目标：

- 了解视图的基本概念，能够说出视图的优点。
- 掌握视图的管理，能够创建、查看、修改和删除视图。
- 掌握通过视图操作数据的方法，能够通过视图添加、修改和删除数据。

在前面章节的学习中，操作的都是真实存在的数据表，在数据库中还有一种虚拟表，它的表结构和真实数据表一样，但是不存放数据，数据从真实表中获取，这种表被称为视图。本章对视图进行详细的讲解。

8.1 初识视图

视图是一种虚拟存在的表，视图的数据来源于数据库中的数据表。从概念上讲，这些数据表被称为基本表。通过视图不仅可以看到基本表中的数据，还可以通过视图对基本表中的数据进行添加、修改和删除。

通常情况下，数据库会保存基本表的定义和数据，和基本表不同的是，数据库只保存视图的定义，而不保存视图对应的数据。视图对应的数据都保存在基本表中，当基本表中的数据发生了变化，通过视图查询出来的数据也会随之改变。若通过视图修改数据，基本表中的数据也会发生变化。

与直接操作基本表相比，视图具有以下优点。

（1）简化查询语句。视图不仅可以简化用户对数据的理解，还可以简化对数据的操作。例如，在日常开发中经常使用一个比较复杂的语句进行查询，此时就可以将该查询语句定义为视图，从而避免大量重复且复杂的查询操作。同样地，在生活中我们也要善于创新和改进，提高工作效率，创造更大的价值。

（2）安全性。通过视图可以很方便地进行权限控制，指定某个用户只能查询和修改指定数据。例如，不负责处理工资单的员工，不能查看员工的工资信息。这提醒我们，在生活中，要注重保护自己和他人的隐私，遵守保密原则，做一个诚信正直的人。

（3）数据独立性。视图可以帮助用户屏蔽数据表结构变化带来的影响，例如，数据表增加字段，不会影响基于该数据表创建的视图。这提醒我们，在生活中，要善于抽象和思考，不拘泥于表面的形式，深入了解事物的本质和规律。

8.2　视图管理

对视图进行了初步的了解后,接下来学习视图的管理,主要包括创建视图、查看视图、修改视图和删除视图,本节对视图的管理进行详细讲解。

8.2.1　创建视图

创建视图使用 CREATE VIEW 语句,基本语法格式如下。

```
CREATE [OR REPLACE]
[ALGORITHM ={UNDEFINED | MERGE | TEMPTABLE})]
[DEFINER = user]
[SQL SECURITY { DEFINER | INVOKER }]
VIEW 视图名称 [(字段列表)] AS 查询语句
[WITH [CASCADED | LOCAL] CHECK OPTION]
```

在上述语法中,查询语句是一个完整的查询语句,表示从某些表或视图中查出满足条件的记录,将这些记录导入视图中,语法格式中还包含了多个子句,它们都是可选参数,关于各子句的具体介绍如下。

ALGORITHM 子句表示视图算法,会影响查询语句的解析方式,ALGORITHM 子句的 3 个可选值的介绍如下。

- UNDEFINED:默认值,表示未指定视图算法,由 MySQL 选择使用哪种算法。
- MERGE:合并算法,将查询视图的 SELECT 语句跟视图中的查询语句合并后查询。
- TEMPTABLE:临时表算法,先将视图中查询语句的查询结果存入临时表,再用临时表进行查询。

DEFINER 子句表示定义视图的用户,与安全控制有关,默认为当前用户。

SQL SECURITY 子句用于视图的安全控制,SQL SECURITY 子句的两个可选值的介绍如下。

- DEFINER:默认值,由定义者指定的用户的权限来执行。
- INVOKER:由调用视图的用户的权限来执行。

WITH CHECK OPTION 子句用于视图数据操作时的检查条件,若省略此子句,则不进行检查,WITH CHECK OPTION 子句的两个可选值的具体介绍如下。

- CASCADED:默认值,操作数据时要满足所有相关视图和表定义的条件。例如,在一个视图的基础上创建另一个视图,进行级联检查。
- LOCAL:操作数据时满足该视图本身定义的条件即可。

在使用视图时,应注意以下 4 点。

(1)默认情况下,新创建的视图保存在当前选择的数据库中。若要明确指定在某个数据库中创建视图,在创建时应将名称指定为"数据库名.视图名"。

(2)在 SHOW TABLES 的查询结果中会包含已经创建的视图。

(3)创建视图要求用户具有 CREATE VIEW 权限,以及查询涉及的列的 SELECT 权限。如果还有 OR REPLACE 子句,必须具有视图的 DROP 权限。

(4)在同一个数据库中,视图名称和已经存在的表名称不能相同,为了区分数据表和视图,建议在命名时添加"view_"前缀或"_view"后缀。

创建视图时,如果查询语句是单表查询,这样的视图被称为基于单表的视图,如果查询语句是多表查询,这样的视图被称为基于多表的视图,下面使用 CREATE VIEW 语句分别创建这两种视图。

1. 创建基于单表的视图

创建基于单表的视图,具体步骤如下。

(1) 先选择 shop 数据库,然后为 sh_goods 表创建 view_goods 视图,具体 SQL 语句及执行结果如下。

```
#选择数据库
mysql>USE shop;
Database changed
#创建基于单表的视图
mysql>CREATE VIEW view_goods AS
    ->SELECT id, name, price FROM sh_goods;
Query OK, 0 rows affected (0.01 sec)
```

(2) 视图创建完成后,查询视图,具体 SQL 语句和执行结果如下。

```
mysql>SELECT * FROM view_goods LIMIT 3;
+----+---------------+-------+
| id | name          | price |
+----+---------------+-------+
| 1  | 2H 铅笔 S30804 | 0.50  |
| 2  | 钢笔 T1616     | 15.00 |
| 3  | 碳素笔 GP1008  | 1.00  |
+----+---------------+-------+
3 rows in set (0.01 sec)
```

从上述结果可以看出,使用 view_goods 视图可以查询数据。

2. 创建基于多表的视图

创建基于多表的视图时,只需要将 CREATE VIEW 语句中的查询语句修改为多表查询即可。

创建基于多表的视图,具体步骤如下。

(1) 为 sh_goods 表和 sh_goods_category 创建 view_goods_cate 视图,具体 SQL 语句及执行结果如下。

```
#创建基于多表的视图
mysql>CREATE VIEW view_goods_cate AS
    ->SELECT g.id, g.name, c.name category_name FROM sh_goods g
    ->LEFT JOIN sh_goods_category c
    ->ON g.category_id=c.id;
Query OK, 0 rows affected (0.01 sec)
```

(2) 视图创建完成后,查询视图,具体 SQL 语句和执行结果如下。

```
mysql>SELECT * FROM view_goods_cate LIMIT 3;
+----+--------------+---------------+
| id | name         | category_name |
+----+--------------+---------------+
| 1  | 2H 铅笔 S30804 | 文具          |
| 2  | 钢笔 T1616    | 文具          |
| 3  | 碳素笔 GP1008 | 文具          |
+----+--------------+---------------+
3 rows in set (0.00 sec)
```

📖 **多学一招**：创建视图时自定义字段列表

通过创建视图的语法格式可知，视图的字段列表可以自定义。下面演示创建视图时自定义字段列表，具体步骤如下。

（1）创建视图 view_goods_promo 时自定义字段列表，具体 SQL 语句及执行结果如下。

```
mysql>CREATE VIEW view_goods_promo (sn, title, promotion_price) AS
    ->SELECT id, name, price * 0.8 FROM sh_goods;
Query OK, 0 rows affected (0.01 sec)
```

（2）查询视图 view_goods_promo，具体 SQL 语句及执行结果如下。

```
mysql>SELECT * FROM view_goods_promo WHERE sn<=3;
+----+--------------+-----------------+
| sn | title        | promotion_price |
+----+--------------+-----------------+
| 1  | 2H 铅笔 S30804 | 0.400           |
| 2  | 钢笔 T1616    | 12.000          |
| 3  | 碳素笔 GP1008 | 0.800           |
+----+--------------+-----------------+
3 rows in set (0.00 sec)
```

从上述结果可以看出，在创建视图时，字段列表的顺序与查询语句中的字段列表顺序一致，即 sn 对应 id，title 对应 name，promotion_price 对应 price * 0.8。需要注意的是，字段列表的数量必须与查询语句中的字段列表数量一致，若不一致，MySQL 会报错，视图将无法创建。

📖 **多学一招**：视图安全控制

创建视图时可以通过 DEFINER 子句和 SQL SECURITY 子句控制视图的安全，下面演示创建视图时添加 DEFINER 子句和 SQL SECURITY 子句，具体步骤如下。

（1）创建测试用户 shop_test，具体 SQL 语句及执行结果如下。

```
mysql>CREATE USER shop_test;
Query OK, 0 rows affected (0.00 sec)
```

（2）创建第一个视图，权限控制使用默认值，具体 SQL 语句及执行结果如下。

```
mysql>CREATE VIEW view_goods_t1 AS
    ->SELECT id, name FROM sh_goods LIMIT 1;
Query OK, 0 rows affected (0.00 sec)
```

（3）创建第二个视图，设置 DEFINER 为 shop_test 用户，具体 SQL 语句及执行结果如下。

```
mysql>CREATE DEFINER='shop_test' VIEW view_goods_t2 AS
    ->SELECT id, name FROM sh_goods LIMIT 1;
Query OK, 0 rows affected (0.01 sec)
```

（4）创建第三个视图，设置 SQL SECURITY 为 INVOKER，具体 SQL 语句及执行结果如下。

```
mysql>CREATE SQL SECURITY INVOKER VIEW view_goods_t3 AS
    ->SELECT id, name FROM sh_goods LIMIT 1;
Query OK, 0 rows affected (0.01 sec)
```

（5）为 shop_test 用户赋予前面创建的 3 个视图的 SELECT 权限，具体 SQL 语句及执行结果如下。

```
mysql>GRANT SELECT ON view_goods_t1 TO 'shop_test';
Query OK, 0 rows affected (0.00 sec)
mysql>GRANT SELECT ON view_goods_t2 TO 'shop_test';
Query OK, 0 rows affected (0.00 sec)
mysql>GRANT SELECT ON view_goods_t3 TO 'shop_test';
Query OK, 0 rows affected (0.00 sec)
```

在上述操作创建的 3 个视图中，view_goods_t1 的 DEFINER 为当前用户 root，SQL SECURITY 为 DEFINER，表示使用 root 用户的权限操作视图；view_goods_t2 的 DEFINER 为 shop_test 用户，SQL SECURITY 同样也是 DEFINER，表示使用 shop_test 用户的权限操作视图；view_goods_t3 的 DEFINER 为当前用户 root，但 SQL SECURITY 为 INVOKER，表示使用调用者的权限操作视图。

接下来重新打开一个命令行窗口，使用 shop_test 用户登录 MySQL 服务器，然后执行如下操作来测试视图是否可用，具体步骤如下。

（1）选择 shop 数据库，查询视图 view_goods_t1，具体 SQL 语句及执行结果如下。

```
#选择 shop 数据库
mysql>USE shop;
Database changed
#查询视图 view_goods_t1
mysql>SELECT * FROM view_goods_t1;
+----+---------------+
| id | name          |
+----+---------------+
| 1  | 2H 铅笔 S30804  |
+----+---------------+
1 row in set (0.00 sec)
```

从上述查询结果可以看出，视图 view_goods_t1 查询成功，view_goods_t1 的 DEFINER 为 root，当前用户有 sh_goods 表的查询权限。

（2）查询视图 view_goods_t2 和 view_goods_t3，具体 SQL 语句及执行结果如下。

```
#查询视图 view_goods_t2
mysql>SELECT * FROM view_goods_t2;
ERROR 1356 (HY000): View 'shop.view_goods_t2' references invalid table(s) or coumn(s) or
function(s) or definer/invoker of view lack rights to use them
#查询视图 view_goods_t3
mysql>SELECT * FROM view_goods_t3;
ERROR 1356 (HY000): View 'shop.view_goods_t3' references invalid table(s) or column(s) or
function(s) or definer/invoker of view lack rights to use them
```

从上述查询结果可以看出，视图 view_goods_t2 和 view_goods_t3 查询失败，view_goods_t2 的 DEFINER 为 shop_test，当前用户没有 sh_goods 表的查询权限，view_goods_t3 的 SQL SECURITY 为 INVOKER，当前用户没有 sh_goods 表的查询权限。

8.2.2　查看视图

查看视图是指查看数据库中已经创建的视图的定义，MySQL 提供了 3 种方式查看视图，具体介绍如下。

1. 查看视图的字段信息

在 MySQL 中，使用 DESCRIBE 语句不仅可以查看数据表的字段信息，还可以查看视图的字段信息，DESCRIBE 还可以简写为 DESC。

下面演示使用 DESC 语句查看 view_goods_cate 视图的字段信息，具体 SQL 语句及运行结果如下。

```
mysql>DESC view_goods_cate;
+---------------+---------------+------+-----+---------+-------+
| Field         | Type          | Null | Key | Default | Extra |
+---------------+---------------+------+-----+---------+-------+
| id            | int unsigned  | NO   |     | 0       |       |
| name          | varchar(120)  | NO   |     |         |       |
| category_name | varchar(100)  | YES  |     |         |       |
+---------------+---------------+------+-----+---------+-------+
3 rows in set (0.00 sec)
```

上述结果显示了 view_goods_cate 视图的字段信息，这些字段信息和查看数据表的字段信息含义相同。

2. 查看视图状态信息

在 MySQL 中，使用 SHOW TABLE STATUS 语句可以查看视图的状态信息。

下面使用 SHOW TABLE STATUS 语句查看 view_goods_cate 视图的状态信息，具体 SQL 语句及运行结果如下。

```
mysql>SHOW TABLE STATUS LIKE 'view_goods_cate'\G
*************************** 1. row***************************
           Name: view_goods_cate
         Engine: NULL
        Version: NULL
     Row_format: NULL
           Rows: NULL
 Avg_row_length: NULL
    Data_length: NULL
Max_data_length: NULL
   Index_length: NULL
      Data_free: NULL
 Auto_increment: NULL
    Create_time: 2022-05-19 14:40:04
    Update_time: NULL
     Check_time: NULL
      Collation: NULL
       Checksum: NULL
  Create_options: NULL
        Comment: VIEW
1 row in set (0.00 sec)
```

上述结果显示了 view_goods_cate 视图的状态信息,其中倒数第二行的 Comment 表示备注,它的值是 VIEW,表示查询的 view_goods_cate 是一个视图。

3. 查看视图的创建语句

在 MySQL 中,使用 SHOW CREATE VIEW 语句可以查看创建视图时的定义语句和视图的字符编码。

下面演示使用 SHOW CREATE VIEW 语句查看 view_goods_cate 视图的创建语句,具体 SQL 语句及运行结果如下。

```
mysql>SHOW CREATE VIEW view_goods_cate\G
*************************** 1. row***************************
       View: view_goods_cate
Create View: CREATE ALGORITHM=UNDEFINED DEFINER=`root`@`localhost` SQL SECURITY DEFINER
VIEW `view_goods_cate` AS select `g`.`id` AS `id`,`g`.`name` AS `name`,`c`.`name` AS
`category_name` from (`sh_goods` `g` left join `sh_goods_category` `c` on((`g`.`category_id`
=`c`.`id`)))
character_set_client: gbk
collation_connection: gbk_chinese_ci
1 row in set (0.00 sec)
```

上述结果显示了 view_goods_cate 视图的名称、创建语句和字符编码等信息。

8.2.3　修改视图

修改视图是指修改数据库中存在的视图的定义。例如,当基本表中的某些字段发生变化时,视图必须修改才能正常使用。在 MySQL 中可以通过两种方式修改视图,具体介绍如下。

1. 使用 CREATE OR REPLACE VIEW 语句修改视图

使用 CREATE OR REPLACE VIEW 语句时，如果视图不存在，将会创建一个新的视图，如果视图已经存在，则修改视图。

下面演示使用 CREATE OR REPLACE VIEW 语句修改 8.2.1 节中创建的 view_goods 视图，该视图中包含了 3 个字段，分别是 id、name 和 price，将视图中的 price 字段删除，查看修改后的视图信息，具体步骤如下。

(1) 查看修改前的视图信息，具体 SQL 语句及执行结果如下。

```
mysql>DESC view_goods;
+-------+---------------+------+-----+---------+-------+
| Field | Type          | Null | Key | Default | Extra |
+-------+---------------+------+-----+---------+-------+
| id    | int unsigned  | NO   |     | 0       |       |
| name  | varchar(120)  | NO   |     |         |       |
| price | decimal(10,2) | NO   |     | 0.00    |       |
+-------+---------------+------+-----+---------+-------+
3 rows in set (0.00 sec)
```

(2) 使用 CREATE OR REPLACE 语句修改视图，具体 SQL 语句及执行结果如下。

```
mysql>CREATE OR REPLACE VIEW view_goods AS
    ->SELECT id, name FROM sh_goods;
Query OK, 0 rows affected (0.01 sec)
```

(3) 查看修改后的视图信息，具体 SQL 语句及执行结果如下。

```
mysql>DESC view_goods;
+-------+---------------+------+-----+---------+-------+
| Field | Type          | Null | Key | Default | Extra |
+-------+---------------+------+-----+---------+-------+
| id    | int unsigned  | NO   |     | 0       |       |
| name  | varchar(120)  | NO   |     |         |       |
+-------+---------------+------+-----+---------+-------+
2 rows in set (0.00 sec)
```

从上述查询结果可知，view_goods 视图中只有 id 字段和 name 字段，说明视图修改成功。

2. 使用 ALTER VIEW 语句修改视图

使用 ALTER VIEW 语句修改视图的基本语法格式如下。

```
ALTER [ALGORITHM ={UNDEFINED | MERGE | TEMPTABLE}]
[DEFINER =user]
[SQL SECURITY { DEFINER | INVOKER }]
VIEW 视图名称 [(字段列表)] AS 查询语句
[WITH [CASCADED | LOCAL] CHECK OPTION]
```

上述语法格式中,每个子句的含义和 CREATE VIEW 语句中的子句含义相同。

下面演示使用 ALTER VIEW 语句修改视图,将 view_goods 视图中的 name 字段删除,具体步骤如下。

(1) 使用 ALTER VIEW 语句修改视图,具体 SQL 语句及运行结果如下。

```
mysql>ALTER VIEW view_goods AS SELECT id FROM sh_goods;
Query OK, 0 rows affected (0.01 sec)
```

(2) 查看修改结果,具体 SQL 语句及运行结果如下。

```
mysql>DESC view_goods;
+-------+--------------+------+-----+---------+-------+
| Field | Type         | Null | Key | Default | Extra |
+-------+--------------+------+-----+---------+-------+
| id    | int unsigned | NO   |     | 0       |       |
+-------+--------------+------+-----+---------+-------+
1 row in set (0.00 sec)
```

从上述结果可以看出,view_goods 视图中的 name 字段删除成功。

8.2.4　删除视图

当数据库中的视图不再使用时,需要将这些视图删除,使用 DROP VIEW 语句删除视图的基本语法格式如下。

```
DROP VIEW [IF EXISTS] 视图名称 [, 视图名称…]
```

在上述语法格式中,一次可以删除多个视图,多个视图名称之间使用逗号分隔。值得一提的是,删除视图不会删除基本表中的数据。

下面使用 DROP VIEW 语句删除 view_goods 视图,具体 SQL 语句及运行结果如下。

```
#删除视图
mysql>DROP VIEW view_goods;
Query OK, 0 rows affected (0.00 sec)
#检查视图是否已被删除
mysql>SELECT * FROM view_goods;
ERROR 1146 (42S02): Table 'shop.view_goods' doesn't exist
```

从上述查询结果可以看出,shop 数据库中不存在名称为 view_goods 的视图,说明该视图删除成功。

8.3　视图数据操作

视图是虚拟表,不保存数据,通过视图进行数据操作时,实际上操作的是基本表中的数据。通常对基于单表的视图进行数据操作,主要包括查询数据、添加数据、修改数据和删除数据,其中通过视图查询数据的操作在 8.2 节中已经进行了讲解,本节对添加数据、修改数据和删除数据进行详细讲解。

8.3.1 添加数据

通过视图添加数据的方式与直接向数据表添加数据的方式相同,使用 INSERT 语句可以通过视图向基本表中添加数据。

需要注意的是,在进行视图数据操作时,如果遇到如下情况,操作可能会失败。

(1)操作的视图是基于多表的视图。

(2)没有满足视图的基本表对字段的约束条件。

(3)在定义视图的 SELECT 语句后的字段列表中使用了数学表达式或聚合函数。

(4)在定义视图的 SELECT 语句中使用了 DISTINCT、UNION、GROUP BY 或HAVING 子句。

下面演示使用 INSERT 语句添加数据,具体 SQL 语句及运行结果如下。

```
#创建视图 view_category
mysql>CREATE VIEW view_category AS
    ->SELECT id, name FROM sh_goods_category;
Query OK, 0 rows affected (0.01 sec)
#向视图中添加数据
mysql>INSERT INTO view_category VALUES (17, '图书');
Query OK, 1 row affected (0.00 sec)
#查询添加后的数据
mysql>SELECT id, name FROM sh_goods_category WHERE id=17;
+----+------+
| id | name |
+----+------+
| 17 | 图书  |
+----+------+
1 row in set (0.00 sec)
```

从上述查询结果可以看出,使用 INSERT 语句成功通过视图添加数据,添加的数据实际保存在基本表中。

在创建视图的语法中,WITH CHECK OPTION 子句用于在通过视图操作数据时进行条件检查。检查方式有两种,一种是 CASCADED,另一种是 LOCAL。为了使读者更好地理解 WITH CHECK OPTION 子句的使用,下面演示两种检查方式的区别,具体步骤如下。

创建 view_cate_t1 视图,该视图的查询条件是 id 小于 30,创建 view_cate_t2 视图,该视图的查询条件是 id 大于 20,检查方式是 CASCADED,创建 view_cate_t3 视图,该视图的查询条件是 id 大于 20,检查方式是 LOCAL,当通过 view_cate_t2 视图和 view_cate_t3 视图插入数据时,对比两种检查方式的区别,具体 SQL 语句及运行结果如下。

(1)创建 view_cate_t1 视图,该视图的查询条件是 id 小于 30,具体 SQL 语句及运行结果如下。

```
mysql>CREATE VIEW view_cate_t1 AS
    ->SELECT id, name FROM sh_goods_category WHERE id<30;
Query OK, 0 rows affected (0.00 sec)
```

（2）创建 view_cate_t2 视图，该视图的查询条件是 id 大于 20，检查方式是 CASCADED，具体 SQL 语句及运行结果如下。

```
mysql>CREATE VIEW view_cate_t2 AS
    ->SELECT id, name FROM view_cate_t1 WHERE id>20
    ->WITH CHECK OPTION; #相当于:WITH CASCADED CHECK OPTION
Query OK, 0 rows affected (0.00 sec)
```

（3）向 view_cate_t2 视图插入数据测试，id 必须大于 20 小于 30 才可以插入成功，具体 SQL 语句及运行结果如下。

```
mysql>INSERT INTO view_cate_t2 VALUES (17, 'test');
ERROR 1369 (HY000): CHECK OPTION failed 'shop.view_cate_t2'
mysql>INSERT INTO view_cate_t2 VALUES (21, 'test');
Query OK, 1 row affected (0.00 sec)
mysql>INSERT INTO view_cate_t2 VALUES (30, 'test');
ERROR 1369 (HY000): CHECK OPTION failed 'shop.view_cate_t2'
```

从上述结果可以看出，当通过 view_cate_t2 视图插入数据时，检查方式使用的是 CASCADED，会检查 view_cate_t1 和 view_cate_t1 这两个视图的条件，即 id 大于 20 并且小于 30 的数据才会添加成功。

（4）创建 view_cate_t3 视图，该视图的查询条件是 id 大于 20，检查方式是 LOCAL，具体 SQL 语句及运行结果如下。

```
mysql>CREATE VIEW view_cate_t3 AS
    ->SELECT id, name FROM view_cate_t1 WHERE id>20
    ->WITH LOCAL CHECK OPTION;
Query OK, 0 rows affected (0.00 sec)
```

（5）向 view_cate_t3 视图插入数据测试，只需满足 id 大于 20 即可插入，具体 SQL 语句及运行结果如下。

```
mysql>INSERT INTO view_cate_t3 VALUES (30, 'test');
Query OK, 1 row affected (0.00 sec)
```

从上述结果可以看出，当通过 view_cate_t3 视图插入数据时，检查方式使用的是 LOCAL，只检查 view_cate_t3 视图中的条件，即 id 大于 20 的数据都会添加成功。

8.3.2 修改数据

使用 UPDATE 语句可以通过视图修改基本表中的数据，具体 SQL 语句及运行结果如下。

```
#修改数据
mysql>UPDATE view_category SET name='家电' WHERE id=17;
Query OK, 1 row affected (0.00 sec)
Rows matched: 1 Changed: 1 Warnings: 0
```

```
#查询修改后的数据
mysql>SELECT id, name FROM sh_goods_category WHERE id=17;
+----+------+
| id | name |
+----+------+
| 17 | 家电 |
+----+------+
1 row in set (0.00 sec)
```

从上述查询结果可以看出，使用 UPDATE 语句成功通过视图修改基本表中的数据，将 sh_goods_category 数据表中 id 为 17 的记录的 name 值修改为"家电"。

8.3.3　删除数据

使用 DELETE 语句可以通过视图删除基本表中的数据，具体示例如下。

```
#删除数据
mysql>DELETE FROM view_category WHERE id=17 OR id=21 OR id=30;
Query OK, 3 rows affected (0.00 sec)
#查询数据是否已经删除
mysql>SELECT id, name FROM sh_goods_category WHERE id=17;
Empty set (0.00 sec)
```

从上述查询结果可以看出，使用 DELETE 语句通过视图删除了基本表中的数据。

8.4　动手实践：视图的应用

数据库的学习在于多看、多学、多想、多动手。请结合本章所学的知识完成视图的应用。

假设在向电子商务网站数据库录入数据时，为了添加或修改商品属性信息，需要查询出商品所属分类下的属性信息，以及这些属性对应的属性值。接下来在 shop 数据库中创建两个视图，具体需求如下。

（1）sh_view_cate_attr：用于根据商品分类 id 查找所有属性信息。

（2）sh_view_goods_attr：用于根据商品 id 查找所有属性信息。

说明：读者可以参考本书配套源码包中的操作文档，按照上述需求完成动手实践。

8.5　本章小结

本章主要讲解了视图的概念、创建视图、查看视图、修改视图和删除视图，以及通过视图添加数据、修改数据和删除数据等内容。通过对本章的学习，读者应该掌握如何创建视图，当基本表的字段发生变化时如何修改视图，以及如何通过视图修改基本表中的数据等知识。

第 9 章
事　务

学习目标：

- 了解事务的概念，能够说出事务的 4 个特性。
- 掌握事务的基本操作，能够开启、提交和回滚事务。
- 掌握事务保存点的基本语法，能够在事务中正确使用保存点。
- 熟悉事务日志，能够描述 redo 日志和 undo 日志的作用。
- 熟悉事务的隔离级别，能够总结每个隔离级别的特点。
- 掌握查看和修改隔离级别的语法，能够查看和修改事务的隔离级别。
- 掌握隔离级别的使用，能够在事务中正确使用隔离级别。

在实际开发中，对于复杂的数据操作，往往需要通过一组 SQL 语句来完成，这就需要保证这一组 SQL 语句执行的同步性，如果其中一条 SQL 语句执行失败就会导致整个操作失败。针对这样的情况，MySQL 提供了事务处理机制。本章对事务进行详细讲解。

9.1　事务的概念

在现实生活中，人们经常会进行转账操作，转账可以分为转入和转出两部分，只有这两部分都完成才认为转账成功。在数据库中，转账操作通过两条 SQL 语句来实现，如果其中任意一条 SQL 语句出现异常没有执行成功，会导致两个账户的金额不正确。为了防止上述情况的发生，就需要使用 MySQL 中的事务（transaction）。

在 MySQL 中，事务是针对数据库的一组操作，它可以由一条或多条 SQL 语句组成，且每个 SQL 语句是相互依赖的。事务执行的过程中，只要有一条 SQL 语句执行失败或发生错误，则其他语句都不会执行。也就是说，事务的执行要么成功，要么就返回到事务开始前的状态。

MySQL 中的事务必须满足 4 个特性，分别是原子性（atomicity）、一致性（consistency）、隔离性（isolation）和持久性（durability），下面对这 4 个特性进行解释，具体如下。

（1）原子性。原子性是指一个事务必须被视为一个不可分割的最小工作单元，只有事务中所有的数据操作都执行成功，整个事务才算执行成功。事务中如果有任何一个 SQL 语句执行失败，已经执行成功的 SQL 语句也必须撤销，数据库的状态返回到事务执行前的状态。

（2）一致性。一致性是指在使用事务时，无论执行成功还是失败，都要使数据库系统处于一致的状态,保证数据库系统不会返回到一个未处理的事务中。MySQL 中的一致性主要由日志机制实现,通过日志记录数据库的所有变化,为事务恢复提供了跟踪记录。

（3）隔离性。隔离性是指当一个事务在执行时,不会受到其他事务的影响。隔离性保证了未完成事务的所有操作与数据库系统的隔离,直到事务执行完成后才能看到事务的执行结果。当多个用户并发访问数据库时,数据库为每一个用户开启的事务,不被其他事务的操作数据所干扰,多个并发事务之间相互隔离。隔离性主要通过并发控制、可串行化和锁等相关技术来实现。

（4）持久性。持久性是指事务一旦提交,其对数据库的修改就是永久性的。需要注意的是,事务不能做到百分之百的持久,只能从事务本身的角度来保证持久性,而一些外部原因导致数据库发生故障,如硬盘损坏,那么所有提交的数据都有可能会丢失。

9.2　事务处理

对事务进行了初步的了解后,接下来学习事务的处理,主要包括事务的基本操作和事务的保存点,本节对事务处理进行详细讲解。

9.2.1　事务的基本操作

默认情况下,用户执行的每一条 SQL 语句都会被当成单独的事务自动提交。如果想要将一组 SQL 语句作为一个事务,则需要先启动事务,启动事务的语句如下。

```
START TRANSACTION;
```

上述语句执行后,每一条 SQL 语句不再自动提交,需要手动提交,只有手动提交后,其中的操作才会生效,手动提交事务的语句如下。

```
COMMIT;
```

如果不想提交当前事务,可以将事务取消(即回滚),回滚事务的语句如下。

```
ROLLBACK;
```

在操作事务时,应注意以下 5 点。

（1）ROLLBACK 只能针对未提交的事务回滚,已提交的事务无法回滚。当执行 COMMIT 或 ROLLBACK 后,当前事务就会自动结束。

（2）MySQL 中的事务不允许嵌套,若在执行 START TRANSACTION 语句前上一个事务还未提交,会隐式地执行提交操作。

（3）事务处理主要是针对数据表中数据的处理,不包括创建或删除数据库、数据表,修改表结构等操作,而且执行这类操作时会隐式地提交事务。

（4）InnoDB 存储引擎支持事务,而另一个常见的存储引擎 MyISAM 不支持事务。对于 MyISAM 存储引擎的数据表,无论事务是否提交,对数据的操作都会立即生效,不能回滚。

(5) 在 MySQL 中,还可以使用 START TRANSACTION 的别名 BEGIN 或 BEGIN WORK 来显式地开启一个事务。但由于 BEGIN 与存储过程中的 BEGIN…END 冲突,因此不推荐使用 BEGIN。

为了让读者更好地学习事务,下面通过一个转账的案例来演示如何使用事务,具体步骤如下。

(1) 选择第 4 章创建的 shop 数据库,查看 sh_user 表中的用户数据,具体 SQL 语句及执行结果如下。

```
#选择 shop 数据库
mysql>USE shop;
#查看用户数据
mysql>SELECT name, money FROM sh_user;
+------+----------+
| name | money    |
+------+----------+
| Alex | 1000.00  |
| Bill | 1000.00  |
+------+----------+
2 rows in set (0.00 sec)
```

(2) 开启事务,通过 UPDATE 语句将用户 Alex 的 100 元钱转给用户 Bill,最后提交事务,具体 SQL 语句及执行结果如下。

```
#开启事务
mysql>START TRANSACTION;
#Alex 的金额减少 100 元
mysql>UPDATE sh_user SET money=money-100 WHERE name='Alex';
#Bill 的金额增加 100 元
mysql>UPDATE sh_user SET money=money+100 WHERE name='Bill';
#提交事务
mysql>COMMIT;
```

(3) 使用 SELECT 语句查询 Alex 和 Bill 的金额,具体 SQL 语句及执行结果如下。

```
mysql>SELECT name, money FROM sh_user;
+------+----------+
| name | money    |
+------+----------+
| Alex | 900.00   |
| Bill | 1100.00  |
+------+----------+
2 rows in set (0.00 sec)
```

从查询结果可以看出,通过事务成功地完成了转账功能。

(4) 测试事务的回滚,开启事务后,将 Bill 的金额扣除 100 元,查询 Bill 的金额,具体 SQL 语句及执行结果如下。

```
#开启事务
mysql>START TRANSACTION;
#将 Bill 的金额扣除 100 元
mysql>UPDATE sh_user SET money=money-100 WHERE name='Bill';
#查询 Bill 的金额
mysql>SELECT name, money FROM sh_user WHERE name='Bill';
+------+----------+
| name | money    |
+------+----------+
| Bill | 1000.00  |
+------+----------+
1 row in set (0.00 sec)
```

（5）执行回滚操作,查询 Bill 的金额,具体 SQL 语句及执行结果如下。

```
#回滚事务
mysql>ROLLBACK;
#查询 Bill 的金额
mysql>SELECT name, money FROM sh_user WHERE name='Bill';
+------+----------+
| name | money    |
+------+----------+
| Bill | 1100.00  |
+------+----------+
1 row in set (0.00 sec)
```

从查询结果可以看出,Bill 的金额又恢复成 1100 元,说明事务回滚成功。

📖 多学一招：设置事务的自动提交方式

MySQL 中的每一条 SQL 语句都会被当成一个事务自动提交。如果想要控制事务的自动提交方式,可以通过修改 AUTOCOMMIT 变量来实现,将其值设为 1 表示开启自动提交,设为 0 表示关闭自动提交。若要查看当前会话的 AUTOCOMMIT 值,使用如下语句。

```
mysql>SELECT @@autocommit;
+--------------+
| @@autocommit |
+--------------+
| 1            |
+--------------+
1 row in set (0.00 sec)
```

从查询结果可以看出,当前会话开启了事务的自动提交。若要关闭当前会话的事务自动提交,可以使用如下语句。

```
mysql>SET AUTOCOMMIT=0;
Query OK, 0 rows affected (0.00 sec)
```

上述语句执行后,需要执行提交事务的语句（COMMIT）后才会提交事务。如果没有执行提交事务的语句就直接退出 MySQL 会话,MySQL 会自动进行回滚。

9.2.2　事务的保存点

在回滚事务时，事务内所有的操作都将撤销。如果希望只撤销一部分，可以使用保存点来实现。在事务中设置保存点的语句如下。

```
SAVEPOINT 保存点名;
```

设置保存点后，可以将事务回滚到指定保存点。回滚到指定保存点的语句如下。

```
ROLLBACK TO SAVEPOINT 保存点名;
```

若不再需要使用某个保存点，可以将这个保存点删除。删除保存点的语句如下。

```
RELEASE SAVEPOINT 保存点名;
```

一个事务中可以创建多个保存点，在提交事务后，事务中的保存点就会被删除。另外，在回滚至某个保存点后，在该保存点之后创建的保存点都会消失。

接下来通过案例演示事务保存点的使用，具体步骤如下。

（1）查询 Alex 的金额，具体 SQL 语句及执行结果如下。

```
mysql>SELECT name, money FROM sh_user WHERE name='Alex';
+------+--------+
| name | money  |
+------+--------+
| Alex | 900.00 |
+------+--------+
1 row in set (0.00 sec)
```

（2）开启事务，将 Alex 的金额扣除 100 元后，创建保存点 s1，再将 Alex 的金额扣除 50元，具体 SQL 语句及执行结果如下。

```
#开启事务
mysql>START TRANSACTION;
#Alex 的金额扣除 100 元
mysql>UPDATE sh_user SET money=money-100 WHERE name='Alex';
#创建保存点 s1
mysql>SAVEPOINT s1;
#Alex 的金额再扣除 50 元
mysql>UPDATE sh_user SET money=money-50 WHERE name='Alex';
```

（3）将事务回滚到保存点 s1，查询 Alex 的金额，具体 SQL 语句及执行结果如下。

```
#回滚到保存点 s1
mysql>ROLLBACK TO SAVEPOINT s1;
#查询 Alex 的金额
mysql>SELECT name, money FROM sh_user WHERE name='Alex';
```

```
+------+--------+
| name  | money   |
+------+--------+
| Alex  | 800.00  |
+------+--------+
1 row in set (0.00 sec)
```

在上述结果中,Alex 的金额只减少了 100 元,说明当前恢复到了保存点 s1 时的数据状态。
(4)再次执行回滚操作,具体 SQL 语句及执行结果如下。

```
#回滚事务
mysql>ROLLBACK;
#查看 Alex 的金额
mysql>SELECT name, money FROM sh_user WHERE name='Alex';
+------+--------+
| name  | money   |
+------+--------+
| Alex  | 900.00  |
+------+--------+
1 row in set (0.00 sec)
```

从上述结果可以看出,Alex 的金额与事务开始时的金额相同,说明事务恢复到事务开始时的状态。

📖多学一招:控制事务结束后的行为

事务的提交(COMMIT)和回滚(ROLLBACK)还有一些可选子句,具体语法如下。

```
COMMIT [AND [NO] CHAIN] [[NO] RELEASE]
ROLLBACK [AND [NO] CHAIN] [[NO] RELEASE]
```

在上述选项中,AND CHAIN 用于在当前事务结束时,立即启动一个新事务,RELEASE 用于在终止当前事务后,让服务器断开与客户端的连接。若添加 NO,则表示抑制 CHAIN 和 RELEASE 完成。

9.3　事务日志

在 MySQL 中进行事务操作时,会产生事务日志。事务日志包括 redo 日志和 undo 日志,其中 redo 日志可以保证事务的持久性,undo 日志可以保证事务的原子性。本节对事务日志进行讲解。

9.3.1　redo 日志

在 MySQL 中,redo 日志用于保证事务的持久性,它由 redo 日志缓冲(redo log buffer)和 redo 日志文件(redo log file)两部分组成,其中,redo 日志缓冲保存在内存中,redo 日志文件保存在磁盘中。redo 日志保存的是物理日志,提交事务后,InnoDB 存储引擎会把数据页变化保存到 redo 日志中。

redo 日志的工作流程如图 9-1 所示。

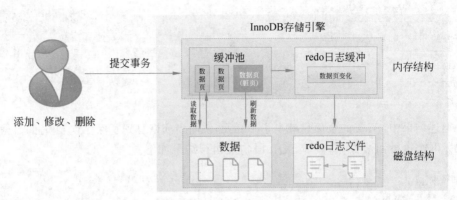

图 9-1   redo 日志的工作流程

在图 9-1 中，内存结构中包括缓冲池和 redo 日志缓冲，缓冲池中缓存了很多数据页，当一个事务执行多个增、删、改的操作时，InnoDB 存储引擎会先操作缓冲池中的数据，如果缓冲池中没有对应数据，会通过后台线程读取磁盘结构中的数据保存到缓冲池中。缓冲池中修改后的数据页称为脏页，数据页的变化同时也会记录到 redo 日志缓冲中。

为了保证内存结构和磁盘结构数据的一致，InnoDB 存储引擎会在一定的时机通过后台线程将脏页刷新到磁盘中。如果脏页数据刷新到磁盘时发生错误，此时就可以借助 redo 日志进行数据恢复，这样就保证了事务的持久性。如果脏页数据成功刷新到磁盘，此时 redo 日志就没有作用了，可以将其删除。

需要说明的是，当用户提交事务时，InnoDB 存储引擎会先将 redo 日志刷新到磁盘，而不是直接将缓冲池中的脏页数据刷新到磁盘，这是因为在业务操作中，数据一般都是随机从磁盘中读写的，redo 日志是顺序写入磁盘中的，顺序写入要比随机写入的效率高，这种写日志的方式被称为预写式日志（Write-Ahead Logging，WAL）。

9.3.2   undo 日志

undo 日志用于记录数据被修改前的信息。undo 日志的主要作用有两个，第一个作用是提供回滚，保证事务的原子性，另一个作用是实现多版本并发控制。undo 日志保存的是逻辑日志，当执行回滚事务的操作时，可以从 undo 日志中保存的逻辑日志进行回滚。

undo 日志的工作流程如图 9-2 所示。

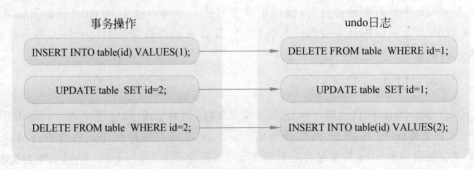

图 9-2   undo 日志的工作流程

在图 9-2 中,当通过事务添加数据时,undo 日志中就会保存删除这条数据的 SQL 语句,当通过事务更新数据时,undo 日志中就会保存将数据更新到事务操作前的 SQL 语句,当通过事务删除数据时,undo 日志中就会保存添加这条数据的 SQL 语句。

9.4　事务的隔离级别

MySQL 允许多线程并发访问,用户可以通过不同的线程执行不同的事务,为了保证这些事务之间不受影响,设置事务的隔离级别十分必要。本节对事务的隔离级别进行详细讲解。

9.4.1　隔离级别概述

MySQL 中事务的隔离级别有 READ UNCOMMITTED、READ COMMITTED、REPEATABLE READ 和 SERIALIZABLE,隔离级别的具体介绍如下。

1. READ UNCOMMITTED

READ UNCOMMITTED 是事务中最低的级别,在该级别下的事务可以读取到其他事务中未提交的数据,这种读取的方式也被称为脏读(dirty read),脏读是指一个事务读取了另外一个事务未提交的数据。

2. READ COMMITTED

READ COMMITTED 是大多数 DBMS(如 SQLServer、Oracle)的默认隔离级别。在该隔离级别下只能读取其他事务已经提交的数据,避免脏读的现象。但该隔离级别会出现不可重复读的问题,不可重复读是指在一个事务中,数据发生了改变,多次查询的结果不一致。

3. REPEATABLE READ

REPEATABLE READ 是 MySQL 默认的事务隔离级别,它解决了脏读和不可重复读的问题,确保了同一事务的多个实例在并发读取数据时,会看到同样的结果。

但在理论上,该隔离级别会产生幻读(PHANTOM READ)的现象。幻读又被称为虚读,是指在一个事务内两次查询中数据条数不一致,幻读和不可重复读有些类似,同样发生在两次查询过程中。不同的是,幻读是由于其他事务做了插入记录的操作,导致记录数有所增加。

4. SERIALIZABLE

SERIALIZABLE 是最严格的隔离级别,它在每个读的数据行上加锁,使之不会发生冲突,从而解决了脏读、不可重复读和幻读的问题。但是加锁可能导致超时(timeout)和锁竞争(lock contention)现象,因此,SERIALIZABLE 也是性能最低的一种隔离级别。除非为了数据的稳定性,需要强制减少并发的情况时,才会选择此种隔离级别。

9.4.2　查看隔离级别

MySQL 提供了 3 种方式查看隔离级别，可以根据实际需求选择使用哪种方式，查看隔离级别的语法如下。

```
#① 查看全局隔离级别
SELECT @@global.transaction_isolation;
#② 查看当前会话中的隔离级别
SELECT @@session.transaction_isolation;
#③ 查看下一个事务的隔离级别
SELECT @@transaction_isolation;
```

在上述语句中，全局隔离级别影响的是所有连接 MySQL 的用户，当前会话的隔离级别只影响当前正在登录 MySQL 服务器的用户，不会影响其他用户。查看下一个事务的隔离级别仅对当前用户的下一个事务操作有影响。

默认情况下，上述 3 种方式返回的结果都是 REPEATABLE-READ。下面使用第 3 种方式查看事务的隔离级别，具体 SQL 语句及执行结果如下。

```
mysql>SELECT @@transaction_isolation;
+-------------------------+
| @@transaction_isolation |
+-------------------------+
| REPEATABLE-READ         |
+-------------------------+
1 row in set (0.00 sec)
```

在上述查询结果可以看出，事务的隔离级别为 REPEATABLE READ。

9.4.3　修改隔离级别

在 MySQL 中，可以使用 SET 语句设置事务的隔离级别，具体语法如下。

```
SET [SESSION | GLOBAL] TRANSACTION ISOLATION LEVEL 参数值;
```

在上述语法中，SET 关键字后面的 SESSION 表示当前会话，GLOBAL 表示全局会话，若省略表示设置下一个事务的隔离级别。TRANSACTION 表示事务，ISOLATION LEVEL 表示隔离级别。参数值可以是 REPEATABLE READ、READ COMMITTED、READ UNCOMMITTED 和 SERIALIZABLE。

下面演示将事务的隔离级别修改为 READ UNCOMMITTED，具体示例如下。

```
#修改事务隔离级别
mysql>SET SESSION TRANSACTION ISOLATION LEVEL READ UNCOMMITTED;
Query OK, 0 rows affected (0.00 sec)
#查看是否修改成功
mysql>SELECT @@session.transaction_isolation;
```

```
+--------------------------------+
| @@session.transaction_isolation |
+--------------------------------+
| READ-UNCOMMITTED               |
+--------------------------------+
1 row in set (0.00 sec)
```

从上述结果可以看出,事务的隔离级别已经修改为 READ UNCOMMITTED。

为了不影响事务的使用,下面将事务的隔离级别修改为默认的 REPEATABLE READ,具体示例如下。

```
#修改事务隔离级别
mysql>SET SESSION TRANSACTION ISOLATION LEVEL REPEATABLE READ;
Query OK, 0 rows affected (0.00 sec)
#查看是否修改成功
mysql>SELECT @@session.transaction_isolation;
+--------------------------------+
| @@session.transaction_isolation |
+--------------------------------+
| REPEATABLE-READ                |
+--------------------------------+
1 row in set (0.00 sec)
```

从上述结果可以看出,事务的隔离级别已经修改为 REPEATABLE READ。

📖 多学一招:只读事务

默认情况下,事务的访问模式默认为 READ WRITE(读/写模式),表示事务可以执行读(查询)或写(更改、插入、删除等)操作。若开发需要,可以将事务的访问模式设置为 READ ONLY(只读模式),禁止对表进行更改。具体 SQL 语句如下。

```
#① 设置只读事务
SET SESSION TRANSACTION READ ONLY;
SET GLOBAL TRANSACTION READ ONLY;
#② 恢复成读写事务
SET SESSION TRANSACTION READ WRITE;
SET GLOBAL TRANSACTION READ WRITE;
#③ 查看事务的访问模式
SHOW VARIABLES LIKE 'transaction_read_only';
```

9.4.4　使用隔离级别

不同的隔离级别在事务中的表现不同,例如,READ UNCOMMITTED 隔离级别会造成脏读,READ COMMITTED 隔离级别会出现不可重复读的问题,REPEATABLE READ 隔离级别会出现幻读。下面通过具体的案例分别演示这 3 种问题出现的原因和解决方法,具体内容如下。

1. 脏读

使用 READ UNCOMMITTED 隔离级别会造成脏读。例如,Alex 要给 Bill 转账 100 元购买商品,Alex 开启事务后转账,但不提交事务,通知 Bill 来查询,如果 Bill 的隔离级别较低,就会读取到 Alex 的事务中未提交的数据,发现 Alex 确实给自己转了 100 元,就给 Alex 发货。等 Bill 发货成功后,Alex 将事务回滚,Bill 就会受到损失。

为了演示脏读,下面打开两个命令行窗口,使用 root 用户登录 MySQL 数据库,执行 "USE shop;"命令切换到 shop 数据库,这两个命令行窗口分别模拟 Alex 和 Bill,以下称为客户端 A 和客户端 B。准备完成后,按照如下步骤进行操作。

(1) 将客户端 B 的隔离级别设置为 READ UNCOMMITTED,具体 SQL 语句如下。

```
#客户端 B
mysql>SET SESSION TRANSACTION ISOLATION LEVEL READ UNCOMMITTED;
```

(2) 在客户端 B 中查询 Bill 当前的金额,具体 SQL 语句及执行结果如下。

```
#客户端 B
mysql>SELECT name, money FROM sh_user WHERE name='Bill';
+------+---------+
| name | money   |
+------+---------+
| Bill | 1100.00 |
+------+---------+
1 rows in set (0.00 sec)
```

(3) 在客户端 A 中开启事务,并执行转账操作,具体 SQL 语句如下。

```
#客户端 A
mysql>START TRANSACTION;
mysql>UPDATE sh_user SET money=money-100 WHERE name='Alex';
mysql>UPDATE sh_user SET money=money+100 WHERE name='Bill';
```

(4) 客户端 A 未提交事务的情况下,在客户端 B 查询金额,会看到金额已经增加,具体 SQL 语句及执行结果如下。

```
#客户端 B
mysql>SELECT name, money FROM sh_user WHERE name='Bill';
+------+---------+
| name | money   |
+------+---------+
| Bill | 1200.00 |
+------+---------+
1 row in set (0.00 sec)
```

从上述查询结果可以看出,使用 READ UNCOMMITTED 隔离级别时,当客户端 A 没有提交事务时,可以在客户端 B 读取到客户端 A 提交前的结果,这就是客户端 B 出现了脏读。

　　为了避免客户端 B 的脏读,可以将客户端 B 的事务隔离级别设置为 READ COMMITTED,
具体步骤如下。

　　(1) 修改客户端 B 的隔离级别,再次查询 Bill 的金额,具体 SQL 语句及执行结果如下。

```
#客户端 B
mysql>SET SESSION TRANSACTION ISOLATION LEVEL READ COMMITTED;
mysql>SELECT name, money FROM sh_user WHERE name='Bill';
+------+---------+
| name | money   |
+------+---------+
| Bill | 1100.00 |
+------+---------+
1 row in set (0.00 sec)
```

　　从上述查询结果可以看出,使用 READ COMMITED 隔离级别时,当客户端 A 没有提
交事务时,客户端 B 读取到的还是事务开始前的数据,说明 READ COMMITTED 隔离级
别可以避免脏读。

　　(2) 为了避免影响后面的案例演示,回滚客户端 A 的事务,具体 SQL 语句如下。

```
#客户端 A
mysql>ROLLBACK;
```

　　需要说明的是,脏读在实际应用中会带来很多问题,除非用户有很好的理由;否则,为了
保证数据的一致性,在实际应用中几乎不会使用这个隔离级别。

　　2. 不可重复读

　　使用 READ COMMITTED 隔离级别会出现不可重复读的问题。例如,在网站后台统
计所有用户的总金额,第 1 次查询 Alex 有 900 元,为了验证查询结果,第 2 次查询 Alex 变
成了 800 元,两次查询结果不同,原因是第 2 次查询前 Alex 取出了 100 元。

　　为了演示不可重复读,下面打开两个命令行窗口,以下称为客户端 A 和客户端 B,假设
客户端 A 是用户 Alex,客户端 B 是网站后台,在客户端 B 中开启事务,查询 Alex 的金额,
在客户端 A 中将 Alex 的金额扣除 100 元,客户端 B 再次查询 Alex 的金额,具体操作步骤
如下。

　　(1) 将客户端 B 的隔离级别设置为 READ COMMITTED,具体 SQL 语句如下。

```
#客户端 B
mysql>SET SESSION TRANSACTION ISOLATION LEVEL READ COMMITTED;
```

　　(2) 在客户端 B 开启事务,查询 Alex 的金额,具体 SQL 语句及执行结果如下。

```
#客户端 B
mysql>START TRANSACTION;
mysql>SELECT name, money FROM sh_user WHERE name='Alex';
```

```
+------+--------+
| name | money  |
+------+--------+
| Alex | 900.00 |
+------+--------+
1 row in set (0.00 sec)
```

（3）在客户端 A 中将 Alex 的金额扣除 100 元,具体 SQL 语句如下。

```
#客户端 A
mysql>UPDATE sh_user SET money=money-100 WHERE name='Alex';
```

（4）在客户端 B 中查询 Alex 的金额,具体 SQL 语句及执行结果如下。

```
#客户端 B
mysql>SELECT name, money FROM sh_user WHERE name='Alex';
+------+--------+
| name | money  |
+------+--------+
| Alex | 800.00 |
+------+--------+
1 row in set (0.00 sec)
mysql>COMMIT;
Query OK, 0 rows affected (0.00 sec)
```

从上述结果可以看出,客户端 B 在同一个事务中两次查询的结果不一致,这就是不可重复读的情况。操作完成后,为了避免影响后面的案例演示,将客户端 B 的事务提交。

（5）为了避免客户端 B 的不可重复读的问题,将客户端 B 的事务隔离级别设置为REPEATABLE READ,并测试修改后的结果,具体 SQL 语句及执行结果如下。

```
#客户端 B
mysql>SET SESSION TRANSACTION ISOLATION LEVEL REPEATABLE READ;
mysql>START TRANSACTION;
mysql>SELECT name, money FROM sh_user WHERE name='Alex';
+------+--------+
| name | money  |
+------+--------+
| Alex | 800.00 |
+------+--------+
1 row in set (0.00 sec)
#客户端 A
mysql>UPDATE sh_user SET money=money+100 WHERE name='Alex';
#客户端 B
mysql>SELECT name, money FROM sh_user WHERE name='Alex';
+------+--------+
| name | money  |
+------+--------+
| Alex | 800.00 |
```

```
+------+--------+
1 row in set (0.00 sec)
mysql>COMMIT;
Query OK, 0 rows affected (0.00 sec)
```

从上述结果可以看出,客户端 B 两次查询的结果是相同的,说明 REPEATABLE READ 隔离级别可以避免不可重复读的情况。

3. 幻读

使用 REPEATABLE READ 隔离级别会出现幻读。例如,在网站后台统计用户,目前只有两个用户,如果此时新增一个用户,再次统计时发现还是两个用户,造成了幻读的情况。

为了演示幻读,下面打开两个命令行窗口,以下称为客户端 A 和客户端 B,假设客户端 A 用于新增用户,客户端 B 用于查询用户,将客户端 B 的隔离级别设置为 REPEATABLE READ,在客户端 A 中插入一条新用户记录,再次查询用户,具体操作步骤如下。

(1) 将客户端 B 的隔离级别设置为 REPEATABLE READ,具体 SQL 语句如下。

```
# 客户端 B
mysql>SET SESSION TRANSACTION ISOLATION LEVEL REPEATABLE READ;
```

(2) 在客户端 B 开启事务,查询用户数据,具体 SQL 语句及执行结果如下。

```
# 客户端 B
mysql>START TRANSACTION;
mysql>SELECT id, name, money FROM sh_user;
+----+------+---------+
| id | name | money   |
+----+------+---------+
| 1  | Alex |  900.00 |
| 2  | Bill | 1100.00 |
+----+------+---------+
2 rows in set (0.00 sec)
```

(3) 在客户端 A 中新增一个 id 为 3 的用户,具体 SQL 语句如下。

```
# 客户端 A
mysql>INSERT INTO sh_user (id, name, money) VALUES (3, 'Tom', 1000);
```

(4) 在客户端 B 中插入并查询 id 为 3 的用户,具体 SQL 语句及执行结果如下。

```
# 客户端 B
mysql>INSERT INTO sh_user (id, name, money) VALUES (3, 'Tom', 1000);
ERROR 1062 (23000): Duplicate entry '3' for key 'sh_user.PRIMARY'
mysql>SELECT id, name, money FROM sh_user;
+----+------+---------+
| id | name | money   |
+----+------+---------+
| 1  | Alex |  900.00 |
| 2  | Bill | 1100.00 |
```

```
+----+------+---------+
2 rows in set (0.00 sec)
mysql>COMMIT;
Query OK, 0 rows affected (0.00 sec)
```

从上述结果可以看出,客户端 B 中既不能插入 id 为 3 的数据,又查询不到 id 为 3 的数据,这就是幻读。操作完成后,将客户端 B 的事务提交,以免影响后面的演示。

为了避免客户端 B 的幻读问题,将客户端 B 的事务隔离级别设置为 SERIALIZABLE,具体操作如下。

```
#客户端 B
mysql>SET SESSION TRANSACTION ISOLATION LEVEL SERIALIZABLE;
mysql>START TRANSACTION;
mysql>SELECT id, name, money FROM sh_user;
+----+------+---------+
| id | name | money   |
+----+------+---------+
| 1  | Alex |  900.00 |
| 2  | Bill | 1100.00 |
| 3  | Tom  | 1000.00 |
+----+------+---------+
3 rows in set (0.00 sec)
#客户端 A
mysql>INSERT INTO sh_user (id, name, money) VALUES (4, 'Bob', 1000);
(此时光标在不停闪烁,进入等待状态)
#客户端 B
mysql>COMMIT;
#客户端 A(显示上一条语句的执行结果)
Query OK, 1 row affected (3.99 sec)
```

从上述结果可以看出,当客户端 B 提交事务后,客户端 A 的操作才会执行,显示执行结果,从上述情况可以看出,如果事务使用了 SERIALIZABLE 隔离级别,在这个事务没有被提交前,其他会话只能等到当前操作完成后,才能进行其他操作,这样解决了幻读的问题,同时也会增加耗时,影响数据库的并发性能,所以通常情况下不使用这种隔离级别。

需要注意的是,如果客户端 B 一直未提交事务,客户端 A 的操作会一直等待,直到超时后,出现如下提示信息:

```
#客户端 A
ERROR 1205 (HY000): Lock wait timeout exceeded; try restarting transaction
```

上述提示信息表示锁等待超时,尝试重新启动事务。

默认情况下,锁等待的超时时间为 50 秒,可以通过如下语句查询。

```
mysql>SELECT @@innodb_lock_wait_timeout;
+----------------------------+
| @@innodb_lock_wait_timeout |
```

```
+------------------------------+
| 50                           |
+------------------------------+
1 row in set (0.00 sec)
```

　　演示了脏读、幻读和不可重复读的问题,并使用正确的隔离级别解决了这些问题后,希望读者能够具备深入剖析问题和高效解决问题的能力,不断提升自己的技术水平,认真对待工作中的挑战,展现自己的专业能力和职业素养。

9.5　动手实践:事务的应用

　　数据库的学习在于多看、多学、多想、多动手。接下来请结合本章所学的知识完成事务的应用。

　　请利用事务实现在用户下订单后,订单商品表 sh_order_goods 中对应订单插入的商品数量大于实际商品库存量时,取消向 sh_order_goods 表中添加数据。

　　说明:读者可以参考本书配套源码包中的操作文档,按照上述需求完成动手实践。

9.6　本章小结

　　本章主要讲解了事务的概念、事务处理、事务的隔离级别以及事务的应用等内容,事务处理主要包括事务的基本操作和事务的保存点,事务的隔离级别主要包括隔离级别概述,查看和修改隔离级别以及使用隔离级别。通过本章的学习,读者应掌握事务的应用场景和事务的基本使用,具备运用事务解决实际需求的能力。

第 10 章

数据库编程

学习目标：

- 熟悉内置函数的用法，能够归纳常用的内置函数。
- 掌握内置函数的使用，能够正确使用内置函数完成对数据的处理。
- 了解存储过程的基本概念，能够说出存储过程的优点。
- 掌握存储过程的基本操作，能够创建、查看、调用、修改和删除存储过程。
- 掌握存储过程的错误处理语法，能够在存储过程中进行错误处理。
- 掌握变量的分类，能够定义、查看和修改变量。
- 掌握流程控制语句的使用，能够在程序中灵活使用判断语句、循环语句和跳转语句控制程序的执行流程。
- 了解游标的基本概念，能够描述游标的作用。
- 掌握游标的使用，能够利用游标检索数据。
- 了解触发器的基本概念，能够说出触发器的优点和缺点。
- 掌握触发器的基本操作，能够给数据表创建触发器。
- 了解事件的基本概念，能够说出事件的优点和缺点。
- 掌握事件的基本操作，能够使用事件自动执行指定任务。
- 掌握预处理 SQL 语句的基本语法，能够使用预处理语句完成数据操作。

数据库编程是指通过数据库本身提供的一些语法来编写程序，通过这些程序可以对数据库进行操作。例如，使用函数完成指定功能、使用存储过程封装重复的代码，使用变量保存程序运行过程中的数据，根据条件控制程序的执行流程，通过游标检索数据，利用触发器实现数据表的级联操作，通过事件自动执行定时任务，使用预处理语句提高 SQL 语句的安全性等。本章对数据库编程的相关内容进行详细讲解。

10.1 函数

函数是一段用于完成特定功能的代码，通过使用函数可以提高用户对数据库和数据的操作效率。MySQL 提供了大量的内置函数，用户也可以自定义函数，本节对 MySQL 中函数的使用进行详细讲解。

10.1.1 内置函数

MySQL 提供的内置函数也被称为系统函数，内置函数无须定义，根据实际需求直接调用即可。按照内置函数的功能划分,大致分类如下。

(1) 数学函数:用于对数据进行数学运算,如求绝对值。

(2) 比较函数:用于对数据进行比较,返回比较结果,如比较一个数据是否和指定集合内的数据相等。

(3) 位运算函数:用于对数据进行位运算,如计算一个值按位与的结果。

(4) 数据类型转换函数:将数据转换成指定的类型,如将数据转换为无符号整型。

(5) 字符串函数:用于对字符串进行处理,如获取字符串长度、去除字符串两端空格。

(6) 日期和时间函数:用于处理日期和时间,如计算两个日期的天数差。

(7) 加密散列函数:用于对数据进行加密,加密后的数据不会直接看出来保存的具体内容,保证数据的安全。

(8) 系统信息函数:用于查看服务器的系统信息,如查看 MySQL 服务器版本号。

(9) JSON 函数:用于操作 JSON 类型的数据,如获取 JSON 数据、删除 JSON 数据。

(10) 其他常用函数:MySQL 还提供了一些其他非常有用的函数,如 IP 地址与数字转换等。

读者可以扫描右方二维码查看内置函数的详细详解。

10.1.2　自定义函数

MySQL 不仅提供了丰富的内置函数,还支持用户自定义函数。下面对自定义函数的相关内容进行详细讲解。

1. 修改语句结束符

自定义函数中可能包含多条 SQL 语句,每条 SQL 语句都有语句结束符";",MySQL 遇到语句结束符";"会自动执行 SQL 语句,但自定义函数只有在被调用时才需要执行其中的 SQL 语句,这就需要在自定义函数时修改语句结束符。修改语句结束符的语法如下。

```
DELIMITER 新语句结束符
    自定义函数
新语句结束符
DELIMITER ;
```

在上述语法中,"DELIMITER 新语句结束符"语句将 MySQL 的语句结束符设置为新的结束符号,自定义函数被新的语句结束符包裹,新的语句结束符推荐使用系统非内置的符号,如$$。使用 DELIMITER 设置了新的语句结束符后,自定义函数中就可以使用分号结束符,系统不会自动执行自定义函数中的 SQL 语句。

需要注意的是,自定义函数创建完成后,需要使用"DELIMITER ;"将语句结束符修改回原来的";",DELIMITER 与";"之间有一个空格,否则修改无效。

另外,使用 DELIMITER 还可以指定其他符号作为语句结束符,如"##"和"//",但应避免使用反斜杠"\"作为语句结束符,因为反斜杠"\"是 MySQL 的转义字符。

2. 创建自定义函数

创建自定义函数的基本语法如下。

```
CREATE [DEFINER =user] FUNCTION
[IF NOT EXISTS] 函数名称 ([参数名 数据类型,…])
RETURNS 返回值类型 [特征值]
[BEGIN]
   函数体
   RETURN 返回值;
[END]
```

在上述语法中,DEFINER 子句用于指定创建函数的用户,user 值通常为"'用户名'@'主机地址'"、CURRENT_USER 或 CURRENT_USER(),如果省略 DEFINER 子句,默认将当前登录的用户作为函数的定义者;函数名称必须符合 MySQL 的语法规定,推荐使用字母、数字和下画线;参数名和数据类型之间使用空格分隔,参数名不区分大小写,多个参数之间使用逗号分隔;函数的返回值必须和函数中定义的返回值类型一致,如果两者的数据类型不一致会自动进行类型转换。自定义函数的特征值如表 10-1 所示。

表 10-1　自定义函数的特征值

特 征 值	作 用
COMMENT '注释内容'	为存储过程设置注释信息
LANGUAGE SQL	存储过程体是 SQL 语句,后续可能会支持其他类型语句
[NOT] DETERMINISTIC	指明存储过程的执行结果是否是确定的,默认为不确定
CONTAINS SQL	表示子程序中包含除读或写数据的 SQL 语句
NO SQL	表示子程序中不包含 SQL 语句
READS SQL DATA	表示子程序中包含读取数据的语句
MODIFIES SQL DATA	表示子程序中包含写数据的语句
SQL SECURITY DEFINER	表示只有定义者才有权执行存储过程
SQL SECURITY INVOKER	表示调用者有权执行存储过程

通常使用 BEGIN…END 语句作为函数体的开始和结束,在 BEGIN…END 语句中间可以包含一条或多条 SQL 语句,如果只有一条 SQL 语句,可以省略 BEGIN…END 语句。

默认情况下,创建自定义函数时需要先选择数据库,表示此函数只有在这个数据库中才能使用,若没有选择数据库就直接创建自定义函数,程序会提示未选择数据库的错误提示信息。

下面演示在 shop 数据库中,创建自定义函数 sayHello(),实现对指定用户打招呼的功能,具体 SQL 语句及执行结果如下。

```
#选择 shop 数据库
mysql>USE shop;
Database changed
#创建自定义函数
mysql>DELIMITER $$
mysql>CREATE FUNCTION sayHello (name VARCHAR(30))
    ->   RETURNS VARCHAR(50) NO SQL
    ->   RETURN CONCAT('Hello ', name, '!');
```

```
    ->$$
Query OK, 0 rows affected (0.00 sec)
mysql>DELIMITER ;
```

上述 SQL 语句中,sayHello 是自定义的函数名,name 是该函数的参数名,它的数据类型是 VARCHAR(30),RETURNS 指定函数的返回值类型,函数体使用 CONCAT()函数将字符串"Hello"和参数 name 拼接并返回,由于函数体只有一条 SQL 语句,省略了 BEGIN…END 语句。

需要说明的是,自定义函数需要规范返回值的类型,那么在函数体中不能使用 SELECT 语句获取结果集,若需要获取相关的查询结果只能将其保存到变量中。关于变量的相关内容将在 10.3 节中详细讲解。

3. 查看自定义函数

自定义函数创建完成后,可以使用 SHOW 语句查看自定义函数的创建语句,具体 SQL 语句及执行结果如下。

```
mysql>SHOW CREATE FUNCTION sayHello\G
*************************** 1. row***************************
        Function: sayHello
        sql_mode: ONLY_FULL_GROUP_BY,STRICT_TRANS_TABLES,NO_ZERO_IN_DATE,NO_ZERO_DATE,
ERROR_FOR_DIVISION_BY_ZERO,NO_ENGINE_SUBSTITUTION
    Create Function: CREATE DEFINER=`root`@`localhost` FUNCTION `sayHello`(name VARCHAR
(30)) RETURNS varchar(50) CHARSET utf8mb4
    NO SQL
    RETURN CONCAT('Hello ', name, '!');
character_set_client: gbk
collation_connection: gbk_chinese_ci
  Database Collation: utf8mb4_0900_ai_ci
1 row in set (0.00 sec)
```

在上述查询结果中,包含了创建 sayHello 函数的用户名、主机地址、SQL 语句、相关的 SQL 模式、字符集和校对集。

除此之外,可以使用"SHOW FUNCTION STATUS\G"语句查看系统中所有自定义函数的状态,还可以使用"SHOW FUNCTION STATUS LIKE '自定义函数名称'\G"语句查看某个自定义函数的状态。下面查看自定义函数 sayHello 的状态,具体 SQL 语句及执行结果如下。

```
mysql>SHOW FUNCTION STATUS LIKE 'sayHello'\G
*************************** 1. row***************************
                Db: shop
              Name: sayHello
              Type: FUNCTION
           Definer: root@localhost
          Modified: 2022-06-10 15:37:01
           Created: 2022-06-10 15:37:01
```

```
        Security_type: DEFINER
              Comment:
 character_set_client: gbk
 collation_connection: gbk_chinese_ci
   Database Collation: utf8mb4_0900_ai_ci
 1 row in set (0.00 sec)
```

在上述查询结果中,包含了自定义函数的所属数据库、函数名称、类型、定义者、修改时间和创建时间等信息。

需要说明的是,在 MySQL 中,对自定义函数、存储过程、触发器以及事件进行操作时,用户必须具备相关的权限,如自定义函数的用户必须有 CREATE ROUTINE 权限,其他操作对应的权限请参考表 7-7。

4. 调用自定义函数

自定义函数创建完成后,若想要它在程序中发挥作用,需要调用才能使其生效。调用自定义函数的语法如下。

```
SELECT [数据库名称.]函数名([参数列表])[, …];
```

在上述语法中,数据库名称是可选参数,指调用的自定义函数所属的数据库,如果不指定则默认调用当前数据库的自定义函数,参数列表中值的类型要和定义函数时设置的类型一致,调用多个自定义函数时,函数名之间使用逗号分隔。

下面演示调用 shop 数据库中的 sayHello()函数,具体 SQL 语句及执行结果如下。

```
mysql>SELECT sayHello('TOM');
+-----------------+
| sayHello('TOM') |
+-----------------+
| Hello TOM!      |
+-----------------+
1 row in set (0.00 sec)
```

5. 删除函数

使用 DROP FUNCTION 语句删除自定义函数,基本语法如下。

```
DROP FUNCTION [IF EXISTS] 函数名;
```

在上述语法中,IF EXISTS 是可选参数,用于防止因删除不存在的自定义函数而引发错误。

下面删除 shop 数据库中的 sayHello()函数,具体 SQL 语句及执行结果如下。

```
mysql>DROP FUNCTION IF EXISTS sayHello;
Query OK, 0 rows affected (0.00 sec)
```

10.2 存储过程

在 MySQL 中,通过创建存储过程将代码封装起来实现指定的功能,还可以实现代码的重复调用。本节对存储过程进行详细讲解。

10.2.1 存储过程概述

对于数据库编程而言,存储过程(stored procedure)是数据库中一个重要的对象,它是一组为了完成特定功能的 SQL 语句集合。用户通过存储过程可以将经常使用的 SQL 语句封装起来,这样可以避免编写相同的 SQL 语句。

存储过程与自定义函数的相同点在于,它们的目的都是重复执行特定功能的 SQL 语句集合,并且都是经过一次编译后,后面再次使用时直接调用即可。

存储过程与自定义函数的不同点如下。

(1) 语法的标识符不同:存储过程使用 PROCEDURE;自定义函数为 FUNCTION。

(2) 返回值不同:创建存储过程时没有返回值;自定义函数必须设置返回值,并设置返回值类型。

(3) 处理结果方式不同:存储过程不能将结果赋值给变量;自定义函数在调用时必须将结果值赋给变量。

(4) 调用语句不同:存储过程使用 CALL 语句调用;自定义函数使用 SELECT 语句调用。

使用存储过程的优点如下。

(1) 效率高。普通 SQL 语句每次调用时都要先编译再执行,存储过程只需要编译一次,再次调用时不需要再重复编译,和普通 SQL 语句相比,存储过程的执行效率更高。

(2) 降低网络流量。存储过程编译好后会保存在数据库中,远程调用时可以减少客户端和服务器端的数据传输。

(3) 复用性高。存储过程往往是针对一个特定的功能编写的一组 SQL 语句,当再需要完成这个特定功能时,直接调用该存储过程即可。

(4) 可维护性高。当功能需求发生一些小的变化时,可以在已创建的存储过程的基础上进行修改,花费的时间相对较少。

(5) 安全性高。一般情况下,完成特定功能的存储过程只能由特定用户使用,具有身份限制,避免未被授权的用户访问存储过程,确保数据库的安全。

10.2.2 创建存储过程

创建存储过程需要先修改语句结束符,修改语句结束符已经在 10.1.2 节中进行了讲解,下面主要讲解存储过程的创建。

使用 CREATE PROCEDURE 语句创建存储过程,基本语法如下。

```
CREATE [DEFINER = user] PROCEDURE
[IF NOT EXISTS] 存储过程名称 ([[ IN | OUT | INOUT ] 参数名称 参数类型[, …]])
```

```
BEGIN
  过程体
END
```

在上述语法中,DEFINER 子句与 CREATE FUNCTION 语句中的选项相同,这里不再赘述。

存储过程的参数是可选的,如果参数有多个,每个参数之间使用逗号分隔,参数名称前有 IN、OUT、INOUT 这 3 个选项,用于指定参数的来源和用途,各选项的具体含义如下。

- IN:表示输入参数,该参数在调用存储过程时传入。
- OUT:表示输出参数,初始值为 NULL,用于将存储过程中的值保存到 OUT 指定的参数中,返回给调用者。
- INOUT:表示输入输出参数,既可以作为输入参数也可以作为输出参数。

下面演示在 shop 数据库中创建存储过程,具体 SQL 语句及执行结果如下。

```
mysql>DELIMITER $$
mysql>CREATE PROCEDURE proc(IN sid INT)
    ->BEGIN
    ->   SELECT id, name FROM sh_goods_category where id>sid;
    ->END
    ->$$
Query OK, 0 rows affected (0.00 sec)
mysql>DELIMITER ;
```

上述语句中,创建了一个名称为 proc 的存储过程,该存储过程的参数名称为 sid,参数类型为 INT,过程体中使用 SELECT 语句查询 sh_goods_category 数据表中 id 大于 sid 的数据。

10.2.3　查看存储过程

存储过程创建完成后,可以使用 MySQL 提供的语句查看存储过程的状态信息、创建信息,以及通过数据表查询存储过程。

1. 查看存储过程的状态信息

使用 SHOW PROCEDURE STATUS 语句查看存储过程的状态信息,例如存储过程名称、类型、创建者及修改日期。查看存储过程状态信息的基本语法如下。

```
SHOW PROCEDURE STATUS [LIKE '匹配模式'];
```

在上述语法中,PROCEDURE 表示存储过程,"LIKE 存储过程名称的模式字符"用于匹配存储过程的名称,例如,temp%表示查看所有名称以 temp 开头的存储过程。

下面使用 SHOW PROCEDURE STATUS 语句查看 shop 数据库中名称为 proc 的存储过程的状态信息,具体示例如下。

```
mysql>SHOW PROCEDURE STATUS LIKE 'proc'\G
*************************** 1. row ***************************
                  Db: shop
                Name: proc
                Type: PROCEDURE
             Definer: root@localhost
            Modified: 2022-06-14 09:55:51
             Created: 2022-06-14 09:55:51
       Security_type: DEFINER
             Comment:
character_set_client: gbk
collation_connection: gbk_chinese_ci
  Database Collation: utf8mb4_0900_ai_ci
1 row in set (0.00 sec)
```

从查询结果可以看出,SHOW PROCEDURE STATUS 语句显示了存储过程的状态信息,其中 Name 字段是存储过程的名称;Modified 字段是存储过程的修改时间;Created 字段是存储过程的创建时间;Security_type 字段的值 DEFINER 表示只有定义者才有权执行存储过程。

2. 查看存储过程的创建信息

使用 SHOW CREATE PROCEDURE 语句查看存储过程的创建信息的基本语法如下。

```
SHOW CREATE PROCEDURE 存储过程名称;
```

在上述语法中,PROCEDURE 表示存储过程,存储过程名称为要显示创建信息的存储过程名称。

下面使用 SHOW CREATE PROCEDURE 语句查看 shop 数据库中名称为 proc 的存储过程的创建信息,具体示例如下。

```
mysql>SHOW CREATE PROCEDURE proc\G
*************************** 1. row ***************************
           Procedure: proc
            sql_mode:ONLY_FULL_GROUP_BY,STRICT_TRANS_TABLES,NO_ZERO_IN_DATE,NO_ZERO_DATE,
ERROR_FOR_DIVISION_BY_ZERO,NO_ENGINE_SUBSTITUTION
    Create Procedure:CREATE DEFINER=`root`@`localhost` PROCEDURE `proc`(IN sid INT)
BEGIN
   SELECT id, name FROM sh_goods_category where id>sid;
END
character_set_client:gbk
collation_connection:gbk_chinese_ci
  Database Collation:utf8mb4_0900_ai_ci
1 row in set (0.00 sec)
```

从上述查询结果可以看出,结果中包含了存储过程 proc 的创建语句和字符集等信息。

3. 通过数据表查询存储过程

在 MySQL 中,存储过程的信息存储在 information_schema 数据库下的 Routines 表中,通过查询该数据表的记录来获取存储过程的信息,基本语法如下。

```
SELECT * FROM information_schema.Routines
WHERE ROUTINE_NAME='存储过程名称' AND ROUTINE_TYPE='PROCEDURE'\G
```

上述语法中,查询条件 ROUTINE_NAME 的值为要查询的存储过程名称,ROUTINE_TYPE 的值为 PROCEDURE,表示查询的类型为存储过程。

需要注意的是,information_schema 数据库下的 Routines 表保存着所有存储过程的定义,使用 SELECT 语句查询 Routines 表中某一个存储过程的信息时,一定要通过 ROUTINE_NAME 字段指定存储过程的名称,否则将查询出所有的存储过程。

下面查询 Routines 数据表中存储过程名称为 proc 的信息,具体示例如下。

```
mysql>SELECT * FROM information_schema.Routines
    ->WHERE ROUTINE_NAME='proc' AND ROUTINE_TYPE='PROCEDURE'\G
*************************** 1. row ***************************
              SPECIFIC_NAME: proc
             ROUTINE_CATALOG: def
              ROUTINE_SCHEMA: shop
                ROUTINE_NAME: proc
                ROUTINE_TYPE: PROCEDURE
                   DATA_TYPE:
   CHARACTER_MAXIMUM_LENGTH: NULL
     CHARACTER_OCTET_LENGTH: NULL
          NUMERIC_PRECISION: NULL
              NUMERIC_SCALE: NULL
          DATETIME_PRECISION: NULL
          CHARACTER_SET_NAME: NULL
              COLLATION_NAME: NULL
              DTD_IDENTIFIER: NULL
                ROUTINE_BODY: SQL
          ROUTINE_DEFINITION: BEGIN
SELECT id, name FROM sh_goods_category where id>sid;
END
               EXTERNAL_NAME: NULL
           EXTERNAL_LANGUAGE: SQL
             PARAMETER_STYLE: SQL
            IS_DETERMINISTIC: NO
            SQL_DATA_ACCESS: CONTAINS SQL
                    SQL_PATH: NULL
               SECURITY_TYPE: DEFINER
                     CREATED: 2022-06-14 09:55:51
                LAST_ALTERED: 2022-06-14 09:55:51
                    SQL_MODE: ONLY_FULL_GROUP_BY,STRICT_TRANS_TABLES,NO_ZERO_IN_DATE,NO_ZERO_
DATE,ERROR_FOR_DIVISION_BY_ZERO,NO_ENGINE_SUBSTITUTION
```

```
        ROUTINE_COMMENT:
                DEFINER: root@localhost
    CHARACTER_SET_CLIENT: gbk
   COLLATION_CONNECTION: gbk_chinese_ci
     DATABASE_COLLATION: utf8mb4_0900_ai_ci
1 row in set (0.01 sec)
```

上述查询结果中包含了 proc 存储过程的创建语句和字符集等详细信息。

10.2.4　调用存储过程

使用 CALL 语句调用存储过程,基本语法如下。

```
CALL [数据库名称.]存储过程名称 ([实参列表]);
```

在上述语法中,实参列表传递的参数需要与创建存储过程的形参相对应,在创建存储过程时,如果存储过程的形参被指定为 IN,调用存储过程的实参值可以为变量或者具体的数据;如果存储过程的形参被指定为 OUT 或 INOUT,调用存储过程的实参值必须是一个变量,用于接收返回给调用者的数据。

另外,存储过程和数据库相关,当使用"数据库名称.存储过程名称"时表示调用指定数据库中的存储过程;当省略"数据库名称."时表示调用当前数据库中的存储过程。

下面使用 CALL 语句调用 shop 数据库中名称为 proc 的存储过程,具体 SQL 语句及执行结果如下。

```
mysql>CALL proc(14);
+----+------+
| id | name |
+----+------+
| 15 | 风衣 |
| 16 | 毛衣 |
+----+------+
2 rows in set (0.00 sec)
Query OK, 0 rows affected (0.01 sec)
```

上述执行结果有两行描述的信息,"2 rows in set(0.00 sec)"表示执行存储过程体内的 SQL 语句的描述信息;"Query OK, 0 rows affected(0.01 sec)"表示调用存储过程的结果描述信息。

10.2.5　修改存储过程

在实际开发中,功能的实现会随着业务需求而改变,这样就不可避免地需要修改存储过程。修改存储过程是指修改存储过程的特征值,使用 ALTER 语句修改存储过程的特征值的基本语法如下。

```
ALTER PROCEDURE 存储过程名称 [特征值];
```

需要注意的是,上述语法不能修改存储过程的参数,只能修改存储过程的特征值,存储过程的特征值可以参考表 10-1 中的内容。

下面修改 shop 数据库中的 proc 存储过程,将存储过程的执行权限从定义者改为调用者,并设置注释信息,具体 SQL 语句及执行结果如下。

```
mysql>ALTER PROCEDURE proc
    ->SQL SECURITY INVOKER
    ->COMMENT '从商品分类表中获取大于指定 id 值的数据';
Query OK, 0 rows affected (0.00 sec)
```

通过查看存储过程的状态信息验证是否修改成功,具体 SQL 语句及执行结果如下。

```
mysql>SHOW PROCEDURE STATUS LIKE 'proc'\G
***************************1. row***************************
               Db: shop
             Name: proc
             Type: PROCEDURE
         Definer: root@localhost
        Modified: 2022-06-14 10:00:00
         Created: 2022-06-14 09:55:51
    Security_type: INVOKER
         Comment: 从商品分类表中获取大于指定 id 值的数据
character_set_client: gbk
collation_connection: gbk_chinese_ci
  Database Collation: utf8mb4_0900_ai_ci
  1 row in set (0.00 sec)
```

从上述执行结果可以看出,Modified 字段已经为修改后的时间,Security_type 字段和 Comment 字段保存的信息已从默认值更改为修改后的数据。在执行存储过程时,会检查存储过程的调用者是否有 sh_goods_category 数据表的查询权限。

10.2.6　删除存储过程

存储过程创建后会一直保存在数据库服务器上,如果不需要使用某个存储过程,可以将其删除。删除存储过程使用 DROP 语句,具体语法如下。

```
DROP PROCEDURE [IF EXISTS] 存储过程名称;
```

在上述语法中,存储过程名称指的是要删除的存储过程的名称,IF EXISTS 用于判断删除的存储过程是否存在,如果删除的存储过程不存在,会产生一个警告以避免发生错误。

下面删除 shop 数据库中名称为 proc 的存储过程,具体 SQL 语句及执行结果如下。

```
mysql>DROP PROCEDURE IF EXISTS proc;
Query OK, 0 rows affected (0.00 sec)
```

删除存储过程后,通过查询 information_schema 数据库中 Routines 表的记录,验证存储过程是否删除成功,具体 SQL 语句及执行结果如下。

```
mysql>SELECT * FROM information_schema.Routines
    ->WHERE ROUTINE_NAME='proc' AND ROUTINE_TYPE='PROCEDURE'\G
Empty set (0.00 sec)
```

上述查询语句执行后,结果为"Empty set(0.00 sec)",表示没有查询出任何记录,说明存储过程 proc 已经被删除。

10.2.7　存储过程的错误处理

在存储过程中,可以对某些特定的错误、警告或异常进行处理。例如,在遇到某个错误时退出程序或继续执行。下面详细讲解如何在存储过程中进行错误处理。

1. 自定义错误名称

自定义错误名称是给指定的错误定义一个名称,便于对错误进行对应的处理。MySQL 中使用 DECLARE 语句为指定的错误自定义错误名称,基本语法如下。

```
DECLARE 错误名称 CONDITION FOR 错误类型;
```

在上述语法中,错误类型有两个值,分别为 mysql_error_code 和 SQLSTATE [VALUE] sqlstate_value。前者是数值类型的错误代码;后者是 5 个字符长度的错误代码。

下面是错误信息示例,具体内容如下。

```
ERROR 1148 (42000): The used command is not allowed with this MySQL version
```

在上述错误信息中,1148 是 mysql_error_code 类型的错误代码,42000 是 SQLSTATE 类型的错误代码。

下面使用 DECLARE 语句为 SQLSTATE 类型的错误代码自定义错误名称,具体 SQL 语句及执行结果如下。

```
mysql>DELIMITER $$
mysql>CREATE PROCEDURE proc()
    ->BEGIN
    ->   DECLARE command_not_allowed CONDITION FOR SQLSTATE '42000';
    ->END
    ->$$
Query OK, 0 rows affected (0.00 sec)
mysql>DELIMITER ;
```

在上述语句中,使用 DECLARE 语句将错误代码 SQLSTATE '42000'命名为 command_not_allowed,在处理错误的程序中可以使用该错误名称表示错误代码 SQLSTATE '42000'.

如果想要使用 DECLARE 语句为 mysql_error_code 类型的错误代码自定义错误名称,只需要将声明语句替换成以下 SQL 语句。

```
DECLARE command_not_allowed CONDITION FOR 1148;
```

在上述语句中，使用 DECLARE 语句将错误代码 1148 命名为 command_not_allowed。

2. 自定义错误处理程序

程序出现错误时默认会停止执行。MySQL 允许自定义错误处理程序，当程序出现错误时，交给自定义的错误处理程序来处理，避免直接中断程序的运行。

在编写自定义错误处理程序时，推理和逻辑判断能力是必不可少的。我们可以根据现有代码的逻辑规则，通过推理和判断来整理程序可能存在的问题，并提出解决方案。这种能力可以使我们更加深入地思考和解决问题，从而提高程序的质量。

自定义错误处理语句要定义在 BEGIN…END 语句中，并且在程序代码开始之前。自定义错误处理程序的语法如下。

```
DECLARE 错误处理方式 HANDLER
FOR 错误类型[，错误类型…]
程序语句段
```

在上述语法中，MySQL 支持的错误处理方式有 CONTINUE 和 EXIT，其中 CONTINUE 表示遇到错误不进行处理，继续向下执行，EXIT 表示遇到错误后退出程序，程序语句段表示在遇到定义的错误时，需要执行的代码段。错误类型有 6 个可选值，具体介绍如下。

- sqlstate_value：匹配 SQLSTATE 错误代码。
- mysql_error_code：匹配 mysql_error_code 类型的错误代码。
- condition_name：匹配使用 DECLARE 语句定义的错误条件名称。
- SQLWARNING：匹配所有以 01 开头的 SQLSTATE 错误代码。
- NOT FOUND：匹配所有以 02 开头的 SQLSTATE 错误代码。
- SQLEXCEPTION：匹配所有没有被 SQLWARNING 或 NOT FOUND 捕获的 SQLSTATE 错误代码。

下面演示在存储过程中使用 DECLARE 语句自定义错误处理程序，具体 SQL 语句及执行结果如下。

```
mysql>DELIMITER $$
mysql>CREATE PROCEDURE proc_demo()
    ->BEGIN
    ->    DECLARE CONTINUE HANDLER FOR SQLSTATE '23000'
    ->    SET @num=1;
    ->    INSERT INTO sh_goods_category (id, name) VALUES(20, '运动');
    ->    SET @num=2;
    ->    INSERT INTO sh_goods_category (id, name) VALUES(20, '运动');
    ->    SET @num=3;
    ->END
    ->$$
Query OK, 0 rows affected (0.00 sec)
mysql>DELIMITER ;
```

在上述语句中，错误代码 SQLSTATE '23000'表示数据表中不能插入重复键，当发生这类错误时，程序会根据错误处理程序设置的 CONTINUE 错误处理方式继续向下执行。在存储过程中，@num 用于跟踪 SQL 语句的执行过程，如果 INSERT 语句执行则@num 的值加 1。程序中有两个 INSERT 语句，这两个 INSERT 语句向 sh_goods_category 表中插入的数据相同。

上述示例中的"SET @num=1;"语句用于设置将会话变量@num 的值设置为 1,这里读者了解即可,关于变量的内容会在 10.3 节中详细讲解。

调用存储过程,具体 SQL 语句及执行结果如下。

```
mysql>CALL proc_demo();
Query OK, 0 rows affected (0.00 sec)
```

查询会话变量@num 的值,具体 SQL 语句及执行结果如下。

```
mysql>SELECT @num;
+------+
| @num |
+------+
|  3   |
+------+
1 row in set (0.00 sec)
```

从上述结果可以看出,会话变量@num 的值为 3,说明向 sh_goods_category 表中插入重复主键的数据时,程序并没有中断,而是跳过错误继续为变量@num 赋值。

10.3 变量

在 MySQL 中,使用变量可以保存程序运行过程中的数据,例如用户输入的值、程序运行结果等。MySQL 中的变量分为系统变量、会话变量和局部变量,本节对这 3 种变量的相关内容进行讲解。

10.3.1 系统变量

系统变量分为全局(GLOBAL)系统变量和会话(SESSION)系统变量。全局系统变量是 MySQL 系统内部定义的变量,当启动 MySQL 服务器时,全局系统变量就会被初始化,并对所有的客户端都有效。会话系统变量仅对当前连接的客户端有效,当修改了会话系统变量的值后,新修改的值仅适用于正在运行的客户端,不适用于其他客户端。

默认情况下,MySQL 会在服务器启动时为全局系统变量初始化默认值,用户也可以通过配置文件完成系统变量的设置。每次建立一个新的连接时,MySQL 会将当前所有的全局系统变量复制一份作为会话系统变量。

1. 查看系统变量

使用 SHOW 语句查看系统变量,基本语法如下。

```
SHOW [GLOBAL | SESSION] VARIABLES [LIKE '匹配模式'|WHERE 表达式];
```

在上述语法中,GLOBAL 和 SESSION 是可选参数,GLOBAL 用于显示全局系统变量值,如果变量没有全局值时,则不显示任何值;SESSION 用于显示会话系统变量值,如果变量没有会话值,则显示全局变量值。SESSION 是默认修饰符,在不指定修饰符的情况下,查看的是会话系统变量,SESSION 也可以替换成 LOCAL,同样表示查询会话系统变量。另外,使用 SHOW VARIABLES 语句可以获取系统中所有有效的变量。

下面演示查看变量名以 auto_inc 开头的系统变量,具体 SQL 语句及执行结果如下。

```
mysql>SHOW VARIABLES LIKE 'auto_inc%';
+--------------------------+-------+
| Variable_name            | Value |
+--------------------------+-------+
| auto_increment_increment | 1     |
| auto_increment_offset    | 1     |
+--------------------------+-------+
2 rows in set, 1 warning (0.00 sec)
```

上述执行结果中,查询到了两个变量名以 auto_inc 开头的系统变量,其中 auto_increment_increment 表示自增长字段每次递增的量,auto_increment_offset 表示自增长字段的开始数值。

除此之外,MySQL 中还可以使用 SELECT 语句查看指定名称的系统变量,具体 SQL 语句及执行结果如下。

```
mysql>SELECT @@auto_increment_offset;
+-------------------------+
| @@auto_increment_offset |
+-------------------------+
|                       1 |
+-------------------------+
1 row in set (0.00 sec)
```

上述 SQL 语句中,在变量名前添加@@符号,MySQL 会将其判断为系统变量或全局变量。

MySQL 中的系统变量非常多(有 600 多个),这些系统变量只在某些特殊场景下才会使用到。MySQL 官方文档中有关于这些系统变量的详细解释,感兴趣的读者可以查阅 MySQL 官方文档,这里不再赘述。

2. 修改系统变量

使用 SET 语句修改系统变量,基本语法如下。

```
SET [GLOBAL | @@GLOBAL. |SESSION | @@SESSION. ] 系统变量名=新值;
```

在上述语法中,当系统变量名使用 GLOBAL 或@@GLOBAL.修饰时,表示修改的是全局系统变量,当系统变量名使用 SESSION 或@@SESSION.修饰时,表示修改的是会话系统变量。当不显式指定修饰符时,默认修改的是会话系统变量。新值是指为系统变量设置的新值。

下面演示使用 SET 语句修改会话系统变量,具体步骤如下。

（1）打开两个客户端，以下称为客户端 1 和客户端 2。

（2）在客户端 1 中使用 SET 语句将 auto_increment_offset 系统变量值设置为 5，具体 SQL 语句及执行结果如下。

```
mysql>SET auto_increment_offset=5;
Query OK, 0 rows affected (0.00 sec)
```

（3）在客户端 2 中查看该值是否有变化，具体 SQL 语句及执行结果如下。

```
mysql>SHOW VARIABLES LIKE 'auto_increment_offset';
+-----------------------+-------+
| Variable_name         | Value |
+-----------------------+-------+
| auto_increment_offset | 1     |
+-----------------------+-------+
1 row in set, 1 warning (0.00 sec)
```

从上述的查询结果可以看出，修改会话系统变量后仅对执行修改操作的客户端有效，不影响其他客户端。

下面演示使用 SET 语句修改全局系统变量，具体步骤如下。

（1）重新打开 3 个客户端，以下称为客户端 1、客户端 2 和客户端 3，在客户端 1 和客户端 2 中登录 MySQL。

（2）在客户端 1 中将全局系统变量 auto_increment_offset 的值设置为 5，查看 auto_increment_offset 变量的值，具体 SQL 语句及执行结果如下。

```
#修改全局系统变量 auto_increment_offset
mysql>SET GLOBAL auto_increment_offset=5;
Query OK, 0 rows affected (0.00 sec)
#查看 auto_increment_offset 的值
mysql>SHOW VARIABLES LIKE 'auto_increment_offset';
+-----------------------+-------+
| Variable_name         | Value |
+-----------------------+-------+
| auto_increment_offset | 1     |
+-----------------------+-------+
1 row in set, 1 warning (0.00 sec)
```

（3）在客户端 2 中查看 auto_increment_offset 变量的值是否有变化，具体 SQL 语句及执行结果如下。

```
mysql>SHOW VARIABLES LIKE 'auto_increment_offset';
+-----------------------+-------+
| Variable_name         | Value |
+-----------------------+-------+
| auto_increment_offset | 1     |
+-----------------------+-------+
1 row in set, 1 warning (0.00 sec)
```

(4) 在第 3 个客户端中登录 MySQL,登录后查看 auto_increment_offset 变量的值,具体 SQL 语句及执行结果如下。

```
mysql>SHOW VARIABLES LIKE 'auto_increment_offset';
+-----------------------+-------+
| Variable_name         | Value |
+-----------------------+-------+
| auto_increment_offset | 5     |
+-----------------------+-------+
1 row in set, 1 warning (0.00 sec)
```

从上述操作和查询结果可以看出,修改全局系统变量后,当前正在连接的客户端仍然还是原来的值,只有重新连接的客户端才会生效。

为了避免影响 MySQL 的自动增长功能,将 auto_increment_offset 的值恢复为 1,具体示例如下。

```
mysql>SET GLOBAL auto_increment_offset=1;
Query OK, 0 rows affected (0.00 sec)
mysql>SET auto_increment_offset=1;
Query OK, 0 rows affected (0.00 sec)
```

完成上述操作即可将 auto_increment_offset 的值恢复为 1。

10.3.2 会话变量

会话变量也称为用户变量,指用户自定义的变量,会话变量只对当前连接的客户端有效,不能被其他客户端访问和使用。如果退出或关闭客户端,该客户端所定义的会话变量将自动释放。

会话变量由@符号和变量名组成,在使用会话变量之前,必须先给会话变量定义和赋值。在 MySQL 中给会话变量定义和赋值的方式有 3 种,具体介绍如下。

(1) 使用 SET 语句给会话变量定义和赋值

使用 SET 语句给会话变量定义和赋值的基本语法如下。

```
SET @变量名=值[,@变量名=值,…]
```

在上述语法中,变量名的命名规则遵循标识符的命名规则,一条语句可以定义多个会话变量,多个会话变量之间使用逗号分隔,会话变量的值可以是具体的值或 SELECT 语句。

下面使用 SET 语句为会话变量定义和赋值,具体 SQL 语句及执行结果如下。

```
#定义字符串类型会话变量
mysql>SET @name='admin';
Query OK, 0 rows affected (0.00 sec)
#定义整型会话变量
mysql>SET @age=22;
Query OK, 0 rows affected (0.00 sec)
#使用 SELECT 语句定义会话变量
```

```
mysql>SET @price=(SELECT price FROM sh_goods LIMIT 1);
Query OK, 0 rows affected (0.00 sec)
```

在上述示例中,定义了字符串类型的会话变量@name、整型的会话变量@age 和使用
SELECT 语句定义会话变量,会话变量的数据类型根据赋值的数据类型自动定义。

(2) 使用 SELECT…INTO 语句给会话变量定义和赋值。

使用 SELECT…INTO 语句可以把查询出的字段值直接存储到会话变量中,基本语法
如下。

```
SELECT 字段名[, …] FROM 表名 INTO @变量名 1[, @变量名 2]
```

在上述语法中,使用 SELECT 语句查询出数据表中某个字段的值,通过 INTO 关键字
依次为定义的会话变量赋值。

下面演示如何查询 sh_goods 数据表中的第一条数据的 id、name 和 price 字段,并使用
SELECT…INTO 语句给会话变量定义和赋值,具体示例如下。

```
mysql>SELECT id, name, price FROM sh_goods LIMIT 1
    ->INTO @g_id, @g_name, @g_price;
Query OK, 1 row affected (0.00 sec)
```

在上述示例中,查询出 sh_goods 数据表中的 id、name 和 price 字段的值后,通过 INTO
关键字为会话变量@g_id、@g_name 和@g_price 赋值。由于会话变量只能保存一个数据,
所以查询的结果必须是一行记录,且记录中的字段个数必须与会话变量的个数相同,否则系
统会报错。

会话变量设置完成后,可以使用 SELECT 语句查询会话变量的值,具体 SQL 语句及执
行结果如下。

```
mysql>SELECT @name, @age, @price, @g_id, @g_name, @g_price;
+-------+------+--------+-------+----------------+----------+
| @name | @age | @price | @g_id | @g_name        | @g_price |
+-------+------+--------+-------+----------------+----------+
| admin | 22   | 0.50   | 1     | 2H 铅笔 S30804  | 0.50     |
+-------+------+--------+-------+----------------+----------+
1 row in set (0.00 sec)
```

从上述执行结果可以看出,会话变量只能保存一个数据,如果想让会话变量保存一组数
据,需要将数据转换为 JSON 数据,具体 SQL 语句及执行结果如下。

```
mysql>SELECT JSON_ARRAY(id,name), JSON_OBJECT(id,name)
    ->FROM sh_goods LIMIT 1
    ->INTO @arrinfo, @objinfo;
Query OK, 1 row affected (0.00 sec)
mysql>SELECT @arrinfo, @objinfo;
+---------------------+----------------------+
| @arrinfo            | @objinfo             |
```

```
+---------------------+----------------------+
|[1, "2H 铅笔 S30804"]      |{"1": "2H 铅笔 S30804}      |
+---------------------+----------------------+
1 row in set (0.00 sec)
```

10.3.3   局部变量

局部变量用于保存程序运行时的数据,其作用范围为存储过程和自定义函数的 BEGIN…END 语句块之间。BEGIN…END 语句块运行结束后,局部变量就会消失。

局部变量使用 DECLARE 语句定义,基本语法如下。

```
DECLARE 变量名 1[, 变量名 2]… 数据类型 [DEFAULT 默认值];
```

上述语法中,变量名和数据类型是必选参数,变量名不区分大小写,如果同时定义多个局部变量,变量名之间使用逗号分隔,多个变量名使用同一种数据类型。DEFAULT 子句是可选参数,用于给局部变量设置默认值,如果省略,则默认值为 NULL。

下面演示如何在自定义函数中定义并返回局部变量,具体 SQL 语句及执行结果如下。

```
mysql>DELIMITER $$
mysql>CREATE FUNCTION func() RETURNS INT DETERMINISTIC
    ->BEGIN
    ->    DECLARE age INT DEFAULT 10;
    ->    RETURN age;
    ->END
    ->$$
Query OK, 0 rows affected (0.01 sec)
mysql>DELIMITER ;
```

上述 SQL 语句中,创建自定义函数 func() 时,在函数体中定义了局部变量 age,该变量的数据类型是 int,默认值是 10。

下面调用自定义函数 func(),具体 SQL 语句及执行结果如下。

```
mysql>SELECT func();
+--------+
| func() |
+--------+
|    10  |
+--------+
1 row in set (0.00 sec)
```

从上述执行结果可以看出,调用自定义函数时,可以通过函数的返回值的方式将局部变量返回给外部调用者。

如果直接在程序外访问局部变量,则访问不到局部变量。下面使用 SELECT 语句直接访问局部变量 age,具体 SQL 语句及执行结果如下。

```
mysql>SELECT age;
ERROR 1054 (42S22): Unknown column 'age' in 'field list'
```

上述执行结果中,"Unknown column 'age' in 'field list'"表示查询不到局部变量 age 的信息,说明无法通过 SELECT 语句直接访问局部变量。

10.4　流程控制

流程控制是指控制程序的执行顺序,使用流程控制语句实现程序的流程控制,根据特定的条件执行指定的 SQL 语句或循环执行某个 SQL 语句。流程控制语句主要包括判断语句、循环语句和跳转语句,下面对流程控制语句的使用进行详细讲解。

10.4.1　判断语句

判断语句用于对某个条件进行判断,通过不同的判断结果执行不同的 SQL 语句。MySQL 中常用的判断语句有 IF 语句和 CASE 语句,下面对这两个语句进行详细讲解。

1. IF 语句

IF 语句有两种用法,一种是在 SQL 语句中使用 IF 语句,另一种是在函数、存储过程等程序中使用 IF 语句,下面对 IF 语句的两种使用方法进行详细讲解。

（1）在 SQL 语句中使用 IF 语句。

在 SQL 语句中使用 IF 语句的语法如下。

```
IF(条件表达式, 表达式 1, 表达式 2)
```

在上述语法中,当条件表达式的值为 TRUE 时,则返回表达式 1 的值,否则返回表达式 2 的值。需要注意的是,条件表达式不能是与 0 或 NULL 进行比较的表达式。

下面演示如何在 SELECT 语句中使用 IF 语句,具体 SQL 语句及执行结果如下。

```
mysql>SELECT id, name FROM sh_goods WHERE IF(score=5, score, 0);
+----+-----------------+
| id | name            |
+----+-----------------+
| 3  | 碳素笔 GP1008    |
| 5  | 华为 P50 智能手机 |
+----+-----------------+
2 rows in set (0.01 sec)
```

上述 SQL 语句中,使用 IF 语句判断商品的评分值 score 是否等于 5,如果等于 5,则返回 score,此时 WHERE 子句的判断条件为真,获取对应的商品 id 和 name;如果不等于 5,则返回 0,此时 WHERE 子句的判断条件为假,不获取对应的商品信息 id 和 name。

（2）在程序中使用 IF 语句。

在程序中使用 IF 语句的语法如下。

```
IF 条件表达式 1 THEN 语句列表
    [ELSEIF 条件表达式 2 THEN 语句列表]…
    [ELSE 语句列表]
END IF
```

在上述语法中,当条件表达式 1 结果为 TRUE 时,执行 THEN 子句后的语句列表;如果条件表达式 1 的结果为 FALSE,继续判断条件表达式 2,如果条件表达式 2 结果为 TRUE,则执行其对应的 THEN 子句后的语句列表,以此类推;如果所有的条件表达式都为 FALSE,则执行 ELSE 子句后的语句列表。需要注意的是,每个语句列表中至少要包含一个 SQL 语句。

下面演示如何在存储过程中使用 IF 语句,具体 SQL 语句及执行结果如下。

```
mysql>DELIMITER $$
mysql>CREATE PROCEDURE isnull(IN val INT)
    ->BEGIN
    ->    IF val IS NULL
    ->        THEN SELECT 'THE parameter is NULL';
    ->    ELSE
    ->        SELECT 'THE parameter is not NULL';
    ->    END IF;
    ->END
    ->$$
Query OK, 0 rows affected (0.00 sec)
mysql>DELIMITER ;
```

在上述代码中,使用 IF 语句判断存储函数中的参数 val 是否为 NULL,当调用存储过程时传递的参数为 NULL 时,输出"THE parameter is NULL"的提示信息,传递的参数不为 NULL 时,输出"THE parameter is not NULL"的提示信息。

2. CASE 语句

和 IF 语句相同,CASE 语句也有两种用法,一种是在 SQL 语句中使用 CASE 语句,另一种是在函数、存储过程等程序中使用 CASE 语句,下面对 CASE 语句的两种使用方法进行详细讲解。

(1) 在 SQL 语句中使用 CASE 语句。

在 SQL 语句中使用 CASE 语句的语法如下。

```
#语法 1
CASE 条件表达式
    WHEN 表达式 1 THEN 结果 1
    [WHEN 表达式 2 THEN 结果 2] …
    [ELSE 结果]
END
#语法 2
CASE WHEN 条件表达式 1 THEN 结果 1
    [WHEN 条件表达式 2 THEN 结果 2] …
    [ELSE 结果]
END
```

在上述语法中,语法 1 和语法 2 的区别在于,前者将 CASE 关键字后的条件表达式与 WHEN 子句中的表达式进行比较,直到与其中的一个表达式相等时,输出对应的 THEN 子句后的结果;后者是直接判断 WHEN 子句后的条件表达式,当判断结果为 TRUE 时,输出对应的 THEN 子句后的结果；若 WHEN 子句的表达式都不满足，输出 ELSE 子句后的结果，如果 CASE 语句中没有 ELSE 子句，判断结果返回 NULL。

下面演示如何在 SELECT 语句中使用 CASE 语句，具体 SQL 语句及执行结果如下。

```
mysql>SELECT id, name,
    ->(CASE WHEN price<50 THEN '小额商品'
    ->WHEN price>=50 AND price<100 THEN '低价商品'
    ->WHEN price>=100 AND price<200 THEN '平价商品'
    ->WHEN price>200 THEN '大额商品' END) AS desc_price
    ->FROM sh_goods;
+----+----------------------+------------+
|id  | name                 | desc_price |
+----+----------------------+------------+
| 1  | 2H 铅笔 S30804        | 小额商品    |
| 2  | 钢笔 T1616            | 小额商品    |
| 3  | 碳素笔 GP1008         | 小额商品    |
| 4  | 超薄笔记本 Pro12       | 大额商品    |
| 5  | 华为 P50 智能手机      | 大额商品    |
| 6  | 桌面音箱 BMS10        | 低价商品    |
| 7  | 头戴耳机 Star Y360    | 平价商品    |
| 8  | 办公计算机 天逸 510Pro | 大额商品    |
| 9  | 收腰风衣中长款         | 大额商品    |
| 10 | 薄毛衣联名款          | 小额商品    |
+----+----------------------+------------+
10 rows in set (0.00 sec)
```

上述 SQL 语句中，使用 CASE 语句判断如果 price 字段小于 50 输出"小额商品"，大于或等于 50 且小于 100 输出"低价商品"，大于或等于 100 且小于 200 输出"平价商品"，大于或等于 200 输出"大额商品"。

（2）在程序中使用 CASE 语句。

在程序中使用 CASE 语句的语法如下。

```
#语法 1
CASE 条件表达式 WHEN 表达式 1 THEN 语句列表
    [WHEN 表达式 2 THEN 语句列表]…
    [ELSE 语句列表]
END CASE
#语法 2
CASE WHEN 条件表达式 1 THEN 语句列表
    [WHEN 条件表达式 2 THEN 语句列表]…
    [ELSE 语句列表]
END CASE
```

在程序中使用 CASE 语句和在 SQL 语句中使用 CASE 语句的语法的不同点如下。

- THEN 子句后执行的内容：前者的语句列表必须由一个或多个 SQL 语句组成，不可以为空；后者的结果只能是一个表达式，不可以是 SQL 语句。
- 结束标识不同：前者使用 END CASE 结尾；后者使用 END 结尾。

- 表达式的判断结果都为 FALSE 且没有设置 ELSE 子句时：前者执行时会返回 "ERROR 1339(20000)：Case not found for CASE statement"错误；后者执行时返回 NULL。

需要注意的是，CASE 语句不能用于判断两个 NULL 值，使用运算符"＝"对两个 NULL 值进行比较的结果为 FALSE。

下面演示如何在存储过程中使用 CASE 语句，具体 SQL 语句及执行结果如下。

```
mysql>DELIMITER $$
mysql>CREATE PROCEDURE proc_level(IN score DECIMAL(5,2))
    ->BEGIN
    ->    CASE
    ->    WHEN score>=90 THEN SELECT '优秀';
    ->    WHEN score<90 AND score>=80 THEN SELECT '良好';
    ->    WHEN score<80 AND score>=70 THEN SELECT '中等';
    ->    WHEN score<70 AND score>=60 THEN SELECT '及格';
    ->    ELSE SELECT '不及格';
    ->    END CASE;
    ->END
    ->$$
Query OK, 0 rows affected (0.00 sec)
mysql>DELIMITER ;
```

在上述存储过程中，使用 CASE 语句完成分数级别的判断，当参数 score 的值大于或等于 90 时，显示结果为"优秀"；参数 score 的值大于或等于 80 且小于 90 时，显示结果为"良好"；参数 score 的值大于或等于 70 且小于 80 时，显示结果为"中等"；参数 score 的值大于或等于 60 且小于 70 时，显示结果为"及格"，其他分数显示结果为"不及格"。

10.4.2　循环语句

循环语句用于实现一段代码的重复执行。例如，计算给定区间内数据的累加和。MySQL 提供了 3 种循环语句，分别是 LOOP 语句、REPEAT 语句和 WHILE 语句，下面对这 3 种循环语句的使用进行讲解。

1. LOOP 语句

LOOP 语句用于实现一个简单的循环，基本语法如下。

```
[开始标签:] LOOP
    语句列表
END LOOP [结束标签];
```

在上述语法中，开始标签和结束标签是可选参数，表示循环的开始和结束，开始标签和结束标签的标签名称必须相同。标签的定义需要符合 MySQL 标识符的规则。需要注意的是，LOOP 语句会重复执行语句列表，在使用 LOOP 语句时务必给出结束循环的条件，否则会出现死循环。

下面演示如何使用 LOOP 语句计算数字 1~9 的和，具体 SQL 语句及执行结果如下。

```
mysql>DELIMITER $$
mysql>CREATE PROCEDURE proc_sum()
    ->BEGIN
    ->    DECLARE i, sum INT DEFAULT 0;
    ->    sign: LOOP
    ->        IF i>=10 THEN
    ->            SELECT i, sum;
    ->            LEAVE sign;
    ->        ELSE
    ->            SET sum=sum+i;
    ->            SET i=i+1;
    ->        END IF;
    ->    END LOOP sign;
    ->END
    ->$$
Query OK, 0 rows affected (0.00 sec)
mysql>DELIMITER ;
```

在上述示例中,定义了一个名称为 proc_sum 的存储过程,在存储过程中定义了局部变量 i 和 sum,它们的默认值都是 0,在 LOOP 语句中判断 i 的值是否大于或等于 10,如果大于或等于 10 则输出 i 和 sum 的值,并使用 LEAVE 语句退出循环;如果小于 10,则将 i 的值累加到 sum 变量中,并对 i 的值自增 1,再次执行 LOOP 语句中的内容。

需要说明的是,LOOP 语句本身没有停止语句,如果要退出 LOOP 循环,需要使用跳转语句,常用的跳转语句有 LEAVE 语句和 ITERATE 语句,在上述示例中使用了 LEAVE 语句跳出循环,关于跳转语句的相关内容会在 10.4.3 节中进行详细讲解。

调用 proc_sum 存储过程,查看循环后 i 和 sum 的值,具体 SQL 语句及执行结果如下。

```
mysql>CALL proc_sum();
+------+------+
| i    | sum  |
+------+------+
| 10   | 45   |
+------+------+
1 row in set (0.00 sec)
Query OK, 0 rows affected (0.01 sec)
```

从上述执行结果可以看出,循环后 i 的值为 10,sum 的值为 45,可以得出当 i 的值等于 10 时,不再对 sum 进行累加,因此得出 sum 的值是数字 1~9 的累加和。

2. REPEAT 语句

REPEAT 语句用于循环执行符合条件的语句列表,基本语法如下。

```
[开始标签:] REPEAT
    语句列表
    UNTIL 条件表达式
END REPEAT [结束标签]
```

在上述语法中,程序会无条件地执行一次 REPEAT 关键字后面的语句列表,再判断 UNTIL 关键字后面的条件表达式,如果判断结果为 TRUE,则结束循环;如果判断结果为 FALSE,则继续执行语句列表。

下面使用 REPEAT 语句计算 10 以内的奇数和,具体 SQL 语句及执行结果如下。

```
mysql>DELIMITER $$
mysql>CREATE PROCEDURE proc_odd()
    ->BEGIN
    ->    DECLARE i, sum INT DEFAULT 0;
    ->    REPEAT
    ->        IF i%2!=0 THEN
    ->            SET sum=sum+i;
    ->        END IF;
    ->        SET i=i+1;
    ->        UNTIL i>10
    ->    END REPEAT;
    ->    SELECT i, sum;
    ->END
    ->$$
Query OK, 0 rows affected (0.00 sec)
mysql>DELIMITER ;
```

在上述示例中,定义了一个名称为 proc_odd 的存储过程,在存储过程中定义了局部变量 i 和 sum,它们的默认值都是 0,在 REPEAT 循环语句中使用 IF 语句判断 i 的值是否是奇数,如果 i 的值是奇数,则将 i 的值累加到 sum 变量中,否则不进行累加,将 i 的值自增 1,当 i 的值大于 10 时退出循环。

调用 proc_odd 存储过程,查看循环后 i 和 sum 的值,具体 SQL 语句及执行结果如下。

```
mysql>CALL proc_odd();
+------+------+
| i    | sum  |
+------+------+
| 11   | 25   |
+------+------+
1 row in set (0.00 sec)
Query OK, 0 rows affected (0.01 sec)
```

从上述执行结果可以看出,循环后 i 的值为 11,表示当 i 的值大于 10 时,不再对 sum 进行累加,10 以内的奇数累加和的值为 25。

3. WHILE 语句

WHILE 语句用于循环执行符合条件的语句列表,与 REPEAT 语句不同的是,使用 WHILE 语句时,需要满足条件表达式才会执行语句列表,WHILE 语句的基本语法如下。

```
[开始标签:]WHILE 条件表达式 DO
    语句列表
END WHILE [结束标签]
```

在上述语法中,只有条件表达式为 TRUE 时才会执行语句列表,语句列表执行一次后,程序再次判断条件表达式的结果,如果为 TRUE,则继续执行语句列表,如果为 FALSE,则退出循环。在使用 WHILE 语句时,可以在语句列表中设置循环的出口,避免出现死循环的现象。

下面使用 WHILE 语句计算 10 以内的偶数和,具体 SQL 语句及执行结果如下。

```
mysql>DELIMITER $$
mysql>CREATE PROCEDURE proc_even()
    ->BEGIN
    ->    DECLARE i, sum INT DEFAULT 0;
    ->    WHILE i<=10 DO
    ->        IF i%2=0
    ->            THEN SET sum=sum+i;
    ->        END IF;
    ->        SET i=i+1;
    ->    END WHILE;
    ->    SELECT i, sum;
    ->END
    ->$$
Query OK, 0 rows affected (0.00 sec)
mysql>DELIMITER ;
```

在上述示例中,定义了一个名称为 proc_even 的存储过程,在存储过程中定义了局部变量 i 和 sum,它们的默认值都是 0,在 WHILE 循环语句中判断 i 的值是否小于或等于 10,如果是,再使用 IF 语句判断 i 的值是否是偶数,如果 i 的值是偶数,则将 i 的值累加到 sum 变量中,否则不进行累加,将 i 的值自增 1,接着再次执行 WHILE 语句中的内容,直到 i 的值大于 10 退出循环。

调用存储过程,查看循环后 i 和 sum 的值,具体 SQL 语句及执行结果如下。

```
mysql>CALL proc_even();
+------+------+
|i     | sum  |
+------+------+
| 11   | 30   |
+------+------+
1 row in set (0.00 sec)
Query OK, 0 rows affected (0.00 sec)
```

从上述执行结果可以看出,循环后 i 的值为 11,表示当 i 的值大于 10 时,不再对 sum 进行累加,10 以内的偶数累加和的值为 30。

10.4.3 跳转语句

跳转语句用于实现循环执行过程中程序流程的跳转。MySQL 常用的跳转语句有 LEAVE 语句和 ITERATE 语句,跳转语句的基本语法格式如下。

```
{LEAVE|ITERATE} 标签名;
```

　　在上述语法中,LEAVE 语句用于终止当前循环,跳出循环体;ITERATE 语句用于结束本次循环的执行,开始下一轮循环的执行。

　　为了读者更好地理解 LEAVE 语句和 ITERATE 语句的使用和区别,下面在存储过程中演示跳转语句的使用,具体 SQL 语句及执行结果如下。

```
mysql>DELIMITER $$
mysql>CREATE PROCEDURE proc_jump()
    ->BEGIN
    ->    DECLARE num, sum INT DEFAULT 0;
    ->    my_loop: LOOP
    ->        SET num=num+2;
    ->        SET sum=sum+num;
    ->        IF num<10
    ->            THEN ITERATE my_loop;
    ->        ELSE SELECT sum; LEAVE my_loop;
    ->        END IF;
    ->    END LOOP my_loop;
    ->END
    ->$$
Query OK, 0 rows affected (0.01 sec)
mysql>DELIMITER ;
```

　　在上述示例代码中,定义了一个名称为 proc_jump 的存储过程,存储过程中定义了局部变量 num 和 sum,并设置局部变量的默认值为 0,接着执行 LOOP 语句,LOOP 语句的语句列表中先设置 num 的值自增 2,局部变量 sum 用于累加 num 的值,使用 IF 语句判断 num 的值是否小于 10,如果是,则使用 ITERATE 语句结束当前循环并开始下一轮循环,如果不是,则查询 sum 的值,使用 LEAVE 语句跳出循环。

　　调用存储过程,查看循环后 sum 的值,具体 SQL 语句及执行结果如下。

```
mysql>CALL proc_jump();
+------+
| sum  |
+------+
|  30  |
+------+
1 row in set (0.00 sec)
Query OK, 0 rows affected (0.00 sec)
```

　　需要注意的是,ITERATE 语句只能应用在循环语句中,LEAVE 语句除了可以在循环语句中应用外,还可在 BEGIN…END 语句中使用。

10.5　游标

　　使用 SELECT 语句只能根据指定的条件获取结果集,不能检索结果集中的数据或处理结果集中的某一行数据。此时,就可以使用 MySQL 提供的游标机制实现对结果集的处理。本节对游标的使用进行详细讲解。

10.5.1　游标概述

在 MySQL 中,查询数据时会返回多条记录的结果集,通过游标可以获取结果集中的某条数据。

在现实生活中,可以将 SELECT 结果集看作鱼缸,如果想从鱼缸中捞一条鱼,需要在鱼缸中选中想要捞的鱼,再使用抄网将鱼捞出,鱼缸里的鱼就像 SELECT 结果集中的每条数据,抄网看作游标,通过游标可以获取结果集中的某条数据。

游标的本质是一种指针,可以从 SELECT 结果集中提取某条记录,它主要用于交互式的应用程序,用户可以根据需要查看或修改结果集中的数据。使用游标从数据库中检索数据后,将结果临时存储在内存中,对查询的数据进行相应的处理后,将处理结果显示出来或最终写回数据库,从而提高处理数据的速度。

10.5.2　游标的基本操作

游标的基本操作通常包括定义游标、打开游标、利用游标检索数据和关闭游标这 4 个操作步骤,下面对这 4 个操作步骤进行详细讲解。

1. 定义游标

在使用游标之前,必须先定义游标。MySQL 中使用 DECLARE 关键字定义游标,因为游标要操作的是 SELECT 语句返回的结果集,所以定义游标时需要指定与其关联的 SELECT 语句。定义游标的基本语法如下。

```
DECLARE 游标名称 CURSOR FOR SELECT 语句;
```

上述语法中,游标名称必须唯一,在存储过程或存储函数中可能会存在多个游标,游标名称是区分游标的唯一标识,SELECT 语句中不能包含 INTO 关键字。

需要注意的是,使用 DECLARE 语句定义游标时,因为和游标相关联的 SELECT 语句不会立即被执行,所以此时 MySQL 服务器的内存中并没有 SELECT 语句的查询结果集。

在存储过程中,变量、错误触发条件、错误处理程序和游标都是使用 DECLARE 关键字来定义,但它们的定义是有先后顺序要求的,变量和错误触发条件必须在最前面定义,其次定义游标,最后定义错误处理程序。

2. 打开游标

游标定义完成后,要想使用游标需要先打开游标,MySQL 中使用 OPEN 关键字打开游标,基本语法如下。

```
OPEN 游标名称;
```

使用上述语句打开游标后,会根据定义游标时指定的 SELECT 语句将查询到的结果集存储到 MySQL 服务器的内存中。

3. 利用游标检索数据

打开游标后,就可以利用游标检索结果集中的数据。MySQL 中使用 FETCH 语句检索结果集中的数据,基本语法如下。

```
FETCH [[NEXT] FROM] 游标名称 INTO 变量名 1[, 变量名 2] …;
```

上述语法中,FETCH 语句从指定的游标名称中将检索出来的数据存放到对应的变量中,变量的个数需要和声明游标时 SELECT 语句查询结果集中的字段个数保持一致。

每执行一次 FETCH 语句就会在结果集中获取一行记录,FETCH 语句获取记录后,游标的内部指针就会向前移动一步,指向下一条记录。

需要说明的是,FETCH 语句通常和 REPEAT 循环语句一起使用来检索结果集中的所有数据。由于无法直接判断哪条记录是结果集中的最后一条记录,当利用游标从结果集中检索出最后一条记录后,再次执行 FETCH 语句会产生"ERROR 1329(02000):No data to FETCH"的错误信息,因此,利用游标检索数据时通常需要自定义错误处理程序处理该错误,从而结束游标的循环。

4. 关闭游标

游标检索数据完成后,应该关闭游标释放游标占用的内存资源。MySQL 提供的 CLOSE 语句用于关闭游标,基本语法如下。

```
CLOSE 游标名称;
```

在程序内,如果使用 CLOSE 关闭游标后,不能再通过 FETCH 语句使用该游标。如果想要再次使用游标检索数据,需要使用 OPEN 语句重新打开游标,而不用重新定义游标。

需要说明的是,如果没有使用 CLOSE 语句关闭游标,那么它将在程序最后的 END 语句块的末尾自动关闭。

在了解了游标的基本使用后,下面演示如何使用游标。在 shop 数据库中创建存储过程 sh_goods_proc_cursor,将评分为 5 星且库存不足 400 的商品的库存量增加到 1500,SQL 语句及执行结果如下。

```
mysql>DELIMITER $$
mysql>CREATE PROCEDURE sh_goods_proc_cursor()
    ->BEGIN
    ->    DECLARE mark, cur_id, cur_num INT DEFAULT 0;
    ->    #定义游标
    ->    DECLARE cur CURSOR FOR
    ->    SELECT id, stock FROM sh_goods WHERE score=5;
    ->    #自定义错误处理程序,结束游标的遍历
    ->    DECLARE CONTINUE HANDLER FOR SQLSTATE '02000' SET mark=1;
    ->    #打开游标
    ->    OPEN cur;
```

```
    ->      #遍历游标
    ->      REPEAT
    ->          #利用游标获取一行记录
    ->          FETCH cur INTO cur_id, cur_num;
    ->          #处理游标检索的数据
    ->          IF cur_num>=0 && cur_num<=400 THEN
    ->              SET cur_num=1500;
    ->              UPDATE sh_goods SET stock=cur_num WHERE id=cur_id;
    ->          END IF;
    ->      UNTIL mark END REPEAT;
    ->      #关闭游标
    ->      CLOSE cur;
    ->END
    ->$$
Query OK, 0 rows affected (0.00 sec)
mysql>DELIMITER ;
```

上述程序中,定义了局部变量 mark、cur_id 和 cur_num,默认值是 0,定义游标 cur 与 sh_goods 表中 5 星评分商品的信息关联,打开游标后,使用 REPEAT 语句遍历游标,使用 FETCH 语句取出游标的每一行记录,将获取到的内容存入局部变量 cur_id 和 cur_num 中,使用 IF 语句判断商品的库存是否不足 400,如果不足 400 将局部变量 cur_num 的值修改为 1500,更新 sh_goods 表中指定商品的库存为 cur_num 的值,所有数据都遍历完成后,再次循环执行 FETCH 语句会发生代码为 02000 的错误,使用 DECLARE 语句自定义错误,并将局部变量 mark 设置为 1,当 mark 为 TRUE 时结束 REPEAT 循环并关闭游标。

在调用存储过程之前,先查看 shop 数据库下 sh_goods 中 5 星评分商品的库存信息,具体 SQL 语句及执行结果如下。

```
mysql>SELECT id, stock FROM sh_goods WHERE score=5;
+----+-------+
| id | stock |
+----+-------+
| 3  | 500   |
| 5  | 0     |
+----+-------+
2 rows in set (0.00 sec)
```

从上述执行结果可以看出,id 为 5 的商品库存不足 400。

调用存储过程,查询 id 为 5 的商品的库存,具体 SQL 语句及执行结果如下。

```
mysql>CALL sh_goods_proc_cursor();
Query OK, 0 rows affected (0.01 sec)
mysql>SELECT id, stock FROM sh_goods WHERE score=5;
+----+-------+
| id | stock |
+----+-------+
| 3  | 500   |
| 5  | 1500  |
```

```
+----+-------+
2 rows in set (0.00 sec)
```

从上述执行结果可以看出,id 为 5 的商品的库存已由原来的 0 变为 1500。

10.6　触发器

在 MySQL 中,有时需要使 MySQL 在特定时机自动执行一些操作,这时可以通过触发器来实现。本将对触发器进行详细讲解。

10.6.1　触发器概述

触发器与存储过程有些相似,它们之间的区别是存储过程需要使用 CALL 语句调用才会执行,而触发器是在预先定义好的事件发生时自动执行。

创建触发器时需要与数据表相关联,当数据表发生指定事件(如 INSERT、DELETE 等操作)时,就会自动执行触发器中提前定义好的 SQL 代码。触发器用于向数据表插入数据时强制检验数据的合法性,保证数据的安全。

使用触发器的优点是可以通过数据库中的相关数据表实现级联无痕更改操作,并且触发器可以对数据进行安全校验,保证数据安全。触发器的缺点是,会影响数据库的结构,同时增加了维护的复杂程度,并且触发器的无痕操作会造成数据对其他程序而言不可控。

10.6.2　触发器的基本操作

触发器的基本操作包括创建触发器、查看触发器、执行触发器和删除触发器。下面对触发器的基本操作进行详细讲解。

1. 创建触发器

创建触发器时需要指定触发器要操作的数据表,且该数据表不能是临时表或视图。创建触发器的语法如下。

```
CREATE [DEFINER =user] TRIGGER [IF NOT EXISTS] 触发器名称 触发时机 触发事件
ON 表名 FOR EACH ROW
触发程序
```

在上述语法中,DEFINER 子句用于指定创建触发器的用户;触发器名称在当前数据库中必须唯一;触发时机指触发器的执行时间,触发时机有两个可选值,具体介绍如下。

- BEFORE 表示在触发事件之前执行触发程序。
- AFTER 表示在触发事件之后执行触发程序。

触发事件表示执行触发器的操作类型,触发事件有 3 个可选值,具体介绍如下。

- INSERT:表示在添加数据时执行触发器中的触发程序。
- UPDATE:表示修改表中某一行记录时执行触发器中的触发程序。
- DELETE:表示删除表中某一行记录时执行触发器中的触发程序。

"ON 表名 FOR EACH ROW"用于指定触发器的操作对象;触发程序是指触发器执行

的 SQL 语句,如果要执行多条 SQL 语句,需要使用 BEGIN…END 语句作为触发程序的开始和结束。

根据触发时机的不同,每个触发事件只允许创建一个触发器。因此,一张数据表最多可以创建 6 个触发器。

当在触发程序中操作数据时,可以使用 NEW 和 OLD 两个关键字来表示新数据和旧数据,例如,当需要访问新插入数据的某个字段时,可以使用"NEW.字段名"的方式访问;当修改数据表的某条记录后,可以使用"OLD.字段名"访问修改之前的字段值。关于 NEW 和 OLD 两个关键字的具体作用如表 10-2 所示。

表 10-2　NEW 和 OLD 两个关键字的具体作用

触发事件	NEW 关键字和 OLD 关键字的作用
INSERT	NEW 表示将要添加或者已经添加的数据
UPDATE	NEW 表示将要修改或者已经修改的数据,OLD 表示修改之前的数据
DELETE	OLD 表示将要或者已经删除的数据

表 10-2 列举了在不同触发事件的触发器中,NEW 关键字和 OLD 关键字所表示的作用。需要注意的是,在 INSERT 类型的触发器中没有 OLD 关键字,这是因为添加数据不存在旧数据;在 DELETE 类型的触发器中没有 NEW 关键字,这是因为删除数据后没有新数据。并且,OLD 关键字获取的字段值全部为只读形式,不能对其更新。

下面演示给 sh_user_shopcart 购物车表创建触发器,当用户添加商品到购物车后自动减少对应商品的库存,具体 SQL 语句及执行结果如下。

```
mysql>DELIMITER $$
mysql>CREATE TRIGGER insert_tri BEFORE INSERT
    ->ON sh_user_shopcart FOR EACH ROW
    ->BEGIN
    ->    DECLARE stocks INT DEFAULT 0;
    ->    SELECT stock INTO stocks FROM sh_goods WHERE id=new.goods_id;
    ->    IF stocks<=new.goods_num THEN
    ->        SET new.goods_num=stocks;
    ->        UPDATE sh_goods SET stock=0 WHERE id=new.goods_id;
    ->    ELSE
    ->        UPDATE sh_goods SET stock=stocks-new.goods_num WHERE id=new.goods_id;
    ->    END IF;
    ->END;
    ->$$
Query OK, 0 rows affected (0.01 sec)
mysql>DELIMITER ;
```

在上述示例中,创建了名称为 insert_tri 的触发器,触发器中定义了触发器的执行时间是 BEFORE,触发事件是 INSERT,操作的数据表是 sh_user_shopcart,当数据表发生 INSERT 事件后执行触发程序,触发程序是判断购物车中的商品数量是否大于或等于 sh_goods 商品表中商品的库存,若是则将 sh_user_shopcart 表中的购买数量修改为此商品的最大库存,同时将 sh_goods 表中商品的库存修改为 0,若不是则直接修改 sh_goods 表中商品的库存。

2. 查看触发器

MySQL 提供了两种查看触发器的方法,一种是使用 SHOW TRIGGERS 语句查看触发器,另一种是使用 SELECT 语句查看触发器。下面对这两种查看触发器的方法分别进行讲解。

(1) 使用 SHOW TRIGGERS 语句查看触发器。

使用 SHOW TRIGGERS 语句查看触发器的语法如下。

```
SHOW TRIGGERS [{FROM | IN} 数据库名称][LIKE '匹配模式' | WHERE 条件表达式];
```

在上述语法中,如果不使用 FROM 或 IN 指定数据库,表示获取当前数据库下的所有触发器,如果使用 FROM 或 IN 指定数据库,表示获取指定数据库下的所有触发器,LIKE 子句的使用比较特殊,用于匹配触发器作用的数据表,而非触发器名称,WHERE 子句用于指定查看触发器的条件。

下面使用 SHOW TRIGGERS 语句查看当前数据库中已经存在的触发器,具体 SQL 语句及执行结果如下。

```
mysql>SHOW TRIGGERS\G
******************************1. row******************************
          Trigger: insert_tri
            Event: INSERT
            Table: sh_user_shopcart
        Statement: BEGIN
DECLARE stocks INT DEFAULT 0;
  SELECT stock INTO stocks FROM sh_goods WHERE id=new.goods_id;
  IF stocks<=new.goods_num THEN
    SET new.goods_num=stocks;
     UPDATE sh_goods SET stock=0 WHERE id=new.goods_id;
ELSE
     UPDATE sh_goods SET stock=stocks-new.goods_num WHERE id=new.goods_id;
  END IF;
END
           Timing: BEFORE
          Created: 2022-06-20 14:19:06.96
         sql_mode: ONLY_FULL_GROUP_BY,STRICT_TRANS_TABLES,NO_ZERO_IN_DATE,NO_ZERO_DATE,
ERROR_FOR_DIVISION_BY_ZERO,NO_ENGINE_SUBSTITUTION
          Definer: root@localhost
character_set_client: gbk
collation_connection: gbk_chinese_ci
  Database Collation: utf8mb4_0900_ai_ci
  1 row in set (0.01 sec)
```

在上述执行结果中,Trigger 表示触发器的名称,Event 表示触发事件,Table 表示触发器要操作的数据表,Statement 表示触发器的触发程序,Timing 表示触发器的执行时间。除此之外,SHOW TRIGGERS 语句还显示了创建触发器的日期时间、触发器执行时有效的

SQL 模式及创建触发器的账户信息等。

（2）使用 SELECT 语句查看触发器。

在 MySQL 中，触发器信息都保存在数据库 information_schema 中的 triggers 数据表中，使用 SELECT 语句可以查看某个触发器，具体语法如下。

```
SELECT * FROM information_schema.triggers
[WHERE trigger_name='触发器名称'];
```

在上述语法中，通过 WHERE 子句指定触发器的名称，如果不指定触发器名称，则会查询出 information_schema 数据库中所有已经存在的触发器信息。

下面演示使用 SELECT 语句查询触发器 insert_tri 的信息，具体 SQL 语句及执行结果如下。

```
mysql>SELECT * FROM information_schema.triggers
    ->WHERE trigger_name='insert_tri'\G
*************************** 1. row ***************************
           TRIGGER_CATALOG: def
            TRIGGER_SCHEMA: shop
              TRIGGER_NAME: insert_tri
        EVENT_MANIPULATION: INSERT
      EVENT_OBJECT_CATALOG: def
       EVENT_OBJECT_SCHEMA: shop
        EVENT_OBJECT_TABLE: sh_user_shopcart
              ACTION_ORDER: 1
          ACTION_CONDITION: NULL
          ACTION_STATEMENT: BEGIN
   DECLARE stocks INT DEFAULT 0;
   SELECT stock INTO stocks FROM sh_goods WHERE id=new.goods_id;
     IF stocks<=new.goods_num THEN
       SET new.goods_num=stocks;
       UPDATE sh_goods SET stock=0 WHERE id=new.goods_id;
     ELSE
       UPDATE sh_goods SET stock=stocks-new.goods_num WHERE id=new.goods_id;
     END IF;
   END
        ACTION_ORIENTATION: ROW
            ACTION_TIMING: BEFORE
ACTION_REFERENCE_OLD_TABLE: NULL
ACTION_REFERENCE_NEW_TABLE: NULL
  ACTION_REFERENCE_OLD_ROW: OLD
  ACTION_REFERENCE_NEW_ROW: NEW
                   CREATED: 2022-06-20 14:19:06.96
                  SQL_MODE: ONLY_FULL_GROUP_BY,STRICT_TRANS_TABLES,NO_ZERO_IN_DATE,NO_ZERO_
DATE,ERROR_FOR_DIVISION_BY_ZERO,NO_ENGINE_SUBSTITUTION
                   DEFINER: root@localhost
      CHARACTER_SET_CLIENT: gbk
      COLLATION_CONNECTION: gbk_chinese_ci
        DATABASE_COLLATION: utf8mb4_0900_ai_ci
1 row in set (0.00 sec)
```

从上述查询结果可以看出,使用 SELECT 语句查询出的触发器信息比使用 SHOW TRIGGERS 语句查询出的触发器信息更详细,其中 TRIGGER_SCHEMA 表示触发器所在的数据库名称,ACTION_ORIENTATION 的值为 ROW,表示操作每条记录都会执行触发器。

3. 执行触发器

触发器创建完成后,程序会根据触发器的执行时间和触发事件执行触发器。下面演示如何执行 insert_tri 触发器,具体步骤如下。

(1)查看商品表 sh_goods 中商品编号为 5 的库存量,具体 SQL 语句及执行结果如下。

```
mysql>SELECT id, stock FROM sh_goods WHERE id=5;
+----+-------+
| id | stock |
+----+-------+
| 5  | 1500  |
+----+-------+
1 row in set (0.00 sec)
```

(2)向购物车表 sh_user_shopcart 中插入数据,自动执行触发器,具体 SQL 语句及执行结果如下。

```
mysql>INSERT INTO sh_user_shopcart
    ->(user_id, goods_id, goods_num, goods_price)
    ->VALUES (3, 5, 2000, 1999.00);
Query OK, 1 row affected (0.00 sec)
```

在上述示例中,向购物车表添加商品,商品的 id 为 5,商品数量为 2000,商品价格是1999,上述语句执行完成后,会执行触发器,修改商品表的库存。

(3)查看 sh_goods 和 sh_user_shopcart 表在执行触发器后商品信息的变化,具体 SQL 语句及执行结果如下。

```
mysql>SELECT id, stock FROM sh_goods WHERE id=5;
+----+-------+
| id | stock |
+----+-------+
| 5  | 0     |
+----+-------+
1 row in set (0.00 sec)
mysql>SELECT id, user_id, goods_id, goods_num, goods_price
    ->FROM sh_user_shopcart;
+----+---------+----------+-----------+-------------+
| id | user_id | goods_id | goods_num | goods_price |
+----+---------+----------+-----------+-------------+
| 1  | 3       | 5        | 1500      | 1999.00     |
+----+---------+----------+-----------+-------------+
1 row in set (0.00 sec)
```

从上述示例的执行结果可以看出,当向购物车表 sh_user_shopcart 中添加了一条数据后,商品表的库存也发生了变化,由于添加到购物车的商品数量大于商品表中商品的库存,因此,将商品表 sh_goods 中 id 为 5 的商品的 stock 值设置为 0,同时也将购物车表 sh_user_shopcart 中 goods_num 的值修改为 stock 字段对应的值 1500。

另外,当对建立触发器的数据表进行批量操作时,每一条数据的变化都会触发预先定义好的触发器语句的执行,如向 sh_user_shopcart 表中一次性插入 3 条记录,则 sh_goods 表中对应的 3 条记录都会发生相应的变化。

4.删除触发器

当创建的触发器不再使用时,可以将触发器删除。删除触发器使用 DROP TRIGGER 语句,基本语法如下。

```
DROP TRIGGER [IF EXISTS] [数据库名称.]触发器名称;
```

在上述语法中,使用"[数据库名称.]触发器名称"的方式可以删除指定数据库下的触发器。当省略"[数据库名称.]"时,删除当前数据库下的触发器,若没选择数据库系统会报错。

需要说明的是,除了使用上述语法删除触发器外,直接删除数据表也会同时删除该表上创建的触发器。

下面演示删除名称为 insert_tri 的触发器,具体 SQL 语句及执行结果如下。

```
mysql>DROP TRIGGER IF EXISTS insert_tri;
Query OK, 0 rows affected (0.00 sec)
```

触发器删除成功后,通过查询 information_schema 数据库下 triggers 表中的记录,验证触发器是否删除成功,具体示例如下。

```
mysql>SELECT * FROM information_schema.triggers
    ->WHERE trigger_name='insert_tri';
Empty set (0.00 sec)
```

上述查询语句执行后,执行结果为"Empty set (0.00 sec)",表示没有查询出任何记录,说明触发器 insert_tri 已经被删除。

10.7　事件

在 MySQL 中,有时需要每隔一段时间让 MySQL 自动完成一些任务,这时可以利用事件来实现。本节对事件进行详细讲解。

10.7.1　事件概述

事件是指在某个特定的时间或每隔一段时间自动完成指定的任务。一个事件可以调用一次,也可以重复调用。事件由一个特定的线程来管理和执行,这个线程通常称为事件调度器。

在实际开发中，事件经常用于每隔一段时间完成指定的任务，例如，每隔 1 分钟更新文章的阅读数量。事件类似于 Linux 系统中的定时任务或 Windows 系统中的计划任务。

MySQL 中的触发器与事件的区别在于前者针对指定的事件（如 INSERT、UPDATE、DELETE）执行特定的任务，操作对象是单张数据表；后者是根据时间的推移而设定的任务，操作对象可以是多张数据表。

使用事件可以使数据的定时性操作不再依赖外部程序，而是直接由事件完成，并且事件调度器可以精确到每秒钟执行一个任务，对于实时性要求较高的系统非常实用。需要注意的是，事件只能定时触发，不可以手动调用。

10.7.2　事件的基本操作

事件的基本操作包括创建事件、查看事件、修改事件和删除事件，为了确保事件可以正常使用，需要确认事件调度器是否开启。下面对查看事件调度器的状态和事件的基本操作进行详细讲解。

1. 查看事件调度器的状态

事件调度器默认是开启的，通过全局变量 event_scheduler 可以查看和设置事件调度器的状态。下面查看事件调度器的状态，具体 SQL 语句及执行结果如下。

```
mysql>SHOW VARIABLES LIKE 'event_scheduler';
+-----------------+-------+
| Variable_name   | Value |
+-----------------+-------+
| event_scheduler | ON    |
+-----------------+-------+
1 row in set, 1 warning (0.01 sec)
```

上述 SQL 语句中，全局变量 event_scheduler 的值为 ON，表示事件调度器已开启，ON 也可以用数字 1 代替，表示开启事件调度器。

如果需要关闭事件调度器，可以将 event_scheduler 的值设置为 OFF，具体 SQL 语句及执行结果如下。

```
mysql>SET GLOBAL event_scheduler=OFF;
Query OK, 0 rows affected (0.00 sec)
```

在上述示例中，OFF 也可以用数字 0 代替，表示关闭事件调度器。

2. 创建事件

使用 CREATE EVENT 语句创建事件，基本语法如下。

```
CREATE [DEFINER=user] EVENT [IF NOT EXISTS] 事件名称
ON SCHEDULE 时间与频率
[ON COMPLETION [NOT] PRESERVE]
[ENABLE | DISABLE | DISABLE ON SLAVE]
```

```
[COMMENT '事件的注释']
DO 事件执行的任务主体
```

在上述语法中,事件名称不区分大小写,ON SCHEDULE 子句用于定义事件的开始与结束时间、执行的频率以及持续时间,具体内容会在下面详细讲解。ON COMPLETION 子句用于定义事件一旦过期是否被立即删除,默认值为 NOT PRESERVE,表示删除,PRESERVE 表示不删除。ENABLE 和 DISABLE 用于指定当前创建的事件是否可用,默认值为 ENABLE 表示可用,DISABLE 表示禁用。如果从服务器自动同步主服务器上创建事件的语句,会自动加上 DISABLE ON SLAVE。COMMENT 子句用于设置事件的注释,DO 子句设置事件发生时执行的 SQL 语句,当有多条 SQL 语句时,使用 BEGIN…END 语句作为事件的开始和结束。

创建事件时,根据设置的时间和频率的不同,可以创建仅执行一次的事件和定期重复执行的事件,下面对这两种事件的创建进行详细讲解。

(1) 创建仅执行一次的事件。

ON SCHEDULE 子句后的时间与频率可以设置成如下形式,表示该事件仅执行一次,基本语法如下。

```
AT 时间戳 [+INTERVAL 时间间隔 时间单位] …
```

在上述语法中,时间戳必须包括日期和时间,时间间隔可以是任意的数字,可选的时间单位有 YEAR(年)、QUARTER(季)、MONTH(月)、DAY(日)、HOUR(时)、MINUTE(分)、WEEK(周)、SECOND(秒)、YEAR_MONTH、DAY_HOUR、DAY_MINUTE、DAY_SECOND、HOUR_MINUTE、HOUR_SECOND、MINUTE_SECOND,读者可以根据实际情况任意组合时间间隔和时间单位。

下面演示从当前时间开始 1 分钟 20 秒后向 sh_goods_category 表中添加一条记录,具体 SQL 语句及执行结果如下。

```
mysql>CREATE EVENT insert_data_event
    ->ON SCHEDULE AT CURRENT_TIMESTAMP + INTERVAL 1 MINUTE
    ->+ INTERVAL 20 SECOND
    ->DO INSERT INTO sh_goods_category(id, name) VALUES (50, '食品');
Query OK, 0 rows affected (0.00 sec)
```

在上述语句中,CURRENT_TIMESTAMP 表示获取当前时间戳,在当前时间戳后添加了两个时间间隔,"+ INTERVAL 1 MINUTE"表示时间间隔为 1 分钟,"+ INTERVAL 20 SECOND"表示时间间隔为 20 秒,事件创建成功后会在 1 分 20 秒后自动执行 DO 后的语句向 sh_goods_category 表添加一条记录,读者可在创建事件前和执行事件后查看 sh_goods_category 中的数据,验证数据是否添加成功,此处不再进行演示。

需要注意的是,时间与频率的设置不能是过期时间,否则 MySQL 会报错。

(2) 创建定期重复执行的事件。

ON SCHEDULE 子句后的时间与频率可以设置成如下形式,表示该事件重复执行。

```
EVERY 时间间隔 时间单位
[STARTS 时间戳 [+ INTERVAL 时间间隔 时间单位] …]
[ENDS 时间戳 [+ INTERVAL 时间间隔 时间单位] …]
```

在上述语法中,EVERY 用于指定事件的执行频率,STARTS 指定事件开始重复的时间,ENDS 指定事件结束重复的时间。

下面演示从当前时间开始的一年时间内每天删除 sh_goods 表中 is_on_sale 为 0 且 update_time 大于 30 天的商品,通过存储过程删除商品,创建事件定期执行存储过程,具体实现步骤如下。

(1) 创建存储过程 delete_proc,实现删除指定商品,具体 SQL 语句及执行结果如下。

```
mysql>DELIMITER $$
mysql>CREATE PROCEDURE delete_proc()
    ->BEGIN
    ->    DELETE FROM sh_goods
    ->    WHERE TO_DAYS(NOW())-TO_DAYS(update_time)>=30 AND is_on_sale=0;
    ->END
    ->$$
Query OK, 0 rows affected (0.00 sec)
mysql>DELIMITER ;
```

在上述语句中,使用 TO_DAYS() 函数将时间戳转换为天数,当前天数减去更新时间的天数,如果大于 30 天且 is_on_sale 字段的值为 0 则删除此商品。

(2) 创建事件 delete_event,调用存储过程 delete_proc,具体 SQL 语句及执行结果如下。

```
mysql>CREATE EVENT IF NOT EXISTS delete_event
    ->ON SCHEDULE EVERY 1 DAY
    ->ENDS CURRENT_TIMESTAMP + INTERVAL 1 YEAR
    ->ON COMPLETION PRESERVE
    ->DO CALL delete_proc();
Query OK, 0 rows affected (0.00 sec)
```

在上述语句中,ON SCHEDULE EVERY 语句指定事件的发生频率为一天,ENDS 语句指定从现在开始一年后结束此事件的重复执行,ON COMPLETION PRESERVE 设置当事件结束后不删除事件,DO 后的语句表示事件发生时,调用存储过程 delete_proc()。

3. 查看事件

事件创建完成后,可以使用 SHOW EVENTS 语句查看事件的相关信息,具体 SQL 语句及执行结果如下。

```
mysql>SHOW EVENTS\G
*****************************1. row*****************************
                Db: shop
              Name: delete_event
```

```
          Definer: root@localhost
         Time zone: SYSTEM
              Type: RECURRING
        Execute at: NULL
    Interval value: 1
    Interval field: DAY
            Starts: 2022-06-21 13:22:34
              Ends: 2023-06-21 13:22:34
            Status: ENABLED
        Originator: 1
character_set_client: gbk
collation_connection: gbk_chinese_ci
  Database Collation: utf8mb4_0900_ai_ci
   1 row in set (0.00 sec)
```

在上述执行结果中,Type 字段用于保存当前事件是否是重复执行,值为 RECURRING
表示重复,Type 字段的另一个值为 ONE TIME,表示仅执行一次。

除此之外,读者还可以使用"SHOW CREATE EVENT 事件名称;"语句查看事件的创
建语句信息,它与查看数据表的创建语句类似,这里不再进行演示。

4. 修改事件

事件创建完成后,可以使用 ALTER EVENT 语句对其进行重命名、修改时间与频率等
操作,修改事件的基本语法如下。

```
ALTER [DEFINER =user] EVENT 事件名称
[ON SCHEDULE 时间与频率]
[ON COMPLETION [NOT] PRESERVE]
[RENAME TO 新事件名称]
[ENABLE | DISABLE | DISABLE ON SLAVE]
[COMMENT '事件的注释']
[DO 事件执行的任务主体]
```

从以上语法可以看出,修改事件的语句比创建事件的语句多一个"RENAME TO 新事
件名称"子句,该子句用于为事件重新命名,其他选项和创建事件的语句相同。

下面演示将 delete_event 事件的名称修改为 d_event,时间频率修改为从现在开始仅执
行一次,具体 SQL 语句及执行结果如下。

```
mysql>ALTER EVENT delete_event
    ->ON SCHEDULE AT CURRENT_TIMESTAMP
    ->ON COMPLETION PRESERVE
    ->RENAME TO d_event
    ->DO CALL delete_proc();
Query OK, 0 rows affected (0.00 sec)
```

修改完成后,可以通过 SHOW EVENTS 语句查看事件名称和时间频率的变化。

5. 删除事件

如果不再使用事件,可以使用 DROP EVENT 语句将其删除,基本语法如下。

```
DROP EVENT [IF EXISTS] 事件名称;
```

在上述语法中,当删除的事件正在执行时,会立即停止执行,并从服务器中删除事件。下面删除 d_event 事件,具体 SQL 语句及执行结果如下。

```
mysql>DROP EVENT d_event;
Query OK, 0 rows affected (0.00 sec)
```

事件删除成功后,通过查询 information_schema 数据库下 events 表中的记录,验证事件是否删除成功,具体示例如下。

```
mysql>SELECT * FROM information_schema.events
    ->WHERE EVENT_NAME='d_event';
Empty set (0.00 sec)
```

上述查询语句执行后,结果为"Empty set (0.00 sec)",表示没有查询出任何记录,说明事件 d_event 已经被删除。

10.8   预处理 SQL 语句

在实际开发中,通常不需要开发人员手动编写完整的 SQL 语句,而是由应用程序自动生成 SQL 语句。在开发应用程序时,如果直接将数据拼接到 SQL 语句中,可能会出现语法问题。例如,数据中包含单引号,会被识别成字符串结束,该单引号后面的内容就会导致语法错误。为此,MySQL 提供了预处理 SQL 语句,可以将 SQL 中的数据分离,提高了执行效率和安全性。本节对预处理 SQL 语句进行详细讲解。

10.8.1   预处理 SQL 语句概述

预处理 SQL 语句是指将 SQL 语句中的关键字(如 SELECT…FROM…)与数据分离,使得执行 SQL 语句的开销更小,同时可以防止数据中包含特殊字符导致的 SQL 注入问题。

使用传统 SQL 语句处理数据时,将 SQL 语句和要操作的数据拼接在一起,每一条 SQL 语句都需要经过分析、编译和优化等步骤。相比传统的 SQL 语句,预处理 SQL 语句是先编译一次 SQL 语句模板,再根据提交的数据进行指定操作。

为了方便大家对两种 SQL 语句的理解,下面将传统 SQL 语句和预处理 SQL 语句对比,具体如图 10-1 所示。

从图 10-1 中可以清晰地看出,使用预处理 SQL 语句,需要定义一个 SQL 语句模板,直接提交对应的数据即可完成指定操作。和普通 SQL 语句相比,SQL 语句模板的运行效率更高。

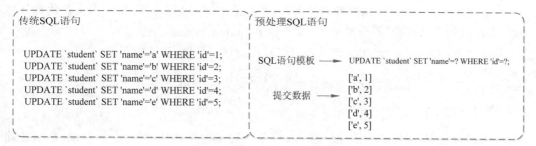

图 10-1　传统 SQL 语句和预处理 SQL 语句对比

10.8.2　预处理 SQL 语句的基本操作

在 MySQL 中使用预处理 SQL 语句分为创建预处理语句、执行预处理语句和释放预处理语句 3 个步骤,下面将对这 3 个步骤进行详细讲解。

1. 创建预处理语句

创建预处理语句的语法如下。

```
PREPARE 预处理语句名称 FROM 预处理 SQL 语句;
```

在上述语法中,预处理语句名称不区分大小写,用于标识预处理 SQL 语句,在后面执行或释放预处理语句时使用;预处理 SQL 语句可以是一个字符串或包含 SQL 语句的会话变量,在预处理 SQL 语句中使用“?”占位符代替数据部分。

创建预处理语句时的注意事项如下。

（1）“?”占位符不能表示 SQL 语句中的关键字或标识符。

（2）不是所有 SQL 语句都可以作为预处理 SQL 语句,查看警告和错误以及包含警告和错误相关系统变量的这些 SQL 语句都不能作为预处理 SQL 语句。如果使用这些 SQL 语句作为预处理 SQL 语句,在创建时会报错。另外,常用的增、删、改、查语句以及大部分的 SHOW 语句都可以作为预处理 SQL 语句,读者可参考手册查看预处理语句中可以使用的 SQL 语句。

（3）当预处理语句的名称已存在时,如果再次创建同名的预处理语句时,系统会先释放原来的预处理语句,再重新创建。

（4）为防止同时创建太多的预处理语句,可以通过 max_prepared_stmt_count 系统变量限制预处理语句的最多数量。

（5）预处理语句可以在存储过程中使用,不能在自定义函数或触发器中使用。

下面演示如何创建预处理语句,查看 sh_goods 表中对应 id 的 name 和 price,具体 SQL 语句及执行结果如下。

```
mysql> PREPARE stmt FROM 'SELECT name, price FROM sh_goods WHERE id=?';
Query OK, 0 rows affected (0.00 sec)
Statement prepared
```

在上述语句中,stmt 是预处理语句名称,预处理 SQL 语句中使用"?"占位符代替具体的值,上述语句执行成功后,会显示 Statement prepared 的提示信息。

除此之外,上述预处理 SQL 语句还可以写在会话变量中,具体如下。

```
SET @sql='SELECT name, price FROM sh_goods WHERE id=?';
PREPARE stmt FROM @sql;
```

在上述语句中,定义了会话变量@sql,将预处理 SQL 语句赋值给会话变量,在预处理语句中直接使用会话变量@sql 即可。

2. 执行预处理语句

执行预处理语句的语法如下。

```
EXECUTE 预处理语句名称 [USING @变量名[, @变量名] …];
```

在上述语法中,如果执行的预处理语句中包含"?"占位符,必须使用 USING 关键字绑定对应数量的会话变量。

下面执行名称为 stmt 的预处理语句,具体 SQL 语句及执行结果如下。

```
mysql>SET @id=3;
Query OK, 0 rows affected (0.00 sec)
mysql>EXECUTE stmt USING @id;
+--------------+-------+
| name         | price |
+--------------+-------+
| 碳素笔 GP1008 | 1.00  |
+--------------+-------+
1 row in set (0.00 sec)
```

从上述示例可以看出,执行预处理语句时,首先定义会话变量保存数据,然后在执行预处理语句中使用 USING 关键字绑定会话变量。

3. 释放预处理语句

预处理操作完成后,为了节约其占用的资源,需要释放预处理语句,释放预处理语句的语法如下。

```
{DEALLOCATE | DROP} PREPARE 预处理语句名称;
```

在上述语法中,使用 DEALLOCATE 语句或 DROP 语句都可以释放一个已声明的预处理语句,释放后再次执行预处理语句会导致错误的发生。

下面释放名称为 stmt 的预处理语句,具体 SQL 语句及执行结果如下。

```
mysql>DEALLOCATE PREPARE stmt;
Query OK, 0 rows affected (0.00 sec)
```

当 stmt 预处理语句被释放后,再次执行会报错,具体 SQL 语句及执行结果如下。

```
mysql>EXECUTE stmt USING @id;
ERROR 1243 (HY000): Unknown prepared statement handler (stmt) given to EXECUTE
```

在上述示例中,当执行被释放的预处理语句时,会显示未知的预处理语句 stmt 的错误信息。

需要说明的是,预处理语句属于会话级别的操作,它仅适用于创建预处理语句的当前会话,不适用于其他会话。同时,在会话结束后,即使不执行 DEALLOCATE 语句或 DROP 语句,创建的预处理语句也会被自动释放。

10.9　动手实践：数据库编程实战

数据库的学习在于多看、多学、多想、多动手。接下来请结合本章所学的知识,编写存储过程完成 sh_goods 表中数据的分页查询功能,具体需求如下。

(1) 创建一个名称为 page_proc 的存储过程,并为其设置两个参数,参数分别为当前页码数和每页显示的最大记录数。

(2) 获取分页的总记录数,并利用传递的参数计算总页数,拼接分页查询语句。

(3) 根据参数查询指定分页的记录。

说明：读者可以参考本书配套源码包中的操作文档,按照上述需求完成动手实践。

10.10　本章小结

本章主要讲解 MySQL 内置函数和自定义函数的使用,然后讲解了存储过程的基本操作,接着讲解了变量、流程控制语句、游标、触发器和事件的处理,最后讲解了预处理 SQL 语句的基本操作。通过本章的学习,读者应具备数据库基础编程的能力,能够在 MySQL 中对数据进行检索、遍历、判断等编程操作。

第 11 章

数据库优化

学习目标:

- 熟悉存储引擎的基本概念,能够说明什么是存储引擎。
- 掌握存储引擎的基本使用,能够给数据表使用合适的存储引擎。
- 熟悉索引的基本概念,能够归纳索引的分类。
- 掌握索引的基本使用,能够创建索引、查看索引和删除索引。
- 熟悉索引的使用原则,能够归纳使用索引时的注意事项。
- 熟悉锁机制的概念,能够解释表级锁和行级锁的区别。
- 掌握锁机制的使用,能够给数据表添加合适的锁类型。
- 了解分表技术,能够说出水平分表和垂直分表的实现方式。
- 了解分区技术,能够说出对数据分区的实现原理。
- 掌握分区的方法,能够创建分区、增加分区和删除分区。
- 掌握数据碎片的整理,能够通过命令整理数据碎片。
- 掌握 SQL 优化的方法,能够使用这些方法提高 SQL 的性能。

在数据库的学习中,不仅要学会对数据的基本操作,还要根据实际需求,对数据库进行优化,从而使 MySQL 服务器的性能得到充分发挥。数据库优化主要包括在创建数据表时选择合适的存储引擎、给字段添加索引、合理利用锁机制、对数据库进行分区和分表、整理数据碎片以及 SQL 优化。本章对数据库优化的相关内容进行详细讲解。

11.1 存储引擎

提到"引擎"一词,读者可能会联想到发动机,它是一个机器的核心部分。例如,直升机和火箭,它们都有各自的引擎。当建造不同的机器时要选择合适的引擎,如直升机不能使用火箭的引擎,火箭也不能使用直升机的引擎。

在 MySQL 中,存储引擎是数据库的核心,在创建数据表时也需要根据不同的使用场景选择合适的存储引擎。MySQL 支持的存储引擎有很多,常用的有 InnoDB 和 MyISAM,本节主要讲解存储引擎的概念以及常用存储引擎的使用。

11.1.1 存储引擎概述

存储引擎是 MySQL 服务器的底层组件之一,用于处理不同表类型的 SQL 操作。使用不同的存储引擎,获得的功能不同,例如,存储机制、索引、锁等功能。

　　存储引擎可以灵活选择,根据实际的需求和性能要求,选择和使用合适的存储引擎,提高整个数据库的性能。不同的存储引擎具有的特性不同,例如,InnoDB 存储引擎支持事务、外键、行级锁等特性,MyISAM 存储引擎支持压缩机制等特性。

　　MySQL 服务器中的存储引擎采用了"可插拔"的存储引擎架构,"可插拔"存储引擎架构是指对运行中的 MySQL 服务器,使用特定的语句插入(加载)或拔出(卸载)所需的存储引擎文件。例如,插入存储引擎文件使用 INSTALL PLUGIN 语句,拔出存储引擎文件使用 UNINSTALL PLUGIN 语句。

　　"可插拔"存储引擎架构提供了一组标准的管理和支持服务,负责执行数据库的实际数据 I/O(输入/输出)操作,针对特定应用需求可以自由选择或自定义专用的存储引擎,无须增加其他编码选项等额外的操作,从而达到可插拔存储引擎架构的目的,即为特定的应用程序提供一组较优的选择,减少不必要的开销,增强数据库的性能。

　　需要说明的是,加载的存储引擎文件必须放在 MySQL 服务器的插件目录中,如果不清楚 MySQL 服务器的插件目录,可以通过系统变量 plugin_dir 查看 MySQL 服务器的插件目录。

11.1.2　MySQL 支持的存储引擎

　　使用 SHOW 语句查看 MySQL 支持的存储引擎,具体 SQL 语句如下。

```
SHOW ENGINES;
```

　　执行上述语句后,运行结果中包含 6 个字段,分别是 Engine(存储引擎)、Support(是否支持)、Comment(注释说明)、Transactions(是否支持事务)、XA(是否支持分布式事务)和 Savepoints(是否支持事务保存点)。

　　为了方便阅读,下面以表格的形式展示 MySQL 支持的存储引擎,具体如表 11-1 所示。

表 11-1　MySQL 支持的存储引擎

存储引擎	是否支持	是否支持事务	是否支持分布式事务	是否支持保存点	描　述
InnoDB	DEFAULT	YES	YES	YES	支持事务、行级锁和外键
MyISAM	YES	NO	NO	NO	支持表级锁、全文索引
MEMORY	YES	NO	NO	NO	数据保存在内存中,速度快但数据容易丢失,适用于临时表
MRG_MYISAM	YES	NO	NO	NO	相同 MyISAM 表的集合
CSV	YES	NO	NO	NO	数据以文本方式存储在文件中
FEDERATED	NO	NULL	NULL	NULL	用于访问远程的 MySQL 数据库
PERFORMANCE_SCHEMA	YES	NO	NO	NO	适用于性能架构

存储引擎	是否支持	是否支持事务	是否支持分布式事务	是否支持保存点	描　述
BLACKHOLE	YES	NO	NO	NO	黑洞引擎,写入的数据都会消失,适合做中继存储
ARCHIVE	YES	NO	NO	NO	适用于存储海量数据,有压缩功能,不支持索引

为了读者更好地理解 MySQL 中的存储引擎,下面对表 11-1 中列举的存储引擎进行详细介绍。

(1) InnoDB 存储引擎。从 MySQL 5.7 版本开始,InnoDB 存储引擎被指定为默认的存储引擎,用于完成事务、回滚、崩溃修复和多版本并发控制的事务安全处理。同时,InnoDB 存储引擎是 MySQL 中第一个提供外键约束的表引擎,尤其在对事务处理的能力方面,其他存储引擎是无法与之相比拟的。

InnoDB 存储引擎的优点是提供了良好的事务管理、崩溃修复能力和并发控制,缺点是读写效率一般。

(2) MyISAM 存储引擎。MyISAM 存储引擎是基于 ISAM 存储引擎发展起来的,它不仅解决了 ISAM 存储引擎的很多不足,还增加了很多有用的扩展。例如,数据的全文索引、压缩与加密、支持复制与备份的恢复等。

MyISAM 存储引擎的优点是数据读写速度快,缺点是不支持事务。

(3) MEMORY 存储引擎。MEMORY 存储引擎是 MySQL 中一种特殊的存储引擎。使用 MEMORY 存储引擎的数据表,所有数据都保存在内存中。

MEMORY 存储引擎的优点是数据读写速度快,对于数据量小、不需要持久保存的临时数据来说,MEMORY 存储引擎是一个理想的选择。MEMORY 存储引擎的缺点是一旦程序出错或服务器断电会导致数据的丢失,不适合持久保存数据,也不能保存太大的数据。

(4) MRG_MYISAM 存储引擎。MRG_MYISAM 存储引擎也被称为 MERGE 存储引擎,是相同 MyISAM 存储引擎表的集合,所有合并的表必须具有相同顺序的字段与索引的应用。

MRG_MYISAM 存储引擎的优点是可以快速拆分大型只读表,执行搜索效率更高;缺点是索引读取速度较慢,只能对 MyISAM 存储引擎的表进行合并。

需要说明的是,MRG_MYISAM 存储引擎的实际应用较少。MRG_MYISAM 存储引擎的功能和分区技术的功能基本相同,可以进行替换。关于分区技术的相关内容会在 11.5 节中进行详细讲解。

(5) CSV 存储引擎。CSV 存储引擎采用文本方式将数据存储在文件中,在文件中使用逗号分隔存储数据。使用 CSV 存储引擎的数据表会被保存成 3 个文件,文件名与数据表名称相同,文件扩展名分别为 frm(存储表结构信息)、csv(存储表内容)和 csm(存储表的状态、数据量等元数据)。使用 CSV 存储引擎时需要注意两点,一是不支持索引和分区,二是 CSV 表中的所有字段必须含有 NOT NULL 属性。

(6) FEDERATED 存储引擎。FEDERATED 存储引擎用于创建从远程 MySQL 服务器访问数据的表。默认情况下,该存储引擎在 MySQL 中不可用。在使用 FEDERATED 存储引擎时需要利用"--federated"选项启动。使用 FEDERATED 存储引擎创建的数据表只保存表结构信息,后缀为.frm,远程服务器保存结构信息和数据文件,所有的增、删、改、查操作都通过访问远程服务器后,才将结果返回给本地的服务器。

（7）PERFORMANCE_SCHEMA 存储引擎。MySQL 中有一个名称为 performance_schema 的数据库,该数据库中所有数据表的存储引擎都是 PERFORMANCE_SCHEMA,主要用于收集数据库服务器的性能参数,用户不能为数据表创建此类型的存储引擎。

（8）BLACKHOLE 存储引擎。BLACKHOLE 存储引擎也被称为黑洞存储引擎,它的特点是写入的数据都会消失,就像被黑洞吞噬了一样。利用此特性可以将其作为转发器或过滤器。例如,将 BLACKHOLE 存储引擎的数据表作为过滤器,把主服务器中的数据进行过滤,数据表中不会保存任何数据,二进制日志会记录下所有的 SQL 语句,通过复制和执行这些 SQL 语句,将数据保存到从服务器中。

（9）ARCHIVE 存储引擎。ARCHIVE 存储引擎适合保存数据量大、长期维护但很少被访问的数据。使用 ARCHIVE 存储引擎的数据表,保存数据时会通过 zlib 压缩库压缩,请求数据时会实时解压。需要注意的是,ARCHIVE 存储引擎仅支持查询和插入操作,不支持数据索引,查询效率较低。

11.1.3　InnoDB 存储引擎

MySQL 默认的存储引擎是 InnoDB,该存储引擎适合业务逻辑比较强,修改操作比较多的项目。例如,电子商务网站、办公系统等。

下面将从存储格式、表空间设置以及多版本并发控制 3 方面对 InnoDB 存储引擎进行详细讲解。

1. 存储格式

InnoDB 存储引擎有两个表空间,分别是共享表空间和独立表空间,共享表空间文件用于集中存储数据和索引,保存在 data 目录下。共享表空间文件如图 11-1 所示。

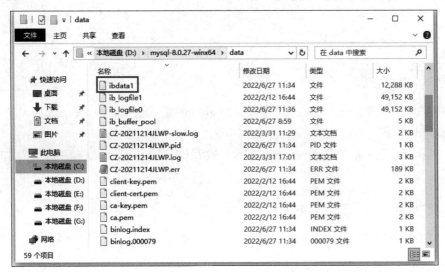

图 11-1　共享表空间文件

在图 11-1 中，标注的文件 ibdata1 就是共享表空间文件。

独立表空间文件保存在 data 目录下的数据库中，例如，查看 shop 数据库中的独立表空间文件，具体如图 11-2 所示。

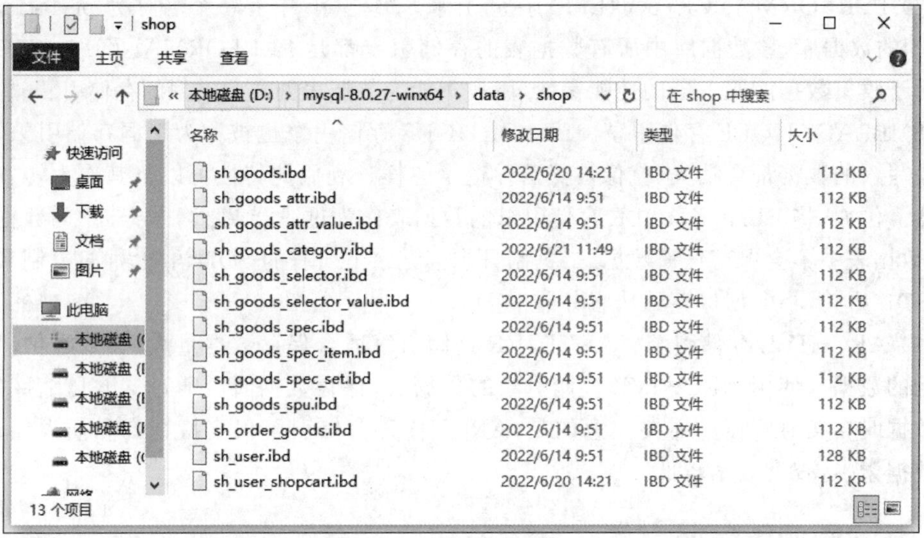

图 11-2　独立表空间文件

在图 11-2 中，文件后缀是 .ibd 的文件都是独立表空间文件。

如果想让数据表共用同一个表空间文件，可以关闭 InnoDB 存储引擎的独立表空间，具体操作步骤如下。

（1）关闭 InnoDB 存储引擎的独立表空间前查看 innodb_file_per_table 的默认值，具体 SQL 语句及执行结果如下。

```
mysql>SHOW VARIABLES LIKE 'innodb_file_per_table';
+-----------------------+-------+
| Variable_name         | Value |
+-----------------------+-------+
| innodb_file_per_table | ON    |
+-----------------------+-------+
1 row in set, 1 warning (0.00 sec)
```

在上述语句中，全局变量 innodb_file_per_table 的默认值为 ON，表示数据表使用独立的表空间。

（2）将全局变量 innodb_file_per_table 的值设置为 OFF，具体 SQL 语句及执行结果如下。

```
mysql>SET GLOBAL innodb_file_per_table=OFF;
Query OK, 0 rows affected (0.00 sec)
```

（3）查看修改后的 innodb_file_per_table 值，具体 SQL 语句及执行结果如下。

```
mysql>SHOW VARIABLES LIKE 'innodb_file_per_table';
```

```
+-----------------------+-------+
| Variable_name         | Value |
+-----------------------+-------+
| innodb_file_per_table | OFF   |
+-----------------------+-------+
1 row in set, 1 warning (0.00 sec)
```

从上述查询结果可以看出，全局变量 innodb_file_per_table 的值为 OFF，表示数据表共用同一个表空间文件。

需要注意的是，全局变量 innodb_file_per_table 值的变化，不会影响已经创建了独立表空间的数据表。

2. 表空间设置

保存数据时，可能会遇到存储空间不足的情况，此时可以增加表空间的大小。对于使用 InnoDB 存储引擎的数据表来说，增加表空间的大小有两种方式，一种方式是自动扩展表空间，另一种方式是在表空间达到指定大小后，将数据存储到另一个文件。下面对增加表空间的两种方式进行详细讲解。

（1）自动扩展表空间。

自动扩展表空间是 InnoDB 存储引擎的默认设置。通过系统变量 innodb_data_file_path 可以查看表空间的最后一个数据文件，通过系统变量 innodb_autoextend_increment 可以查看每次自动扩展的空间大小，以兆字节（MB）为单位，具体 SQL 语句及执行结果如下。

```
#查看表空间的最后一个数据文件
mysql>SHOW VARIABLES LIKE 'innodb_data_file_path';
+-----------------------+-----------------------+
| Variable_name         | Value                 |
+-----------------------+-----------------------+
| innodb_data_file_path | ibdata1:12M:autoextend |
+-----------------------+-----------------------+
1 row in set, 1 warning (0.00 sec)
#查看自动扩展的空间大小
mysql>SHOW VARIABLES LIKE 'innodb_autoextend_increment';
+-----------------------------+-------+
| Variable_name               | Value |
+-----------------------------+-------+
| innodb_autoextend_increment | 64    |
+-----------------------------+-------+
1 row in set, 1 warning (0.00 sec)
```

在上述查询结果中，系统变量 innodb_data_file_path 的值为 ibdata1:12M:autoextend，表示表空间由一个 12MB 的 ibdata1 文件组成，autoextend 表示自动扩展表空间；系统变量 innodb_autoextend_increment 的值为 64，表示每次扩展的表空间大小为 64MB，该值可以根据实际情况自定义。

（2）将数据存储到另一个文件。

若要将数据存储到另一个文件，在配置时应先停止 MySQL 服务；接着在 my.ini 中添加配置，删除系统变量 innodb_data_file_path 的 autoextend 属性，将文件 ibdata1 可以存储的数据大小设置为一个固定值，在文件后面添加分号“；”；然后添加另外一个文件的路径和大小，同时可以为新增的文件设置自动扩展功能；最后启动 MySQL 服务。

下面演示当表空间文件 ibdata1 达到 12MB 时，将数据添加到另一个指定的表空间文件 ibdata2 中，当 ibdata2 达到 50MB 时再自动扩展，具体示例如下。

```
#使用管理员身份运行命令行窗口,停止 MySQL80 服务
net stop MySQL80
#在 my.ini 中添加配置
innodb_data_file_path=ibdata1:12M;ibdata2:50M:autoextend
#启动 MySQL80 服务
net start MySQL80
```

启动 MySQL 服务器后，会在 data 目录下看到新创建的文件 ibdata2，具体如图 11-3 所示。

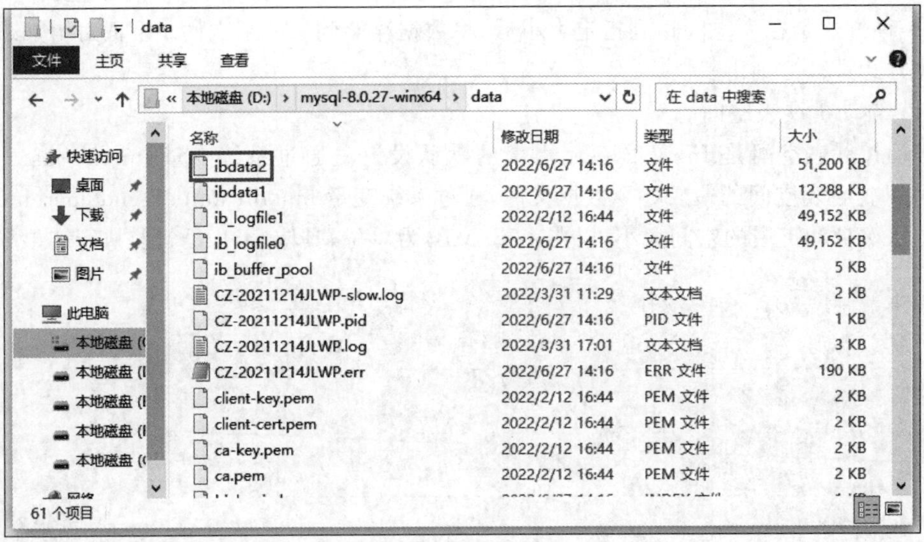

图 11-3　新创建的表空间文件

在图 11-3 中，标注的文件 ibdata2 是新创建的表空间文件。

登录 MySQL 服务器，查看系统变量 innodb_data_file_path 的值，具体 SQL 语句及执行结果如下。

```
mysql>SHOW VARIABLES LIKE 'innodb_data_file_path';
+-----------------------+----------------------------------------+
| Variable_name         | Value                                  |
+-----------------------+----------------------------------------+
| innodb_data_file_path | ibdata1:12M;ibdata2:50M:autoextend     |
+-----------------------+----------------------------------------+
1 row in set, 1 warning (0.01 sec)
```

从上述查询结果可以看出，表空间文件已经修改为两个，当 ibdata2 文件达到 50MB

后,自动扩展表空间。

3. 多版本并发控制

InnoDB 是一个多版本并发控制(Multi-Version Concurrency Control,MVCC)的存储引擎,它可以维护一个数据的多个版本,通过保存更改前的数据信息来处理多用户并发和事务回滚,保证读取数据的一致性,使得读写操作不会产生冲突。

MVCC 的实现主要依赖于 InnoDB 存储引擎数据表中的 3 个隐藏字段、undo 日志和ReadView(读视图),下面对这 3 部分内容进行详细讲解。

(1) InnoDB 存储引擎数据表中的 3 个隐藏字段。

InnoDB 存储引擎会为每个数据表添加 3 个隐藏字段,分别为 DB_TRX_ID 字段、DB_ROLL_PTR 字段和 DB_ROW_ID 字段,这 3 个字段的具体含义如下。

① DB_TRX_ID 字段:表示最后一个插入或更新此记录的事务标识符,删除操作也被视为更新操作。

② DB_ROLL_PTR 字段:表示滚动指针,指向 MySQL 中撤销日志的记录,用于事务的回滚操作,并在事务提交后立即删除。

③ DB_ROW_ID 字段:用于保存新增记录的 ID。

(2) undo 日志。

在执行 INSERT、UPDATE、DELETE 操作时,InnoDB 存储引擎会产生用于回滚事务的 undo 日志。执行 INSERT 操作时,产生的 undo 日志只在回滚时需要,事务提交后可被立即删除;执行 UPDATE 操作和 DELETE 操作时,产生的 undo 日志不仅在回滚时需要,读取数据时也需要使用,不会立即被删除。

(3) ReadView。

执行读取数据的 SQL 语句时,ReadView 是 MVCC 提取数据的依据,ReadView 记录并维护系统当前活跃的事务(未提交的)ID。ReadView 的 4 个核心字段如表 11-2 所示。

表 11-2　ReadView 的 4 个核心字段

字　　段	含　　义
m_ids	当前活跃的事务 ID 集合
min_trx_id	最小活跃事务 ID
max_trx_id	预分配事务 ID,当前最大事务 ID 加1(事务 ID 是自增的)
creator_trx_id	ReadView 创建者的事务 ID

ReadView 规定了数据的访问规则,具体如表 11-3 所示。

表 11-3　数据的访问规则

条　　件	是否可以访问	说　　明
trx_id==creator_trx_id	可以访问该版本	成立,说明数据是当前这个事务更改的
trx_id < min_trx_id	可以访问该版本	成立,说明数据已经提交了

条　件	是否可以访问	说　明
trx_id > max_trx_id	不可以访问该版本	成立,说明该事务是在 ReadView 生成后才开启
min_trx_id <= trx_id <= max_trx_id	如果 trx_id 不在 m_ids 中,是可以访问该版本的	成立,说明数据已经提交

在表 11-3 中,trx_id 表示当前事务的 ID,用于将当前事务 ID 和其他字段作对比,判断是否可以访问数据。

不同的隔离级别生成 ReadView 的时机不同,具体介绍如下。

- READ COMMITTED:在事务中每一次读取数据时生成 ReadView。
- REPEATABLE READ:仅在事务中第一次读取数据时生成 ReadView,后续复用该 ReadView。

11.1.4　MyISAM 存储引擎

使用 MyISAM 存储引擎的数据表占用空间小,数据写入速度快,适合数据读写操作比较频繁的项目,如论坛、博客等。

MyISAM 存储引擎的数据表会被存储成 3 个文件,文件名和数据表的名称相同,文件扩展名分别为 sdi、myd 和 myi。MyISAM 存储引擎的相关文件如表 11-4 所示。

表 11-4　MyISAM 存储引擎的相关文件

文件扩展名	功能说明
sdi	用于存储数据表结构
myd	用于存储数据,是 MYData 的缩写
myi	用于存储索引,是 MYIndex 的缩写

需要注意的是,MyISAM 存储引擎和 InnoDB 存储引擎存储数据的方式不同。MyISAM 存储引擎采用"堆组织"的方式存储数据,数据在 MyISAM 数据表中的保存顺序与插入顺序完全相同;InnoDB 存储引擎采用"索引组织"方式存储数据,数据会按照主键的顺序将记录显示到对应的位置,即使没有主键,InnoDB 存储引擎也会自动选择表中符合条件的字段作为主键或使用 InnoDB 内置的 ROWID 作为主键。

11.2　索引

在实际生活中,为了能够在书籍中快速找到想要的内容,通常会通过目录查找内容。在 MySQL 中,为了在大量数据中快速找到指定的数据,可以使用索引。本节对索引进行详细讲解。

11.2.1　索引概述

索引是一种特殊的数据结构,通过 MySQL 提供的语法将数据表中的某个或某些字段与记录的位置建立一个对应关系,并按照一定的顺序排序好,使用索引可以快速定位到指定数据的位置。

根据创建索引的语法的不同,可以将索引分为 5 种,具体描述如下。

(1) 普通索引。普通索引是 MySQL 数据库的基本索引类型,使用 KEY 或 INDEX 定义,用于提高数据的访问速度,不需要添加任何限制条件。

(2) 唯一索引。唯一索引是使用 UNIQUE INDEX 定义,用于防止用户添加重复的值,创建唯一索引的字段需要添加唯一性约束。

(3) 主键索引。主键索引是使用 PRIMARY KEY 定义,是一种特殊的唯一索引,用于根据主键自身的唯一性标识每条记录,防止添加主键索引的字段值重复或为 NULL。另外,如果 InnoDB 数据表中数据保存的顺序与主键索引字段的顺序一致时,可将这种主键索引称为"聚簇索引"。一般聚簇索引指的都是表的主键,一张数据表中只能有一个聚簇索引。

(4) 全文索引。全文索引是使用 FULL TEXT INDEX 定义,用于提高数据量较大的字段的查询速度。使用全文索引的字段类型必须是 CHAR、VARCHAR 或 TEXT 中的一种。在 MySQL 中,只有 MyISAM 存储引擎和 InnoDB 存储引擎支持全文索引。

(5) 空间索引。空间索引是使用 SPATIAL INDEX 定义,用于提高系统获取空间数据的效率。使用空间索引的字段类型必须是空间数据类型,并且字段不能为空。空间数据类型用于存储位置、大小、形状以及自身分布特征的数据。在 MySQL 中,只有 MyISAM 存储引擎和 InnoDB 存储引擎支持空间索引。

根据创建索引的字段个数不同,可以将索引分为单列索引和复合索引,具体描述如下。

(1) 单列索引。单列索引是在数据表的单个字段上创建的索引,它可以是普通索引、唯一索引、主键索引或全文索引,只要保证该索引对应数据表中的一个字段即可。

(2) 复合索引。复合索引是在数据表的多个字段上创建的索引,通过多个字段快速定位到要查询的数据,缩小查询的范围,当查询条件中使用了这些字段中的第一个字段时,下一个字段才有可能被匹配。复合索引中字段的设置顺序遵循"最左前缀"原则,也就是在创建复合索引时,把使用频率最高的字段放在索引字段列表的最左边。当查询条件中使用了这些字段中的第一个字段时,该索引就会被使用。例如,给 sh_goods 表的 name 字段和 keyword 字段创建复合索引,当查询条件中使用了 name 字段时,该索引才会被使用。

11.2.2　索引结构

MySQL 数据库除了用来保存数据外,还维护着满足特定查找算法的索引结构,这些索引结构以特定的方式指向数据。

MySQL 中常见的索引结构分为两种,分别是 B+树索引和哈希索引。MySQL 的 InnoDB 存储引擎和 MylSAM 存储引擎的索引结构是优化版的 B+树索引;Memory 存储引擎默认的索引结构是哈希索引。下面对 B+树索引和哈希索引分别进行讲解。

1. B+树索引

B+树索引是在 B 树(B-tree)索引的基础上改进而来的,若要理解 B+树索引,需要先学习 B 树索引。B 树索引的结构是一种应用广泛的、多路平衡的查找树,多路是指一个节点包含了多个子节点。子节点的个数通常使用度数(max-degree)表示,数据项个数为度数减

1,指针数和度数相同。例如,一个节点中包含了 3 个子节点,则度数为 3,又称为 3 阶 B 树索引,3 阶 B 树索引包含 2 个数据项和 3 个指针。

B 树索引示意图如图 11-4 所示。

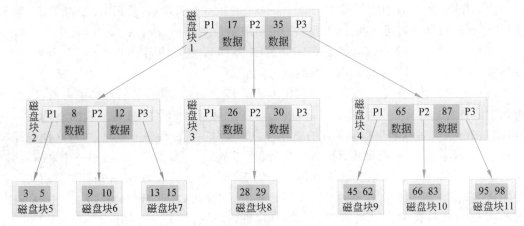

图 11-4　B 树索引示意图

图 11-4 所示的是 3 阶 B 树索引,从图中可以看出,3 阶 B 树索引中存储了 2 个数据项和 3 个指针。例如,磁盘块 1 中的 17 和 35 是数据项,P1、P2、P3 是指针,其中,P1 指向小于 17 的磁盘块,P2 指向 17 和 35 之间的磁盘块,P3 指向大于 35 的磁盘块。

当要查找数据项 28 时,首先会把磁盘块 1 加载到内存,此时发生第 1 次 I/O,在内存中确定 28 在 17 和 35 之间,锁定磁盘块 1 的 P2 指针;然后通过 P2 指针把磁盘块 3 加载到内存,发生第 2 次 I/O,在内存中确定 28 在 26 和 30 之间,锁定磁盘块 3 的 P2 指针;最后通过指针把磁盘块 8 加载到内存,发生第 3 次 I/O,在内存中查找到 28 后结束查询,整个查询过程发生了 3 次 I/O。

B+树索引与 B 树索引类似,区别是 B+树索引的数据只出现在叶子节点中。B+树索引示意图如图 11-5 所示。

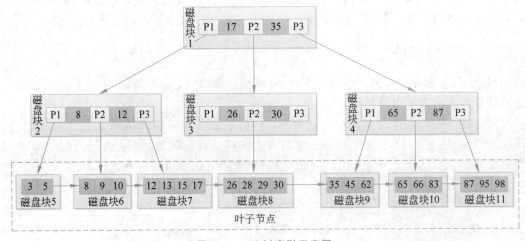

图 11-5　B+树索引示意图

在图 11-5 中,磁盘块 1～磁盘块 4 不保存数据,只用来索引数据,数据都保存在叶子节点中,叶子节点用链表串联。当通过 B＋树索引查找某个区间数据时,只需要用区间的起始值在树中进行查找,在有序链表中定位到开始节点后,从这个节点顺着有序链表往后遍历,直到有序链表中的数据值大于区间的终止值为止,即可查到想要的数据。

MySQL 对 B＋树索引的结构进行了优化,在原来的 B＋树索引基础上,增加了一个指向相邻叶子节点的链表指针,这就形成了带有顺序指针的 B＋树索引,提高了区间访问的性能。优化后的 B＋树索引示意图如图 11-6 所示。

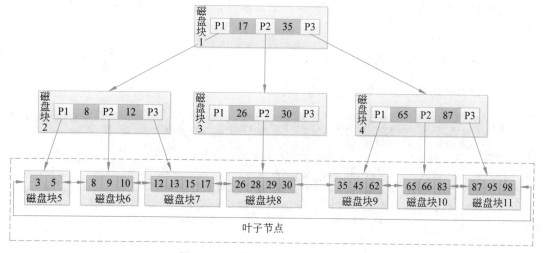

图 11-6　优化后的 B＋树索引示意图

从图 11-6 可以看出,优化后的索引结构,叶子节点形成了双向链表。

2. 哈希索引

哈希索引采用哈希(Hash)算法,将键值换算成哈希值后再映射到哈希表对应的槽位上。哈希索引的优点是查询效率高;缺点是只能进行等值比较,不支持范围查询。哈希索引示意图如图 11-7 所示。

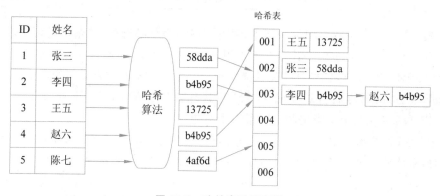

图 11-7　哈希索引示意图

在图 11-7 中,使用哈希算法计算出了姓名对应的哈希值。例如,张三的哈希值为

58dda,保存在哈希表中 002 槽位上。需要说明的是,为了方便演示,图 11-7 中的哈希值都是模拟数据,并非真实哈希值。当数据量比较大时,计算出的哈希值可能会重复,这时就会产生哈希碰撞的问题。例如,李四和赵六的哈希值都是 b4b95,对应的槽位都是 003。通过链表可以解决哈希碰撞的问题,本节不再赘述。

11.2.3 创建索引

在 MySQL 中,可以通过 3 种方式创建索引,分别是创建数据表的同时创建索引、给已存在的数据表创建索引和修改数据表的同时创建索引。下面对创建索引的 3 种方式进行详细讲解。

1. 创建数据表的同时创建索引

创建数据表的同时创建索引的基本语法如下。

```
CREATE [TEMPORARY] TABLE [IF NOT EXISTS] 数据表名称 (
    字段名 数据类型 [字段属性]
    ...
    PRIMARY KEY [索引类型] (字段列表)[索引选项],
    | {INDEX | KEY}[索引名称][索引类型] (字段列表)[索引选项],
    | UNIQUE [INDEX|KEY][索引名称][索引类型] (字段列表)[索引选项],
    | {FULLTEXT | SPATIAL}[INDEX | KEY][索引名称] (字段列表)[索引选项]
)[表选项];
```

在上述语法中,创建索引的选项如表 11-5 所示。

表 11-5　创建索引的选项

选　项	语　法
索引类型	USING {BTREE │ HASH}
字段列表	字段 [(长度) [ASC │ DESC]]
索引选项	KEY_BLOCK_SIZE [=]值 │索引类型 │ WITH PARSER 解析器插件名 │ COMMENT '描述信息'

在表 11-5 所示的创建索引的选项中,只有字段列表是必选项,其余均是可选项。其中,索引选项中的 KEY_BLOCK_SIZE 表示索引的大小(以字节为单位),仅可在 MyISAM 存储引擎的表中使用,WITH PARSER 只能用于全文索引。不同的存储引擎支持的索引类型也不相同,如 InnoDB 存储引擎和 MyISAM 存储引擎支持 BTREE,MEMORY 存储引擎支持 BTREE 和 HASH,全文索引和空间索引则不能设置索引类型。

创建索引时,主键索引不能设置索引名称,其他索引类型的名称也可以省略。当省略索引名称时,默认使用字段名作为索引名称,如果创建的是复合索引,则使用第一个字段的名称作为索引名称。

下面分别演示在创建数据表的同时创建单列索引和复合索引,具体如下。

(1) 在创建数据表的同时创建单列索引。

在 mydb 数据库中创建 index01 数据表,在该数据表中创建单列的主键索引、唯一索引、普通索引和全文索引，具体示例如下。

```
mysql>CREATE TABLE index01 (
    ->    id INT,
    ->    indexno INT,
    ->    name VARCHAR(20),
    ->    introduction VARCHAR(200),
    ->    PRIMARY KEY (id),          --创建主键索引
    ->    UNIQUE INDEX (indexno),    --创建唯一索引
    ->    INDEX (name),              --创建普通索引
    ->    FULLTEXT (introduction)    --创建全文索引
    ->);
Query OK, 0 rows affected (0.01 sec)
```

使用 SHOW CREATE TABLE 语句查看 index01 数据表的创建信息，具体示例如下。

```
mysql>SHOW CREATE TABLE index01\G
*************************** 1. row ***************************
       Table: index01
Create Table: CREATE TABLE `index01` (
  `id` int NOT NULL,
  `indexno` int DEFAULT NULL,
  `name` varchar(20) DEFAULT NULL,
  `introduction` varchar(200) DEFAULT NULL,
  PRIMARY KEY (`id`),
  UNIQUE KEY `indexno` (`indexno`),
  KEY `name` (`name`),
  FULLTEXT KEY `introduction` (`introduction`)
) ENGINE=InnoDB DEFAULT CHARSET=utf8mb4 COLLATE=utf8mb4_0900_ai_ci
1 row in set (0.00 sec)
```

上述执行结果中，id 字段添加了主键索引，indexno 字段添加了唯一索引，name 字段添加了普通索引，introduction 字段添加了全文索引。

需要说明的是，上述示例代码只是为了演示如何在创建数据表的同时创建单列索引，在实际开发中，一般不会给一个数据表添加这么多索引，索引本身会带来一定的性能开销，过多的索引会降低写入数据和修改数据表的速度。

（2）在创建数据表的同时创建复合索引。

下面演示在 mydb 数据库创建 index_multi 数据表时，给数据表中的 id 字段和 name 字段创建索引名称为 multi 的复合索引，具体示例如下。

```
mysql>CREATE TABLE index_multi (
    ->    id INT NOT NULL,
    ->    name VARCHAR(20) NOT NULL,
    ->    INDEX multi (id, name)
    ->);
Query OK, 0 rows affected (0.01 sec)
```

使用 SHOW CREATE TABLE 语句查看 index_multi 数据表的创建信息，具体示例

如下。

```
mysql>SHOW CREATE TABLE index_multi\G
*************************** 1. row ***************************
        Table: index_multi
 Create Table: CREATE TABLE `index_multi` (
 `id` int NOT NULL,
 `name` varchar(20) NOT NULL,
 KEY `multi` (`id`,`name`)
) ENGINE=InnoDB DEFAULT CHARSET=utf8mb4 COLLATE=utf8mb4_0900_ai_ci
1 row in set (0.00 sec)
```

从上述结果可以看出,id 字段和 name 字段上创建了一个名称为 multi 的复合索引。

2. 给已存在的数据表创建索引

使用 CREATE INDEX 语句给已存在的数据表创建索引,具体语法如下。

```
CREATE [UNIQUE | FULLTEXT | SPATIAL] INDEX 索引名称
[索引类型] ON 数据表名称 (字段列表)[索引选项][算法选项|锁选项]
```

在上述语法中,UNIQUE、FULLTEXT 和 SPATIAL 都是可选参数,分别表示唯一索引、全文索引和空间索引。另外,不能使用 CREATE INDEX 语句创建主键索引。

下面演示给 shop 数据库中的 sh_goods 数据表创建单列的唯一索引,具体 SQL 语句及执行结果如下。

```
mysql>CREATE UNIQUE INDEX unique_index ON sh_goods (id);
Query OK, 0 rows affected (0.05 sec)
Records: 0 Duplicates: 0 Warnings: 0
```

使用 SHOW CREATE TABLE 语句查看 sh_goods 数据表的创建信息,具体示例如下。

```
mysql>SHOW CREATE TABLE sh_goods\G
*************************** 1. row ***************************
        Table: sh_goods
 Create Table: CREATE TABLE `sh_goods` (
…(此处省略字段的创建信息)
PRIMARY KEY (`id`),
UNIQUE KEY `unique_index` (`id`)
) ENGINE=InnoDB AUTO_INCREMENT=11 DEFAULT CHARSET=utf8mb4 COLLATE=utf8mb4_0900_ai_ci
COMMENT='商品表'
1 row in set (0.00 sec)
```

从上述结果可以看出,sh_goods 数据表中的 id 字段新增了一个名称为 unique_index 的唯一索引。

3. 修改数据表的同时创建索引

使用 ALTER TABLE 语句在修改数据表的同时创建索引,基本语法如下。

```
ALTER TABLE 数据表名称
ADD PRIMARY KEY [索引类型] (字段列表) [索引选项]
| ADD {INDEX|KEY} [索引名称] [索引类型] (字段列表) [索引选项]
| ADD UNIQUE [INDEX|KEY] [索引名称] [索引类型] (字段列表) [索引选项]
| ADD {FULLTEXT|SPATIAL} [INDEX|KEY] [索引名称] (字段列表) [索引选项];
```

下面分别演示在修改数据表的同时创建单列索引和复合索引,具体如下。

(1) 在修改数据表的同时创建单列索引。

在 shop 数据库中的 sh_goods 数据表中创建单列普通索引和全文索引,具体示例如下。

```
mysql>ALTER TABLE sh_goods
    ->ADD INDEX name_index (name),
    ->ADD FULLTEXT INDEX ft_index (content);
Query OK, 0 rows affected (0.01 sec)
Records: 0 Duplicates: 0 Warnings: 1
```

上述语句执行后,会出现一条警告信息,查看警告信息的 SQL 语句及执行结果如下。

```
mysql>SHOW WARNINGS;
+---------+------+------------------------------------------------------------+
| Level   | Code | Message                                                    |
+---------+------+------------------------------------------------------------+
| Warning | 124  | InnoDB rebuilding table to add column FTS_DOC_ID           |
+---------+------+------------------------------------------------------------+
1 row in set (0.00 sec)
```

从上述查询结果可以看出,InnoDB 存储引擎重新创建了数据表并添加了 FTS_DOC_ID 列,这是由于在添加全文索引时,InnoDB 会自动创建一个隐藏的 FTS_DOC_ID 列,并在该列上创建一个唯一索引 FTS_DOC_ID_INDEX。

使用 SHOW CREATE TABLE 语句查看 sh_goods 数据表的创建信息,具体 SQL 语句及执行结果如下。

```
mysql>SHOW CREATE TABLE sh_goods\G
*******************************1. row*******************************
      Table: sh_goods
Create Table: CREATE TABLE `sh_goods` (
…(此处省略字段的创建信息)
PRIMARY KEY (`id`),
KEY `unique_index` (`id`),
KEY `name_index` (`name`),
FULLTEXT KEY `ft_index` (`content`)
) ENGINE= InnoDB AUTO_INCREMENT= 11 DEFAULT CHARSET= utf8mb4 COLLATE= utf8mb4_0900_ai_ci
COMMENT= '商品表'
1 row in set (0.00 sec)
```

从上述执行结果可以看出,创建了名称为 name_index 的普通索引和名称为 ft_index 的全文索引。

创建全文索引后,如果查询数据时想要使用全文索引,可以使用 MySQL 提供的特定语法,具体语法如下。

```
MATCH (字段列表) AGAINST (字符串)
```

在上述语法中,字段列表与创建全文索引的字段列表相同,默认情况下,MySQL 只能检索英文和数字,大小写不敏感。字符串指的是要查找的内容,该内容必须是字段值中一个完整的单词或句子,不能是单词中的一部分,否则会查不到指定的内容。例如,content 字段的值为 verygood,则字符串的值为 very、good 或 verygood 中的一个时才会用全文索引。

(2) 在修改数据表的同时创建复合索引。

给 sh_goods 数据表中的 name 字段、price 字段和 keyword 字段创建复合索引,具体 SQL 语句及执行结果如下。

```
mysql>ALTER TABLE sh_goods ADD INDEX multi (name, price, keyword);
Query OK, 0 rows affected (0.01 sec)
Records: 0 Duplicates: 0 Warnings: 0
```

在上述语句中,创建的复合索引是普通索引,multi 是复合索引的名称,name、price 和 keyword 是复合索引的字段。需要注意的是,在查询数据时,只有查询条件中的第一个字段被使用时,复合索引才会生效。

📖多学一招:前缀索引

在实际开发中,如果字段的值是一个很长的字符串(如 TEXT 类型的数据),而且这个字符串开头的数据经常被查询,那么在创建索引时可以限制字段的长度,从而避免索引的内容过多引起空间的浪费。这种限制字段长度的索引被称为前缀索引。需要注意的是,全文索引和空间索引不支持设置前缀索引。

前缀索引并不是一种新的索引,它属于普通索引,在创建前缀索引时,需要指定字段的长度。下面使用 ALTER TABLE 语句演示添加普通索引和添加前缀索引的区别,具体示例如下。

```
#添加普通索引
ALTER TABLE 数据表名称 ADD INDEX (字段名称);
#添加前缀索引
ALTER TABLE 数据表名称 ADD INDEX (字段名称(字段长度));
```

在上述示例中,添加前缀索引时,需要设置字段的长度。

在设置前缀索引的字段长度时,字段长度的值需要通过一定的计算与测试才能够选取最合适的范围,字段长度值的计算方法如下。

```
不重复的索引数量/总记录数
```

根据长度值的计算方法,在查询时先不设置长度,将不设置长度的值和设置长度后的值进行对比,找到最接近的值,利用这个值设置前缀索引。

为了读者更好地理解前缀索引,下面演示前缀索引的使用,具体步骤如下。

（1）创建 temp 数据表，具体 SQL 语句及执行结果如下。

```
mysql>CREATE TABLE IF NOT EXISTS mydb.temp(
    ->id INT UNSIGNED PRIMARY KEY AUTO_INCREMENT,
    ->name VARCHAR(120) NOT NULL,
    ->pid INT UNSIGNED NOT NULL);
Query OK, 0 rows affected (0.01 sec)
```

（2）创建和调用存储过程，插入 2000 条测试数据，具体 SQL 语句及执行结果如下。

```
#创建存储过程
mysql>DELIMITER $$
    ->CREATE PROCEDURE mydb.temp(in max_num INT)
    ->BEGIN
    ->    DECLARE i INT DEFAULT 0;
    ->    REPEAT
    ->        SET i=i+1;
    ->        INSERT INTO mydb.temp (name, pid) VALUES
    ->        (rand_str(5), FLOOR(1+RAND() * 10));
    ->        UNTIL i=max_num
    ->    END REPEAT;
    ->END
    ->$$
Query OK, 0 rows affected (0.03 sec)
mysql>DELIMITER ;
#调用存储过程，插入 2000 条测试数据
mysql>CALL mydb.temp(2000);
Query OK, 1 row affected (12.10 sec)
```

（3）不设置长度时，计算比值，具体 SQL 语句及执行结果如下。

```
#计算的比值为 0.9900
SELECT COUNT(DISTINCT name)/COUNT(name) FROM mydb.temp;
```

上述语句中，在不设置长度时，获取的值为 0.9900。

（4）设置长度后，计算不同长度的比值，具体 SQL 语句及执行结果如下。

```
#计算的比值分别为：0.0130、0.3215、0.7930、0.9600、0.9900、0.9900
SELECT COUNT(DISTINCT LEFT(name, 1))/COUNT(name) FROM mydb.temp;
SELECT COUNT(DISTINCT LEFT(name, 2))/COUNT(name) FROM mydb.temp;
SELECT COUNT(DISTINCT LEFT(name, 3))/COUNT(name) FROM mydb.temp;
SELECT COUNT(DISTINCT LEFT(name, 4))/COUNT(name) FROM mydb.temp;
SELECT COUNT(DISTINCT LEFT(name, 5))/COUNT(name) FROM mydb.temp;
SELECT COUNT(DISTINCT LEFT(name, 6))/COUNT(name) FROM mydb.temp;
```

上述语句中，设置长度时，利用 LEFT() 函数从指定字段中截取指定位数（如 1、2、3、4、5、6）的字符，计算的比值依次为 0.0130、0.3215、0.7930、0.9600、0.9900、0.9900。

从上述结果可以看出，当截取 name 的 5 位和 6 位字符时与不设置长度获取的比值相同（实际开发有可能不同，但获取的值会非常近似），同时也要尽可能地选取最小值。所以在

temp 表中根据 name 字段设置的前缀索引长度就可以设置为 5,给 name 字段添加前缀索引的 SQL 语句及执行结果如下。

```
mysql>ALTER TABLE temp ADD INDEX (name(5));
Query OK, 0 rows affected (0.01 sec)
Records: 0 Duplicates: 0 Warnings: 0
```

11.2.4　查看索引

除了使用 SHOW CREATE TABLE 语句查看数据表的创建信息,从中查看索引外,还可以通过下面的语法查看索引,具体语法如下。

```
SHOW {INDEXES | INDEX | KEYS} FROM 数据表名称;
```

在上述语法中,INDEXES、INDEX、KEYS 关键字的含义相同,都可以查询出数据表中所有的索引信息,如索引名称、添加索引的字段、索引类型等。

下面演示如何查看 sh_goods 表的所有索引信息,具体 SQL 语句及执行结果如下。

```
mysql>SHOW INDEX FROM sh_goods\G
******************************1. row******************************
        Table: sh_goods
   Non_unique: 0
     Key_name: PRIMARY
 Seq_in_index: 1
  Column_name: id
    Collation: A
  Cardinality: 10
     Sub_part: NULL
       Packed: NULL
         Null:
   Index_type: BTREE
      Comment:
Index_comment:
      Visible: YES
   Expression: NULL
…(此处省略了 7 条记录)
8 rows in set (0.03 sec)
```

上述执行结果中,共有 8 条记录,这些记录都具有相同的索引信息字段,这里以第一条记录为例进行讲解,索引信息字段含义如表 11-6 所示。

表 11-6　索引信息字段含义

字 段 名	描　述
Table	索引所在的数据表的名称
Non_unique	索引是否可以重复,0 表示不可以,1 表示可以
Key_name	索引的名字,如果索引是主键索引,则它的名字为 PRIMARY

续表

字段名	描 述
Seq_in_index	创建索引的字段序号值,默认从 1 开始
Column_name	创建索引的字段
Collation	索引字段是否有排序,A 表示有排序,NULL 表示没有排序
Cardinality	MySQL 连接时使用索引的可能性(精确度不高),值越大可能性越高
Sub_part	前缀索引的长度,如果字段值都被索引则为 NULL
Packed	关键词如何被压缩,如果没有被压缩则为 NULL
Null	索引字段是否包含 NULL 值,YES 表示包含,NO 表示不包含
Index_type	索引类型,可选值有 BTREE、FULLTEXT、HASH、RTREE
Comment	索引字段的注释信息
Index_comment	创建索引时添加的注释信息
Visible	索引对查询优化器是否可见,YES 表示可见,NO 表示不可见
Expression	使用什么表达式作为创建索引的字段,NULL 表示没有

在表 11-6 中,当创建的索引是复合索引时,这些字段从左开始第一个的 Seq_in_index 值为 1,然后递增 1 作为第二个字段的序号值,以此类推。Sub_part 字段只有在建立前缀索引时其值为设置的字段长度,否则为 NULL。

📖 多学一招:分析 SQL 语句是否使用索引

在 MySQL 中除了查看数据表中的索引信息,还可以通过 EXPLAIN 命令分析执行的 SQL 语句是否使用了索引。EXPLAIN 命令还可以分析 SELECT 语句、DELETE 语句、INSERT 语句、REPLACE 语句和 UPDATE 语句的执行情况。

下面演示查询 sh_goods 数据表中 name 字段以"笔"结尾的数据,分析 SQL 语句的执行情况,具体 SQL 语句及执行结果如下。

```
mysql>EXPLAIN SELECT name FROM sh_goods WHERE name='%笔'\G
*****************************1. row*****************************
           id: 1
  select_type: SIMPLE
        table: sh_goods
   partitions: NULL
         type: ref
possible_keys: name_index,multi
          key: multi
      key_len: 482
          ref: const
         rows: 1
     filtered: 100.00
        Extra: Using index
1 row in set, 1 warning (0.00 sec)
```

在上述执行结果中,possible_keys 表示此查询可能用到的索引,key 表示实际查询用到的索引。索引信息字段的含义如表 11-7 所示。

表 11-7　索引信息字段的含义

字 段 名	描　　述
id	查询标识符,默认从 1 开始,如果查询中使用了联合查询,该值依次递增
select_type	SELECT 查询的类型
table	输出数据的表
partitions	匹配的分区
type	表的连接类型
possible_keys	查询时可能使用的索引
key	实际使用的索引
key_len	索引字段的长度
ref	哪些字段或常量与索引进行了比较,如 const 表示常量与索引进行了比较
rows	检索的记录数
filtered	根据条件过滤的数据行的百分比
Extra	附加信息,对执行情况的说明和描述

在表 11-7 中,Extra 字段的值为 Using index 时,表示查询出现了索引覆盖。索引覆盖是指查询的字段恰好是索引的一部分或与索引完全一致,例如,字段 id 和字段 name 创建了复合索引,当查询条件中有 id 字段,表示覆盖了索引的一部分,如果查询条件中有 id 字段和 name 字段,表示索引完全覆盖。索引覆盖查询的特点是速度非常快,但同时也会增加索引文件的大小,只有此索引的使用率尽可能高的情况下,索引覆盖才有意义。

11.2.5　删除索引

对于数据表中不再需要使用的索引,应该及时将其删除,避免占用资源,影响数据库的性能。在 MySQL 中,可以使用 ALTER TABLE 语句或 DROP INDEX 语句删除索引,下面对这两个语句的使用进行详细讲解。

1. 使用 ALTER TABLE 语句删除索引

ALTER TABLE 语句删除索引的基本语法如下。

```
ALTER TABLE 数据表名称 DROP INDEX 索引名;
```

下面使用 ALTER TABLE 语句删除 sh_goods 数据表中名称为 ft_index 的全文索引,具体示例如下。

```
mysql>ALTER TABLE sh_goods DROP INDEX ft_index;
Query OK, 0 rows affected (0.01 sec)
Records: 0 Duplicates: 0 Warnings: 0
```

删除索引后，可以使用 SHOW CREATE TABLE 语句查看 sh_goods 数据表的创建语句，验证 ft_index 索引是否删除成功，具体 SQL 语句及执行结果如下。

```
mysql>SHOW CREATE TABLE sh_goods\G
*************************** 1. row ***************************
       Table: sh_goods
 Create Table: CREATE TABLE `sh_goods` (
……(此处省略字段的创建信息)
PRIMARY KEY (`id`),
UNIQUE KEY `unique_index` (`id`),
KEY `name_index` (`name`),
KEY `multi` (`name`,`price`,`keyword`),
KEY `keyword` (`keyword`(3))
) ENGINE= InnoDB AUTO_INCREMENT= 11 DEFAULT CHARSET= utf8mb4 COLLATE= utf8mb4_0900_ai_ci
COMMENT= '商品表'
1 row in set (0.00 sec)
```

从上述查询结果可以看出，ft_index 索引已经删除成功。

2. 使用 DROP INDEX 语句删除索引

DROP INDEX 语句删除索引的基本语法如下。

```
DROP INDEX 索引名 ON 数据表名称;
```

下面使用 DROP INDEX 语句删除 sh_goods 数据表中名称为 name_index 的普通索引，具体 SQL 语句及执行结果如下。

```
mysql>DROP INDEX name_index ON sh_goods;
Query OK, 0 rows affected (0.03 sec)
Records: 0 Duplicates: 0 Warnings: 0
```

使用 SHOW CREATE TABLE 语句查看 sh_goods 数据表的创建语句，验证 name_index 索引是否删除成功，具体 SQL 语句及执行结果如下。

```
mysql>SHOW CREATE TABLE sh_goods\G
*************************** 1. row ***************************
       Table: sh_goods
Create Table: CREATE TABLE `sh_goods` (
……(此处省略字段的创建信息)
PRIMARY KEY (`id`),
UNIQUE KEY `unique_index` (`id`),
KEY `multi` (`name`,`price`,`keyword`),
KEY `keyword` (`keyword`(3))
) ENGINE= InnoDB AUTO_INCREMENT= 11 DEFAULT CHARSET= utf8mb4 COLLATE= utf8mb4_0900_ai_ci
COMMENT= '商品表'
1 row in set (0.00 sec)
```

从上述查询结果可以看出，name_index 索引已经删除成功。

脚下留心：删除主键索引

主键索引的索引名是 PRIMARY，PRIMARY 是 MySQL 的关键字，在删除主键索引时，主键索引的名称必须使用反引号"`"包裹，否则程序会报错误提示信息。

下面使用 DROP INDEX 语句删除 sh_goods 数据表中的主键索引，具体 SQL 语句及执行结果如下。

```
mysql> DROP INDEX `PRIMARY` ON sh_goods;
Query OK, 10 rows affected (0.13 sec)
Records: 10 Duplicates: 0 Warnings: 0
```

从上述执行结果可以看出，成功将 sh_goods 数据表中的主键索引删除。

11.2.6　索引的使用原则

虽然使用索引可以提高数据的查询速度，降低服务器的负载，但是索引也会占用物理空间，给数据的维护带来很多麻烦，并且在创建和维护索引时，其消耗的时间会随着数据量的增加而增加。因此，在使用索引时要遵循一定的原则。

(1) 频繁使用的字段适合创建索引。

创建索引时，通常会选择 WHERE 子句、GROUP BY 子句、ORDER BY 子句或数据表连接查询时频繁使用的字段。

例如，商品表的价格字段经常用于筛选条件中，可以考虑给价格字段添加索引，商品表的详情字段基本不会出现在筛选条件中，一般不建议给这类字段创建索引，避免消耗系统的空间。

(2) 数字类型的字段适合创建索引。

创建索引的字段类型会影响查询和连接的性能。例如，数字类型的字段在处理时只需要比较一次，字符串类型的字段在处理时需要逐个比较每个字符，字符串类型的字段执行时间更长，复杂程度更高。因此，在开发时尽可能地选择给数字类型的字段创建索引。

(3) 存储空间较小的字段适合创建索引。

创建索引时，占用存储空间较小的字段适合创建索引。例如，保存文本数据的 TEXT 类型和保存指定长度的 CHAR 类型相比，显然 CHAR 类型更有利于提高数据检索的效率。因此，创建索引时建议选择占用存储空间较小的字段。

(4) 重复值较高的字段不适合创建索引。

创建索引时，如果字段中保存的数据重复值较高，即使查询条件中会频繁使用该字段，也不适合创建索引。例如，性别字段。如果数据表使用 InnoDB 存储引擎，非主键索引在查询时需要先获取其对应的聚簇索引后才能完成数据的检索，当重复值较高时，需要重复获取相同的聚簇索引，检索数据的次数会急剧增多，影响查询的效率。

(5) 频繁更新的字段不适合创建索引。

如果频繁更新的字段创建了索引，更新数据时，为了保证索引数据的准确性，还需要更新索引，这样会造成 I/O 访问量增加，影响系统的资源消耗。因此，频繁更新的字段不适合创建索引。

要想使索引生效，在查询时还有一些注意事项。

（1）查询时保证字段的独立。

对于创建索引的字段，在查询时要保证该字段在关系运算符（如=、>等）的一侧"独立"。所谓"独立"是指索引字段不能是表达式的一部分或函数的参数。

例如，在查询 sh_goods 表的数据时，id 字段已经建立了索引，如果 WHERE 条件表达式为"id+2>3"，在查询时不会使用索引；如果 WHERE 条件表达式为"id>3-2"，在查询时会使用索引。

（2）模糊匹配查询中通配符的使用。

使用模糊匹配查询时，若匹配模式中的最左侧含有通配符（%），会进行全表扫描，不使用设置的索引。

例如，使用模糊匹配查询 sh_goods 表的数据时，WHERE 子句中的"name LIKE '%笔记%'"会使用全表扫描的方式查询，放弃使用索引，而查询条件"name LIKE '笔记%'"就会使用索引。

（3）分组查询时排序的设置。

默认情况下，分组查询会对分组的字段进行排序，对分组字段排序会影响性能，可以在分组后使用 ORDER BY NULL 禁止排序。

需要说明的是，上述介绍的索引的使用原则并不是一成不变的，读者需要结合开发经验合理使用索引。

使用索引的利与弊并存，读者可以通过深入了解不同索引类型的差异来衡量其使用的优缺点。这需要读者能够深入思考和分析问题，以更好地应对复杂情境，并做出正确的决策。在日常生活中，我们也应不断提升自身的认知能力，提高思考和判断能力，并通过实践不断成长，从而更好地适应不断变化的环境。

11.3　锁机制

11.3.1　锁机制概述

数据库是一个多用户使用的共享资源。当多个用户并发存取数据时，在数据库中可能会产生多个事务同时存取同一数据的情况。若对并发操作不加控制就可能会读取和存储不正确的数据，破坏数据库的一致性，此时可以通过给数据表加锁来保证数据库的一致性。

锁是计算机协调多个进程或线程并发访问某一资源的机制，根据锁在 MySQL 中的状态可将其分为隐式锁与显式锁。隐式锁是指 MySQL 服务器本身对数据资源的争用进行管理，它完全由服务器自动执行。显式锁是指用户根据实际需求，对操作的数据显式加锁，在操作完数据资源后也需要对其进行解锁。

为了帮助读者理解锁机制，下面演示在未添加锁的状态下，多个用户操作同一条数据时，出现数据不一致的情况，具体如图 11-8 所示。

在图 11-8 中，商品表中 id 为 1 的库存为 500，当用户 A 关闭自动提交，将 id 为 1 的商品库存修改为 300，此时用户 A 查询到的值为修改后的 300，由于用户 A 关闭了自动提交，用户 B 获取到的是修改前的值 500，当用户 A 提交修改的数据后，用户 B 获取到的是修改后的值 300。

从图 11-8 中可以发现两个问题：第一个问题是在操作 1 中两个用户查询到的库存值不同；第二个问题是用户 B 在两次操作中获取到的库存值不一致。

为了解决图 11-8 中的问题，当用户 A 和用户 B 同时向商品表发出操作请求时，MySQL

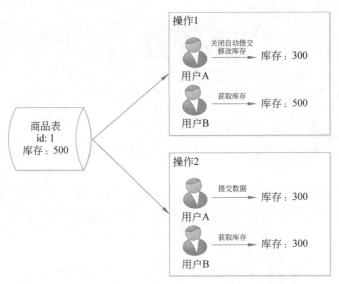

图 11-8　用户操作同一条数据时数据不一致

会根据内部设定的操作优先级(如获取数据优先或修改数据优先的原则),锁住指定用户(如用户 A)要操作的资源(商品表),同时让另外一个用户(如用户 B)排队等候,直到锁定资源的用户操作完成并释放锁后,再让另一个用户对资源进行操作。

　　MySQL 中常见的锁有两种,分别是表级锁和行级锁,关于表级锁和行级锁的具体介绍如表 11-8 所示。

表 11-8　表级锁和行级锁

锁类型	锁粒度	特　　　点
表级锁	锁定整张数据表	开销小,加锁快,不会出现死锁,发生锁冲突的概率高,并发度低
行级锁	锁定指定数据行	开销大,加锁慢,会出现死锁,发生锁冲突的概率低,并发度高

　　在表 11-8 中,表级锁的锁粒度是整张数据表,行级锁的锁粒度是锁定用户操作所涉及的数据行。死锁是指两个或多个用户(线程)在互相等待对方释放锁时出现的一种等待状态,若无外力作用,它们将永远处于锁等待状态,此时就可以理解为系统出现了死锁或处于死锁状态。

　　不同的存储引擎支持的锁类型不同,MySQL 常用的存储引擎支持的锁类型如表 11-9 所示。

表 11-9　MySQL 常用的存储引擎支持的锁类型

存储引擎	表级锁	行级锁
MyISAM	支持	不支持
InnoDB	支持	支持
MEMORY	支持	不支持

在表 11-9 中,MyISAM 存储引擎和 MEMORY 存储引擎只支持表级锁,InnoDB 存储

引擎既支持表级锁,也支持行级锁。通常情况下,使用表级锁时,会选择使用 MyISAM 存储引擎;使用行级锁时,会选择使用 InnoDB 存储引擎。

11.3.2　表级锁

根据操作不同,表级锁可以分为读锁和写锁。读锁也被称为共享锁,当用户读取(如SELECT)数据时添加读锁,其他用户虽然不可以修改或增加数据,但是可以读取该数据;写锁也被称为排他锁或独占锁,当用户对数据执行写(如 INSERT、UPDATE、DELETE 等)操作时添加写锁,此时除了当前添加写锁的用户外,其他用户都不能对数据进行读或写操作。

下面以 MyISAM 存储引擎的数据表为例,讲解如何添加隐式表级锁和显式表级锁。

1. 添加隐式表级锁

当用户对 MyISAM 存储引擎的数据表执行 SELECT 查询操作前,服务器会自动为其添加表级的读锁,执行 INSERT、UPDATE、DELETE 写操作前,服务器会自动为其添加表级的写锁。当操作完成后,服务器再自动为其解锁。操作的执行时间是隐式表级锁的生命周期,且该生命周期的持续时间一般都比较短暂。

默认情况下,服务器在自动添加隐式表级锁时,表的更新操作的优先级高于表的查询操作。在添加读锁时,若表中没有写锁则添加,否则将其插入读锁等待的队列中;在添加写锁时,若表中没有任何锁则添加,否则将其插入写锁等待的队列中。

2. 添加显式表级锁

添加显式表级锁的基本语法如下。

```
LOCK TABLES 数据表名称[，数据表名称] READ [LOCAL] | WRITE;
```

在上述语法中,LOCK TABLES 可以同时锁定多张数据表,多个数据表名称之间使用逗号分隔,READ 表示读锁;READ LOCAL 表示并发插入读锁,添加读锁的用户可以读取数据表但不能对此表进行写操作,否则系统会报错,其他用户可以读取此数据表,其他用户对此表执行写操作会进入等待队列;WRITE 表示写锁,添加写锁的用户可以对该表进行读和写操作,在释放锁之前,不允许其他用户访问与操作。

此外,对于表级锁来说,虽然锁本身消耗的资源很少,但是锁定的粒度却很大,当多个用户访问时,会造成锁资源的竞争,降低了并发处理的能力。因此,从数据库优化的角度来考虑,应该尽量减少表级锁定的时间,当不再需要使用表级锁时,需要及时释放锁,进而提高多用户的并发能力。

需要说明的是,显式表级锁仅在当前命令行窗口有效,若未释放锁,命令行窗口关闭后也会自动释放。

为了读者更好地理解表级锁,下面演示在 mydb 数据库中创建 table_lock 数据表,该数据表使用 MyISAM 存储引擎,给 table_lock 数据表添加表级锁后,查看数据的读写情况,具体步骤如下。

(1) 创建 table_lock 数据表并插入两条测试数据,具体 SQL 语句及执行结果如下。

```
mysql>CREATE TABLE mydb.table_lock (id int)ENGINE=MyISAM;
Query OK, 0 rows affected (0.01 sec)
mysql>INSERT INTO mydb.table_lock VALUES (1),(2);
Query OK, 2 rows affected (0.00 sec)
Records: 2 Duplicates: 0 Warnings: 0
```

（2）重新打开两个客户端 A 和 B,在客户端 A 中为 mydb.table_lock 添加读锁,具体 SQL 语句及执行结果如下。

```
mysql>LOCK TABLE mydb.table_lock READ;
Query OK, 0 rows affected (0.00 sec)
```

（3）在客户端 A 中执行查询和更新操作,并查看其他未锁定的数据表,具体 SQL 语句及执行结果如下。

```
#在客户端A中执行查询操作
mysql>SELECT * FROM mydb.table_lock\G
***************************1. row***************************
id: 1
***************************2. row***************************
id: 2
2 rows in set (0.00 sec)
#在客户端A中执行更新操作
mysql>UPDATE mydb.table_lock SET id=3 WHERE id=1;
ERROR 1099 (HY000): Table 'table_lock' was locked with a READ lock and can't
be updated
#在客户端A中查看其他未锁定的数据表
mysql>SELECT * FROM mydb.index01\G
ERROR 1100 (HY000): Table 'index01' was not locked with LOCK TABLES
```

从上述操作可以看出,添加读锁的客户端 A 仅能对 mydb.table_lock 执行读取操作,不能执行写操作,也不能操作其他未锁定的数据表,如 mydb.index01。

（4）在客户端 B 中执行查询和更新操作,具体 SQL 语句及执行结果如下。

```
#在客户端B中执行查询操作
mysql>SELECT * FROM mydb.table_lock\G
***************************1. row***************************
id: 1
***************************2. row***************************
id: 2
2 rows in set (0.00 sec)
#在客户端B中执行更新操作
mysql>UPDATE mydb.table_lock SET id=3 WHERE id=1;
#此处光标会不停闪烁,进入锁等待状态
```

从上述操作可以看出,对于未添加读锁的客户端 B 可以执行读取操作,当执行更新操作时会进入锁等待状态。

（5）在客户端 A 中释放锁,查看客户端 B 的执行结果,具体 SQL 语句及执行结果如下。

```
#在客户端 A 中释放锁
mysql>UNLOCK TABLES;
Query OK, 0 rows affected (0.00 sec)
#客户端 B 中会立即执行步骤(4)中的更新操作
mysql>UPDATE mydb.table_lock SET id=3 WHERE id=1;
Query OK, 1 row affected (5.64 sec)
Rows matched: 1 Changed: 1 Warnings: 0
```

从上述操作可以看出,当客户端 A 结束会话或执行 UNLOCK TABLES 语句释放锁后,客户端 B 的操作会立即执行。

(6) 在客户端 A 中为 mydb.table_lock 添加写锁,具体 SQL 语句及执行结果如下。

```
mysql>LOCK TABLE mydb.table_lock WRITE;
Query OK, 0 rows affected (0.00 sec)
```

(7) 在客户端 A 中执行更新和查询操作,具体 SQL 语句及执行结果如下。

```
#执行更新操作
mysql>UPDATE mydb.table_lock SET id=1 WHERE id=2;
Query OK, 1 row affected (0.00 sec)
Rows matched: 1 Changed: 1 Warnings: 0
#执行查询操作
mysql>SELECT * FROM mydb.table_lock\G
***************************1. row***************************
id: 3
***************************2. row***************************
id: 1
2 rows in set (0.00 sec)
```

从上述操作可以看出,添加写锁的客户端 A 可以执行查询和更新操作。

(8) 在客户端 B 中执行查询和更新操作,具体 SQL 语句及执行结果如下。

```
#执行查询操作
mysql>SELECT * FROM mydb.table_lock;
#此处光标会不停闪烁,进入锁等待状态
#执行更新操作
mysql>UPDATE mydb.table_lock SET id=1 WHERE id=2;
#此处光标会不停闪烁,进入锁等待状态
```

从上述操作可以看出,未添加锁的客户端 B 执行任何操作(如查询操作)都只能处于锁等待状态。

(9) 在客户端 A 中释放锁,具体 SQL 语句及执行结果如下。

```
mysql>UNLOCK TABLES;
Query OK, 0 rows affected (0.00 sec)
```

(10) 查看客户端 B 的执行结果,具体 SQL 语句及执行结果如下。

```
mysql>SELECT * FROM mydb.table_lock;
+------+
| id   |
+------+
| 3    |
| 1    |
+------+
2 rows in set (0.02 sec)
```

从上述操作可以看出,当客户端 A 结束会话或释放锁后,客户端 B 的操作才会被执行。

📖 多学一招:添加并发读锁

默认情况下,给数据表添加读锁后,其他用户不能再对数据表添加数据,为了减少数据表的竞争情况,添加读锁时使用 READ LOCAL 关键字,可以实现并发插入数据。下面在客户端 A 中添加并发读锁,在客户端 B 中插入数据,具体 SQL 语句及执行结果如下。

```
#在客户端 A 中添加并发读锁
mysql>LOCK TABLE mydb.table_lock READ LOCAL;
Query OK, 0 rows affected (0.00 sec)
#在客户端 B 中插入数据
mysql>INSERT INTO mydb.table_lock VALUES (4);
Query OK, 1 row affected (0.00 sec)
```

从上述执行结果可知,即使客户端 A 中添加了读锁,在未释放此读锁时,在客户端 B 中依然可以实现插入数据的操作,此操作被称为并发插入。

需要注意的是,并发插入数据只能在表中最后的一行记录后继续增加新记录,并且插入的数据不能是数据表中已经删除的记录,例如,在客户端 A 中释放锁,将 id 为 4 的记录删除,再重新在客户端 A 中添加并发读锁,在客户端 B 中插入数据,具体 SQL 语句及执行结果如下。

```
#在客户端 A 中释放锁
mysql>UNLOCK TABLES;
Query OK, 0 rows affected (0.00 sec)
#在客户端 A 中删除 id 为 4 的记录
mysql>DELETE FROM mydb.table_lock WHERE id=4;
Query OK, 1 row affected (0.00 sec)
#在客户端 A 中添加并发读锁
mysql>LOCK TABLE mydb.table_lock READ LOCAL;
Query OK, 0 rows affected (0.00 sec)
#在客户端 B 中插入数据
mysql>INSERT INTO mydb.table_lock VALUES (4);
#此处光标会不停闪烁,进入锁等待状态
```

从上述执行结果可知,添加并发读锁后,当添加的数据是已经删除的数据时,会进入锁等待状态。

11.3.3　行级锁

下面以 InnoDB 存储引擎的数据表为例,详细讲解如何添加隐式行级锁和显式行级锁。

1. 添加隐式行级锁

当用户对 InnoDB 存储引擎的数据表执行 INSERT、UPDATE、DELETE 写操作前,服务器会自动为通过索引条件检索的记录添加行级排他锁;当操作完成后,服务器再自动为其解锁。

操作语句的执行时间是隐式行级锁的生命周期,该生命周期的持续时间一般都比较短暂,如果想要增加行级锁的生命周期,最常使用的方式是事务处理,让其在事务提交或回滚后再释放行级锁,使行级锁的生命周期与事务的相同。

为了让读者更好地理解隐式行级锁,下面演示在 mydb 数据库中创建 row_lock 数据表,该数据表使用 InnoDB 存储引擎,给 row_lock 数据表添加行级锁后,查看数据的读写情况,具体步骤如下。

(1) 创建 row_lock 数据表并插入 5 条测试数据,具体 SQL 语句及执行结果如下。

```
mysql>CREATE TABLE mydb.row_lock (
    ->   id INT UNSIGNED PRIMARY KEY AUTO_INCREMENT,
    ->   name VARCHAR(60) NOT NULL,
    ->   cid INT UNSIGNED,
    ->   KEY cid (cid)
    ->);
Query OK, 0 rows affected (0.01 sec)
mysql>INSERT INTO mydb.row_lock (name, cid) VALUES ('铅笔', 3),
    ->('风扇', 6), ('绿萝', 1), ('书包', 9), ('纸巾', 20);
Query OK, 5 rows affected (0.00 sec)
Records: 5 Duplicates: 0 Warnings: 0
```

(2) 重新打开两个客户端 A 和 B,在客户端 A 中开启事务并修改 cid 等于 3 的 name 值,会隐式地为 mydb.row_lock 设置行级排他锁,具体 SQL 语句及执行结果如下。

```
#开启事务
mysql>START TRANSACTION;
Query OK, 0 rows affected (0.00 sec)
#修改 cid 等于 3 的 name 值
mysql>UPDATE mydb.row_lock SET name='cc' WHERE cid=3;
Query OK, 1 row affected (0.00 sec)
Rows matched: 1 Changed: 1 Warnings: 0
```

(3) 在客户端 B 中开启事务,删除 cid 等于 2 和 3 的记录,具体 SQL 语句及执行结果如下。

```
#开启事务
mysql>START TRANSACTION;
Query OK, 0 rows affected (0.00 sec)
```

```
#删除 cid 等于 2 的记录
mysql>DELETE FROM mydb.row_lock WHERE cid=2;
Query OK, 0 rows affected (0.00 sec)
#删除 cid 等于 3 的记录
mysql>DELETE FROM mydb.row_lock WHERE cid=3;
#此处光标会不停闪烁,进入锁等待状态
```

从上述执行结果可以看出,当在客户端 B 中删除 cid 为 3 的记录时,会进入锁等待状态,但是在客户端 B 中可以操作其他数据,如删除 cid 为 2 的记录。

（4）在客户端 A 和客户端 B 中回滚事务,具体 SQL 语句及执行结果如下。

```
mysql>ROLLBACK;
Query OK, 0 rows affected (0.00 sec)
```

2.添加显式行级锁

添加显式行级锁的基本语法如下。

```
SELECT 语句 FOR UPDATE | LOCK IN SHARE MODE;
```

上述语法中,FOR UPDATE 表示添加的锁类型是行级排他锁,LOCK IN SHARE MODE 表示添加的锁类型是行级共享锁。

当用户向数据表显式添加行级锁时,InnoDB 存储引擎会自动向数据表添加一个意向锁,然后再添加行级锁。意向锁是隐式的表级锁,多个意向锁之间不会产生冲突且互相兼容。MySQL 服务器会判断用户添加的是行级共享锁或行级排他锁,再自动添加意向共享锁或意向排他锁,不能人为干预。

意向锁的作用是标识表中的某些记录正在被锁定或其他用户将要锁定表中的某些记录。相对行级锁,意向锁的锁定粒度更大,用于在行级锁中添加表级锁时判断它们之间是否能够互相兼容。好处就是大大节约了存储引擎对锁处理的性能,更加方便地解决了行级锁与表级锁之间的冲突。

表级锁类型的兼容性如表 11-10 所示。

表 11-10   表级锁类型的兼容性

锁类型	共享锁	排他锁	意向共享锁	意向排他锁
共享锁	兼容	冲突	兼容	冲突
排他锁	冲突	冲突	冲突	冲突
意向共享锁	兼容	冲突	兼容	兼容
意向排他锁	冲突	冲突	兼容	兼容

需要注意的是,InnoDB 表中当前用户的意向锁若与其他用户要添加的表级锁冲突时,有可能会发生死锁而产生错误。

下面使用 mydb.row_lock 数据表演示添加行级排他锁时客户端 A 和客户端 B 执行

SQL 语句的状态,具体步骤如下。

(1) 在客户端 A 中开启事务,为 cid 等于 3 的记录添加行级排他锁,具体 SQL 语句及执行结果如下。

```
#开启事务
mysql>START TRANSACTION;
Query OK, 0 rows affected (0.00 sec)
#添加行级排他锁
mysql>SELECT * FROM mydb.row_lock WHERE cid=3 FOR UPDATE;
+----+------+------+
| id | name | cid  |
+----+------+------+
| 1  | 铅笔  | 3    |
+----+------+------+
1 row in set (0.00 sec)
```

(2) 在客户端 B 中开启事务,为 cid 等于 2 的记录添加隐式行级排他锁,具体 SQL 语句及执行结果如下。

```
#开启事务
mysql>START TRANSACTION;
Query OK, 0 rows affected (0.00 sec)
#添加隐式行级排他锁
mysql>UPDATE mydb.row_lock SET name='lili' WHERE cid=2;
Query OK, 0 rows affected (0.00 sec)
Rows matched: 0 Changed: 0 Warnings: 0
```

从上述执行结果可以看出,cid 等于 3 的记录添加行级排他锁后,在客户端 B 中,可以为除 cid 等于 3 外的记录添加行级排他锁(如 cid 等于 2 的隐式排他锁)。

(3) 在客户端 B 中为 row_lock 数据表添加表级读锁,具体 SQL 语句及执行结果如下。

```
mysql>LOCK TABLE mydb.row_lock READ;
#此处光标会不停闪烁,进入锁等待状态
```

从上述执行结果可以看出,为数据表添加表级读锁时会发生冲突,进行锁等待状态。

(4) 在客户端 A 和客户端 B 中回滚事务,具体 SQL 语句及执行结果如下。

```
mysql>ROLLBACK;
Query OK, 0 rows affected (0.00 sec)
```

此外,在默认情况下,当 InnoDB 存储引擎处于 REPEATABLE READ(可重复读)的隔离级别时,行级锁实际上是一个 next-key 锁,它由间隙锁(gap lock)和记录锁(record lock)组成。其中,记录锁就是前面讲解的行级锁;间隙锁是指在索引记录之间的间隙、负无穷到第一个索引记录之间或最后一个索引记录到正无穷之间添加的锁,它的作用就是在并发时防止其他事务在间隙插入记录,解决了事务幻读的问题。

下面演示为 mydb.row_lock 表添加行级锁,查看间隙锁是否存在,具体步骤如下。

（1）在客户端 A 中开启事务，为 cid 等于 3 的记录添加行级锁，具体 SQL 语句及执行结果如下。

```
mysql>START TRANSACTION;
Query OK, 0 rows affected (0.00 sec)
mysql>SELECT * FROM mydb.row_lock WHERE cid=3 FOR UPDATE;
+----+------+------+
| id | name | cid  |
+----+------+------+
| 1  | 铅笔 | 3    |
+----+------+------+
1 row in set (0.00 sec)
```

（2）在客户端 B 中，插入 cid 等于 1、2、5、6 的记录，具体 SQL 语句及执行结果如下。

```
mysql>INSERT INTO mydb.row_lock (name, cid) VALUES ('电视', 1);
#此处光标会不停闪烁,进入锁等待状态
mysql>INSERT INTO mydb.row_lock (name, cid) VALUES ('电视', 2);
#此处光标会不停闪烁,进入锁等待状态
mysql>INSERT INTO mydb.row_lock (name, cid) VALUES ('电视', 5);
#此处光标会不停闪烁,进入锁等待状态
mysql>INSERT INTO mydb.row_lock (name, cid) VALUES ('电视', 6);
Query OK, 1 row affected (0.00 sec)
```

在上述操作中，在客户端 A 中给 cid 等于 3 的记录中添加了行级锁，理论上其他用户在并发时可以插入除 cid 等于 3 的任意记录，但是因为间隙锁的存在，服务器也会锁定当前表中 cid 值为 3 的记录左右的间隙，间隙的区间范围为 $[1,3)$ 和 $[3,6)$。

需要说明的是，在添加行级排他锁时，若检索时未使用索引，则 InnoDB 存储引擎会给全表添加一个表级锁，并发时不允许其他用户进行插入。另外，若查询条件使用的是单字段的唯一索引，InnoDB 存储引擎的行级锁不会设置间隙锁。

间隙锁的使用虽然解决了事务幻读的情况，但是也会造成行锁定的范围变大，若在开发时想要禁止间隙锁的使用，可以将事务的隔离级别更改为 READ COMMITTED（读取提交）。

📖多学一招：查看 InnoDB 表的锁

InnoDB 存储引擎的锁比较复杂，读者可以在添加一个行级锁后，使用 SHOW ENGINE INNODB STATUS 语句查看当前表中添加的锁的类型。在查看时要保证开启系统变量 innodb_status_output_locks，查看和设置系统变量 innodb_status_output_locks 的 SQL 语句及执行结果如下。

```
#查看系统变量
mysql>SHOW VARIABLES LIKE 'innodb_status_output_locks';
+----------------------------+-------+
| Variable_name              | Value |
+----------------------------+-------+
| innodb_status_output_locks | OFF   |
```

```
+----------------------------------+-------+
1 row in set, 1 warning (0.10 sec)
#设置系统变量
mysql>SET GLOBAL innodb_status_output_locks=ON;
Query OK, 0 rows affected (0.00 sec)
```

使用 SHOW ENGINE INNODB STATUS 语句查看 mydb.row_lock 数据表添加的
锁,部分信息如下。

```
mysql>SHOW ENGINE INNODB STATUS\G
*************************** 1. row ***************************
    Type: InnoDB
    Name:
Status:
……(此处省略部分内容)
TABLE LOCK table `mydb`.`row_lock` trx id 10386 lock mode IX
RECORD LOCKS space id 247 page no 4 n bits 80 index cid of table `mydb`.`row_lock` trx id 10386
lock_mode X
……(此处省略部分内容)
RECORD LOCKS space id 247 page no 3 n bits 80 index PRIMARY of table `mydb`.`row_lock` trx id
10386 lock_mode X locks rec but not gap
……(此处省略部分内容)
RECORD LOCKS space id 247 page no 4 n bits 80 index cid of table ``mydb`.`row_lock` trx id 10386
lock_mode X locks gap before rec
……(此处省略部分内容)
```

在上述信息中,IX 表示在 mydb.row_lock 数据表中添加了一个意向排他锁,X 表示
next-key lock 的排他锁,它们之间的关系为 IX 在 X 之前添加,X locks rec but not gap 表示
记录锁,X locks gap before rec 表示间隙锁。

11.4　分表技术

随着时间的推移,数据库中创建的数据会越来越多,而单张数据表存储的数据是有限
的,当数据表中的数据达到一定的量级(如百万级)时,即使添加了索引,查询数据时依然会
很慢,尤其是对数据表进行并发操作时,增加了单表的访问压力。此时,可以考虑使用分表
技术,根据不同的需求对数据表进行拆分,从而达到分散数据表压力的目的,提升数据库的
访问性能。

MySQL 中常用的分表技术有两种,分别是水平分表和垂直分表。下面分别讲解水平
分表和垂直分表的实现原理及各自的优缺点。

1. 水平分表

水平分表是指根据指定的拆分算法,将一张数据表中的全部记录分别存储到多个数据
表中,水平分表时必须保证每个数据表的字段相同,但是每个数据表名称不同。水平分表如
图 11-9 所示。

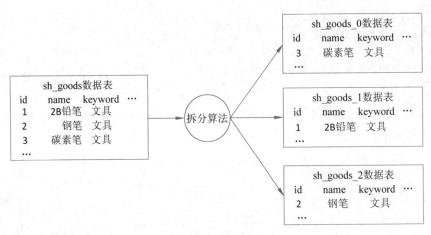

图 11-9   水平分表

在图 11-9 中,水平分表的拆分算法有很多种,根据项目的业务不同可以演化出多种不同的算法。常用的拆分算法是根据记录 ID 与分表的个数取余获取分表编号,例如,将 sh_goods 数据表水平拆分成 3 个数据表,根据取余算法"id％3"获取 id 为 1 的记录的分表编号为 1,对应的数据表名为 sh_goods_1,在对指定记录进行删除、修改和查询时,也是通过取余的方式到指定的分表中进行相关操作。

除此之外,水平分表的拆分方式还可以根据商品的创建时间、品牌、店铺、销量等级的不同将其分别存储到不同的分表中。分表的数量以及拆分方式还需考虑表的预估容量、可扩展性等因素。

水平分表使单张表的数据保持在一定的量级,提高系统的稳定性和负载能力。同时,水平分表有一些缺点,如使得数据分散存储于各个表中,加大了数据的维护难度。

2. 垂直分表

如果数据表中有很多字段,其中有一部分字段经常使用,另一部分字段不经常使用,在对此数据表进行操作时,不经常使用的字段也会占据一定的资源,会对系统的整体性能造成一定的干扰和影响。

为了节省资源开销,提高运行效率,可以采用垂直分表的方式,将数据表中的字段根据使用的频率分别存储到不同的表中。

垂直分表是指将同一个业务的不同字段存储到多张数据表中,经常使用的字段放到主表中,不常使用的字段放到从表中,主表和从表通过一个字段(通常为主键)进行连接。例如,用户表包含 12 个字段,分别是用户 ID、用户名、密码、邮箱、手机号、QQ、是否激活、用户级别、性别、注册时间、创建时间和更新时间。其中,只有前 7 个字段会经常使用到,其余字段的使用频率很小,这时就可以使用垂直分表的方式将用户表拆分成一个主表和一个从表,具体如表 11-11 所示。

在表 11-11 中,主表和从表通过用户 ID 连接查询即可获取用户的完整信息。当不需要完整信息时,只需要对指定的表进行操作即可。

表 11-11 垂直分表

主表字段	从表字段	主表字段	从表字段
用户 ID(主键)	用户 ID(主键)	手机号	创建时间
用户名	用户级别	QQ 号	更新时间
密码	性别	是否激活	—
邮箱	注册时间		

垂直分表后业务逻辑更加清晰,方便数据进行整合与扩展,可以根据实际需求为主表和从表选择不同的存储引擎,如查询操作多的表可以使用 MyISAM 存储引擎。但同时它也有一定的缺点,如需要管理冗余字段、查询用户完整信息时需要进行表连接查询。

11.5 分区技术

11.5.1 分区概述

当数据表的数据量过大时,除了使用分表技术外,还可以使用 MySQL 本身支持的分区技术提高数据库的整体性能。

分区技术是指在操作数据表时根据给定的算法,将数据在逻辑上分到多个区域中存储,在分区中还可以设置子分区,将数据存放到更加具体的区域内。例如,大量的水果(数据)分别存储在多个仓库(分区)中,在仓库中又可以划分出固定的区域(子分区)来存放不同种类的水果(数据)。

分区技术可以使一张数据表中的数据存储在不同的物理磁盘中,相比单个磁盘或文件系统能够存储更多的数据,实现更高的查询吞吐量。如果在 WHERE 子句中包含分区条件,系统只需扫描相关的一个或多个分区而不用全表扫描,从而提高查询效率。

11.5.2 创建分区

创建数据表的同时创建分区的基本语法格式如下。

```
CREATE TABLE 数据表名称
[(字段与索引列表)][表选项]
PARTITION BY 分区算法 (分区字段)[PARTITIONS 分区数量]
[SUBPARTITION BY 子分区算法 (子分区字段)[SUBPARTITIONS 子分区数量]]
[(
PARTITION 分区名 [VALUES 分区选项][其他选项]
[(SUBPARTITION 子分区名 [子分区其他选项])],
...
)];
```

在上述语法中,在表选项后面添加 PARTITION BY 关键字可以创建分区,一个数据表包含分区的最大数量为 1024,分区文件的序号默认从 0 开始,当有多个分区时依次递增 1。分区算法有 4 种,分别为 LIST、RANGE、HASH 和 KEY,每种算法对应的分区字段不同,具体语法如下。

```
RANGE|LIST{(表达式) | COLUMNS(字段列表)}
HASH(表达式)
KEY [ALGORITHM={1 | 2}](字段列表)
```

在上述语法中,KEY 算法的 ALGORITHM 选项用于指定 key-hashing 函数的算法,值为 1 适用于 MySQL 5.1 版本;默认值为 2,适用于 MySQL 5.5 及以后版本。另外,子分区算法只支持 HASH 和 KEY。

当使用 RANGE 分区算法时,必须使用 LESS THAN 关键字定义分区选项,当使用 LIST 分区算法时,必须使用 IN 关键字定义分区选项,具体语法如下。

```
#RANGE 算法的分区选项
PARTITION 分区名 VALUES LESS THAN {(表达式| 值列表)| MAXVALUE}
#LIST 算法的分区选项
PARTITION 分区名 VALUES IN (值列表)
```

在上述语法中,分区名要符合 MySQL 标识符的命名规则,分区名不区分大小写,值列表用于指定字段或表达式的值,当有多个值时使用逗号分隔。创建分区的其他选项如表 11-12 所示。

表 11-12　创建分区的其他选项

选项名	描述
ENGINE	用于设置分区的存储引擎
COMMENT	用于为分区添加注释
DATA DIRECTRY	用于为分区设置数据目录
INDEX DIRECTORY	用于为分区设置索引目录
MAX_ROWS	用于为分区设置最大的记录数
MIN_ROWS	用于为分区设置最小的记录数
TABLESPACE	用于为分区设置表空间名称

在创建分区时,还应注意以下两点。

(1) 创建分区的数据表时,主键必须包含在建立分区的字段中。

(2) 当创建分区的数据表仅有一个 AUTO_INCREMENT 字段时,该字段必须为索引字段。

为了读者更好地理解分区的创建,下面以创建 LIST 分区和 HASH 分区为例进行演示,具体示例如下。

(1) 创建 LIST 分区,具体 SQL 语句及执行结果如下。

```
mysql>CREATE TABLE mydb.p_list(
    ->  id INT AUTO_INCREMENT COMMENT 'ID 编号',
    ->  name VARCHAR(50) COMMENT '姓名',
```

```
    ->  dpt INT COMMENT '部门编号',
    ->  KEY(id)
    ->)
    ->PARTITION BY LIST(dpt)(
    ->  PARTITION p1 VALUES IN(1,3),
    ->  PARTITION p2 VALUES IN(2,4)
    ->);
Query OK, 0 rows affected (0.03 sec)
```

在上述语句中,给 mydb.p_list 数据表中的 dpt 字段进行分区,当该字段的值为 1 或 3
时,将对应的记录放在名为 p1 的分区中;当该字段的值为 2 或 4 时,将对应的记录放在名为
p2 的分区中。

（2）分区创建完成后,会在 MySQL 的数据文件 data/mydb 目录下看到对应的分区数
据文件,具体显示如下。

```
p_list#p#p1.idb
p_list#p#p2.idb
```

上述文件名称中,p_list 是建立分区的数据表名称,p1 和 p2 是分区的名称。

（3）使用 SHOW TABLE STATUS 语句查看 p_list 数据表的信息,具体 SQL 语句及
执行结果如下。

```
mysql>USE mydb;
Database changed
mysql>SHOW TABLE STATUS LIKE 'p_list'\G
*************************** 1. row ***************************
           Name: p_list
         Engine: InnoDB
        Version: 10
     Row_format: Dynamic
           Rows: 0
 Avg_row_length: 0
    Data_length: 32768
Max_data_length: 0
   Index_length: 32768
      Data_free: 0
 Auto_increment: 1
    Create_time: 2022-08-19 10:38:20
    Update_time: NULL
     Check_time: NULL
      Collation: utf8mb4_0900_ai_ci
       Checksum: NULL
  Create_options: partitioned
        Comment:
1 row in set (0.01 sec)
```

在上述查询结果中,Create_options 字段的值为 partitioned,表示创建了分区。

（4）创建 HASH 分区，具体 SQL 语句及执行结果如下。

```
mysql>CREATE TABLE mydb.p_hash(
    ->  id INT AUTO_INCREMENT,
    ->  name VARCHAR(50),
    ->  dpt INT,
    ->  KEY(id)
    ->) ENGINE=INNODB
    ->PARTITION BY HASH(dpt) PARTITIONS 3;
Query OK, 0 rows affected (0.04 sec)
```

上述语句中，使用 HASH 算法为 p_hash 数据表创建了 3 个分区，分区文件的序号依次为 0、1 和 2。

11.5.3 增加分区

给已创建的数据表增加分区的基本语法如下。

```
#LIST 或 RANGE 分区
ALTER TABLE 数据表名称 ADD PARTITION (PARTITION 分区名 VALUES IN (值列表),…);
#HASH 或 KEY 分区
ALTER TABLE 数据表名称 ADD PARTITION PARTITIONS 分区数量;
```

在上述语法中，数据表名称后面添加的 ADD PARTITION 关键字表示增加分区，分区名的命名规则和 CREATE TABLE 中分区名的命名规则相同。

为了读者更好地理解，下面给 mydb 数据库中的 p_list 和 p_hash 数据表添加分区，具体 SQL 语句及执行结果如下。

```
#给 p_list 数据表添加分区
mysql>ALTER TABLE mydb.p_list ADD PARTITION (
    ->  PARTITION new1 values IN (5, 6),
    ->  PARTITION new2 values IN (7, 8)
    ->);
Query OK, 0 rows affected (0.03 sec)
Records: 0 Duplicates: 0 Warnings: 0
#给 p_hash 数据表添加分区
mysql>ALTER TABLE mydb.p_hash ADD PARTITION PARTITIONS 1;
Query OK, 0 rows affected (0.05 sec)
Records: 0 Duplicates: 0 Warnings: 0
```

需要说明的是，当添加分区的数据表已经含有数据时，会按照分区的算法将已有的数据分配到不同的分区中。

11.5.4 删除分区

如果数据表不再需要设置分区，可以将分区删除，不同的分区算法删除方式也不同，删除分区的基本语法如下。

```
#删除 HASH、KEY 分区
ALTER TABLE 数据表名称 COALESCE PARTITION 分区数量;
#删除 RANGE、LIST 分区
ALTER TABLE 数据表名称 DROP PARTITION 分区名;
```

在上述语法中,删除分区算法是 HASH 和 KEY 的分区时,会将该分区内的数据重新整合到剩余的分区中,删除分区算法是 RANGE 和 LIST 的分区时,会同时删除分区中保存的数据。此外,当数据表的分区仅剩一个时,不能通过上述方式删除,只能使用 DROP TABLE 语句以删除数据表的方式删除分区。

如果仅要清空各分区表中的数据,不删除对应的分区文件,可以使用如下语法实现。

```
ALTER TABLE 数据表名称 TRUNCATE PARTITION {分区名 | ALL};
```

上述语法适用于所有算法的分区,当要删除表中所有分区中保存的数据时,直接使用 ALL 即可;若要删除指定的分区,需要指定分区名,多个分区名之间使用逗号分隔。

为了读者更好地理解分区的删除,下面演示删除 mydb.p_list 表中的分区,具体步骤如下。

(1) 添加测试数据,用于测试删除分区后数据的变化,具体 SQL 语句及执行结果如下。

```
mysql>INSERT INTO mydb.p_list (name, dpt) VALUES
    ->('Tom', 5), ('Lucy', 6), ('Lily', 7), ('Jim', 8);
Query OK, 4 rows affected (0.01 sec)
Records: 4 Duplicates: 0 Warnings: 0
```

在上述语句中,根据添加分区的设置,dpt 为 5 和 6 的记录保存在名为 new1 的分区中,dpt 为 7 和 8 的记录保存在名为 new2 的分区中。

(2) 删除 mydb.p_list 表中名为 new1 的分区,具体 SQL 语句及执行结果如下。

```
mysql>ALTER TABLE mydb.p_list DROP PARTITION new1;
Query OK, 0 rows affected (0.02 sec)
Records: 0 Duplicates: 0 Warnings: 0
```

删除 new1 分区后,data/mydb 目录下的分区数据文件 p_list♯p♯new1.ibd 已经被删除。

(3) 查看 mydb.p_list 数据表中的数据,具体 SQL 语句及执行结果如下。

```
mysql>SELECT * FROM mydb.p_list;
+----+------+------+
| id | name | dpt  |
+----+------+------+
|  3 | Lily |  7   |
|  4 | Jim  |  8   |
+----+------+------+
4 rows in set (0.00 sec)
```

通过上述查询结果可以看出,mydb.p_list 表中 new1 分区下保存的数据也被同时删除了,仅剩 new2 分区下的两条记录。

11.6　整理数据碎片

在 MySQL 中,当使用 DELETE 语句删除数据时,仅删除了数据表中保存的数据,数据所占用的存储空间仍然会被保留。如果项目中长期进行删除数据的操作,索引文件和数据文件都将产生"空洞",形成很多不连续的碎片,这样会造成数据表占用的空间很大,但数据表中的记录数却很少的问题。

为了解决数据碎片问题,可以使用 MySQL 提供的 OPTIMIZE TABLE 命令,该命令可以在使用 MyISAM 存储引擎或 InnoDB 存储引擎的数据表中进行数据碎片维护,重新组织表中数据和关联索引数据的物理存储,减少存储空间并提高访问表时的 I/O 效率。

下面通过案例演示数据碎片的整理,具体步骤如下。

(1) 创建 my_optimize 数据表并添加数据,具体 SQL 语句及执行结果如下。

```
#创建 my_optimize 数据表
mysql>CREATE TABLE mydb.my_optimize (
    ->id INT UNSIGNED PRIMARY KEY AUTO_INCREMENT,
    ->name VARCHAR(20) NOT NULL DEFAULT ''
    ->);
Query OK, 0 rows affected (0.01 sec)
#添加数据
mysql>INSERT INTO mydb.my_optimize (name)
    ->VALUES ('TOM'), ('JIMMY'), ('LUCK'), ('CAKE');
Query OK, 4 rows affected (0.00 sec)
Records: 4 Duplicates: 0 Warnings: 0
```

(2) 使用数据复制的方式添加 50 万条以上的数据,具体 SQL 语句及执行结果如下。

```
mysql>INSERT INTO mydb.my_optimize (name)
    ->SELECT name FROM mydb.my_optimize;
Query OK, 4 rows affected (0.00 sec)
Records: 4 Duplicates: 0 Warnings: 0
#多次执行以上语句直到数据达到 50 万条以上,此处省略
```

需要注意的是,需要多次执行上述语句直到数据达到 50 万条以上。

(3) 添加数据后,查看数据文件的大小,打开数据库 data 目录,查看 my_optimize.ibd 数据文件的大小,具体如图 11-10 所示。

从图 11-10 可以看出,my_optimize.ibd 数据文件的大小约为 40MB。

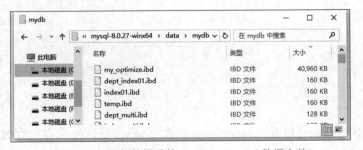

图 11-10　添加数据后的 my_optimize.ibd 数据文件

（4）使用 DELETE 语句删除数据，具体 SQL 语句及执行结果如下。

```
mysql> DELETE FROM mydb.my_optimize WHERE name='LUCK';
Query OK, 262144 rows affected (2.25 sec)
```

（5）删除数据后，查看 my_optimize.ibd 数据文件的大小，具体如图 11-11 所示。

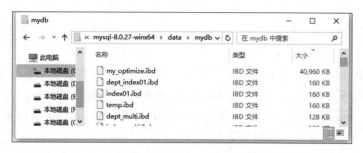

图 11-11　删除数据后的 my_optimize.ibd 数据文件

从图 11-11 可以看出，删除数据后，数据文件的大小并没有变化。

（6）使用 OPTIMIZE TABLE 命令整理数据碎片，具体 SQL 语句及执行结果如下。

```
mysql> OPTIMIZE TABLE mydb.my_optimize\G
*************************** 1. row ***************************
    Table: mydb.my_optimize
       Op: optimize
 Msg_type: note
 Msg_text: Table does not support optimize, doing recreate +analyze instead
*************************** 2. row ***************************
    Table: mydb.my_optimize
       Op: optimize
 Msg_type: status
 Msg_text: OK
2 rows in set (5.33 sec)
```

上述输出结果中，第一条记录中的 Msg_text 显示 InnoDB 存储引擎的数据表不支持碎片整理操作，同时系统会重新创建数据表并整理相关的数据碎片，释放未使用的存储空间；第二条记录则是整理碎片的详细信息，其中，Op 表示执行 optimize 操作，Msg_type 表示信息的类型，Msg_text 表示返回信息的具体内容。

（7）整理数据碎片后，查看 my_optimize.ibd 数据文件的大小，具体如图 11-12 所示。

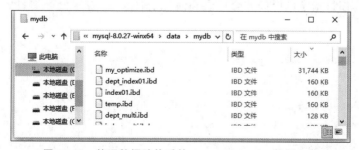

图 11-12　整理数据碎片后的 my_optimize.ibd 数据文件

从图 11-12 可以看出,整理数据碎片后,数据文件的大小变成了 31MB 左右,解决了因删除数据产生的数据碎片的问题。

需要注意的是,修复数据表的数据碎片时,会把所有的数据文件重新整理一遍。如果数据表的记录数比较多,会消耗一定的资源,不能频繁地对数据碎片进行维护,可以根据实际情况按周、月或季度进行数据碎片整理。

11.7　分析 SQL 的执行情况

在项目的开发阶段,由于数据量比较小,开发人员更注重功能的实现,项目上线后,随着用户数量的不断增加,数据库中的数据量也不断增加,有些 SQL 语句查询数据的速度越来越慢,影响整个项目的性能。因此,对这些有问题的 SQL 语句进行优化成为急需解决的问题,本节对 MySQL 优化的相关内容进行讲解。

11.7.1　慢查询日志

慢查询日志记录了执行时间超过指定时间的查询语句,通过慢查询日志,可以找到执行效率低的查询语句,以便对其进行优化,查看慢查询日志的示例如下。

```
mysql>SHOW VARIABLES LIKE 'slow_query%';
+---------------------+----------------------------------+
| Variable_name       | Value                            |
+---------------------+----------------------------------+
| slow_query_log      | OFF                              |
| slow_query_log_file | D:\mysql-8.0.27-winx64\data\     |
|                     | CZ-20211214JLWP-slow.log         |
+---------------------+----------------------------------+
2 rows in set, 1 warning (0.01 sec)
```

在上述示例中,slow_query_log 用于设置慢查询日志的开启状态,OFF 表示关闭,slow_query_log_file 是慢查询日志文件所在的目录。

慢查询日志默认是关闭的,需要手动开启慢查询日志,命令如下。

```
mysql>SET GLOBAL slow_query_log=ON;
Query OK, 0 rows affected (0.01 sec)
```

在上述示例中,将系统变量 slow_query_log 的值设置为 ON,表示开启慢查询日志。

当查询语句超过指定的时间才会记录到慢查询日志中,查看慢查询日志超时时间的命令如下。

```
mysql>SHOW VARIABLES LIKE 'long_query_time';
+-----------------+-----------+
| Variable_name   | Value     |
+-----------------+-----------+
| long_query_time | 10.000000 |
+-----------------+-----------+
1 row in set, 1 warning (0.00 sec)
```

在上述示例中,long_query_time 用于设置查询的时间限制,超过设定的时间会认为该查询语句是慢查询,会记录到慢查询日志中,该参数的默认值为 10 秒。

执行慢查询语句,具体示例如下。

```
mysql>SELECT sleep(10);
```

上述语句执行后,会自动记录到慢查询日志中,打开慢查询日志文件,具体如图 11-13 所示。

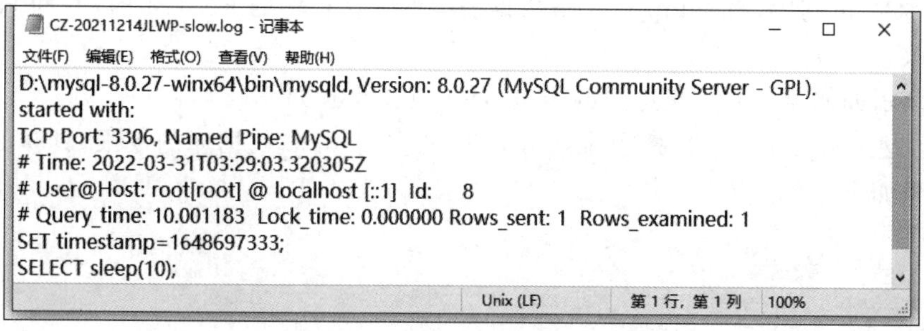

图 11-13　慢查询日志文件内容

在图 11-13 中,Time 表示执行慢查询语句的服务器时间,User@Host 指定执行慢查询语句的用户,Query_time 表示慢查询语句的执行时间,Lock_time 表示锁定的时间,Rows_sent 表示发送的记录数,Rows_examined 表示检索的记录数,SET timestamp 是将信息写入日志的时间戳,最后一行是慢查询的 SQL 语句。

需要说明的是,虽然慢查询日志是 MySQL 优化及调试的一个重要工具,但是开启慢查询日志后会占用一定的系统资源和空间。因此,建议在项目开发阶段开启慢查询日志,用于数据库调试和优化,项目上线后要将其关闭。

11.7.2　通过 performance_schema 进行查询分析

通过查询 performance_schema 数据库可以获取 SQL 语句的资源消耗信息,从而监控 MySQL 服务器的性能,了解执行 SQL 语句的过程中各环节的消耗情况,例如打开表、检查权限、返回数据这些操作分别用了多长时间。

performance_schema 数据库中的 setup_actors 数据表用于限制指定主机和指定用户收集历史事件,下面查看该数据表的数据,具体 SQL 语句及执行结果如下。

```
mysql>SELECT * from performance_schema.setup_actors;
+------+------+------+---------+---------+
| HOST | USER | ROLE | ENABLED | HISTORY |
+------+------+------+---------+---------+
| %    | %    | %    | YES     | YES     |
+------+------+------+---------+---------+
1 row in set (0.01 sec)
```

上述查询结果中,ENABLED 列和 HISTORY 列的值为 YES,表示开启了事件收集。HOST 列和 USER 列的值为%说明允许监控和收集所有的历史事件。

为了减少运行时的开销和历史表中收集的数据量,更新 setup_actors 数据表中的数据,禁止监控和收集所有的历史事件,具体 SQL 语句及执行结果如下。

```
mysql>UPDATE performance_schema.setup_actors
    ->SET ENABLED='NO', HISTORY='NO'
    ->WHERE HOST='%' AND USER='%';
Query OK, 1 row affected (0.04 sec)
Rows matched: 1 Changed: 1 Warnings: 0
```

上述 SQL 语句中,将 setup_actors 数据表中的默认行中的 ENABLED 列和 HISTORY 列的值修改为 NO。

下面演示如何监控和收集用户的历史事件,具体步骤如下。

(1) 创建 test_user 用户,授予 test_user 用户查询 shop 数据库的权限,具体 SQL 语句及执行结果如下。

```
#创建 test_user 用户
mysql>CREATE USER 'test_user'@'localhost' IDENTIFIED BY '123456';
Query OK, 0 rows affected (0.11 sec)
#授予 test_user 用户权限
mysql>GRANT SELECT ON shop.* TO 'test_user'@'localhost';
Query OK, 0 rows affected (0.00 sec)
```

(2) 向 setup_actors 数据表中添加一条新的记录,具体 SQL 语句及执行结果如下。

```
#向 setup_actors 添加一条新记录
mysql>INSERT INTO performance_schema.setup_actors
    ->(HOST,USER,ROLE,ENABLED,HISTORY)
    ->VALUES('localhost','test_user','%','YES','YES');
Query OK, 1 row affected (0.00 sec)
#查看 setup_actors 数据表中的记录
mysql>SELECT * FROM performance_schema.setup_actors;
+-----------+-----------+------+---------+---------+
| HOST      | USER      | ROLE | ENABLED | HISTORY |
+-----------+-----------+------+---------+---------+
| %         | %         | %    | NO      | NO      |
| localhost | test_user | %    | YES     | YES     |
+-----------+-----------+------+---------+---------+
2 rows in set (0.00 sec)
```

(3) 为了保证监控和收集的事件信息的全面性,需要更新 setup_instruments 数据表和 setup_consumers 数据表的相关配置项,具体 SQL 语句及执行结果如下。

```
mysql>UPDATE performance_schema.setup_instruments
    ->SET ENABLED = 'YES', TIMED = 'YES'
    ->WHERE NAME LIKE '%stage/%';
Query OK, 0 rows affected (0.01 sec)
Rows matched: 131 Changed: 0 Warnings: 0
mysql>UPDATE performance_schema.setup_consumers
    ->SET ENABLED = 'YES'
    ->WHERE NAME LIKE '%events_statements_%';
```

```
Query OK，1 row affected (0.00 sec)
Rows matched: 3 Changed: 1 Warnings: 0
mysql>UPDATE performance_schema.setup_consumers
    ->SET ENABLED ='YES'
    ->WHERE NAME LIKE '%events_stages_%';
Query OK, 3 rows affected (0.00 sec)
Rows matched: 3 Changed: 3 Warnings: 0
```

（4）重新打开一个新的命令行窗口，使用 test_user 用户登录 MySQL，执行要分析的语句，具体 SQL 语句如下。

```
mysql>SELECT * FROM sh_goods WHERE id=1;
```

（5）上述 SQL 语句执行完成之后，在原有的命令行窗口中查看 SQL 语句的耗时情况，具体 SQL 语句及执行结果如下。

```
mysql>SELECT EVENT_ID, TRUNCATE(TIMER_WAIT/1000000000000,6) as Duration,
    ->SQL_TEXT FROM performance_schema.events_statements_history_long
    ->WHERE SQL_TEXT like '%1%';
+----------+----------+----------------------------------------------------+
| EVENT_ID | Duration | SQL_TEXT                                           |
+----------+----------+----------------------------------------------------+
| 76       | 0.0042   | SELECT * FROM sh_goods WHERE id=1                  |
+----------+----------+----------------------------------------------------+
1 rows in set (0.01 sec)
```

上述查询结果中，EXENT_ID 表示每个查询语句对应的 ID，Duration 表示 SQL 语句执行过程中每一个步骤的耗时，SQL_TEXT 是执行的具体 SQL 语句。

（6）查看这个 SQL 语句在执行过程中的状态和消耗时间，具体示例如下。

```
mysql>SELECT event_name AS Stage, TRUNCATE(TIMER_WAIT/1000000000000,6) AS
    ->Duration FROM performance_schema.events_stages_history_long
    ->WHERE NESTING_EVENT_ID=76;
+---------------------------------------------------+----------+
| Stage                                             | Duration |
+---------------------------------------------------+----------+
| stage/sql/starting                                | 0.0000   |
| stage/sql/Executing hook on transaction begin.    | 0.0000   |
| stage/sql/starting                                | 0.0000   |
| stage/sql/checking permissions                    | 0.0000   |
| stage/sql/Opening tables                          | 0.0022   |
| stage/sql/init                                    | 0.0000   |
| stage/sql/System lock                             | 0.0000   |
| stage/sql/optimizing                              | 0.0000   |
| stage/sql/statistics                              | 0.0010   |
| stage/sql/preparing                               | 0.0000   |
| stage/sql/executing                               | 0.0006   |
```

```
| stage/sql/end                             | 0.0000   |
| stage/sql/query end                       | 0.0000   |
| stage/sql/waiting for handler commit      | 0.0000   |
| stage/sql/closing tables                  | 0.0000   |
| stage/sql/freeing items                   | 0.0000   |
| stage/sql/cleaning up                     | 0.0000   |
+-------------------------------------------+----------+
17 rows in set (0.01 sec)
```

在上述示例中,Stage 表示 SQL 语句的执行状态,Duration 表示每个状态的执行时间。

11.8　动手实践:数据库优化实战

数据库的学习在于多看、多学、多想、多动手。接下来请结合本章所学的知识完成数据库的优化操作,具体需求如下。

(1) 在 mydb 数据库中创建 my_user 用户表,数据表的字段有 id、name 和 pid,添加 200 万条测试数据。

(2) 设置查询时间超过 0.5 秒的查询为慢查询,执行一系列的查询语句,找到慢查询语句。

(3) 通过 performance_schema 分析 SQL 语句的精确执行时间。

(4) 优化慢查询语句,提高查询效率。

说明:读者可以参考本书配套源码包中的操作文档,按照上述需求完成动手实践。

11.9　本章小结

本章主要讲解了数据库优化相关的内容,主要包括存储引擎的使用,索引的应用和使用原则,锁机制的概念和使用,分表技术和分区技术,数据碎片的整理和 SQL 优化等内容。希望通过对本章的学习,读者能够掌握数据库优化相关的理论与实际操作,具备解决实际问题的能力。

第 12 章
数据库配置和部署

学习目标：

- 掌握 Linux 环境安装 MySQL 的方法，能够使用 APT 和编译方式安装 MySQL。
- 掌握 MySQL 的基本配置，能够根据需求在配置文件中配置 MySQL。
- 掌握数据的备份和数据的还原，能够通过命令备份数据和还原数据。
- 掌握多实例部署的方法，能够通过配置文件配置多个实例。
- 掌握主从复制的实现原理，能够实现主从复制。

Linux 是一个开放源代码的计算机操作系统，其在服务器领域的应用非常普遍。在实际开发中，大多数服务器都是使用的 Linux 系统，MySQL 作为一个开源、免费的数据库产品，经常被应用在 Linux 操作系统中。Linux 操作系统有多个发行版，Ubuntu 是 Linux 的发行版之一，为了让读者掌握在 Linux 环境中配置和部署 MySQL，本章基于 Ubuntu 20.04 版本操作系统对 MySQL 的安装、使用、配置和部署进行详细讲解。

12.1 Linux 环境安装 MySQL

MySQL 具有良好的跨平台性，它可以很好地在 Linux 环境中使用。在 Linux 环境中安装 MySQL 有两种方式，一种方式是使用 MySQL APT 存储库安装 MySQL，另一种方式是编译安装 MySQL，本节对在 Linux 环境中安装 MySQL 的两种方式分别进行讲解。

12.1.1 使用 APT 安装 MySQL

Advanced Packaging Tool(APT)是 Ubuntu 下的安装包管理工具，大部分软件的安装、更新和卸载都是通过 APT 实现的，在终端中输入 apt 命令可以查阅命令的帮助信息。本节对使用 APT 安装 MySQL 进行详细讲解。

1. 更新 MySQL APT 存储库的包信息

在安装 MySQL 前先从 MySQL APT 存储库中更新包信息，具体命令和更新结果如下。

```
root@localhost:~#apt-get update
Hit:1 http://mirrors.aliyun.com/ubuntu focal InRelease
Hit:2 http://mirrors.aliyun.com/ubuntu focal-updates InRelease
Hit:3 http://mirrors.aliyun.com/ubuntu focal-backports InRelease
```

```
Hit:4 http://mirrors.aliyun.com/ubuntu focal-security InRelease
Reading package lists… Done
```

2. 使用 APT 安装 MySQL

使用 APT 安装 MySQL 的命令如下。

```
root@localhost:~#apt install mysql-server
```

上述命令中,mysql-server 是安装 MySQL 的包名称,执行上述命令后,会显示提示信息,具体如图 12-1 所示。

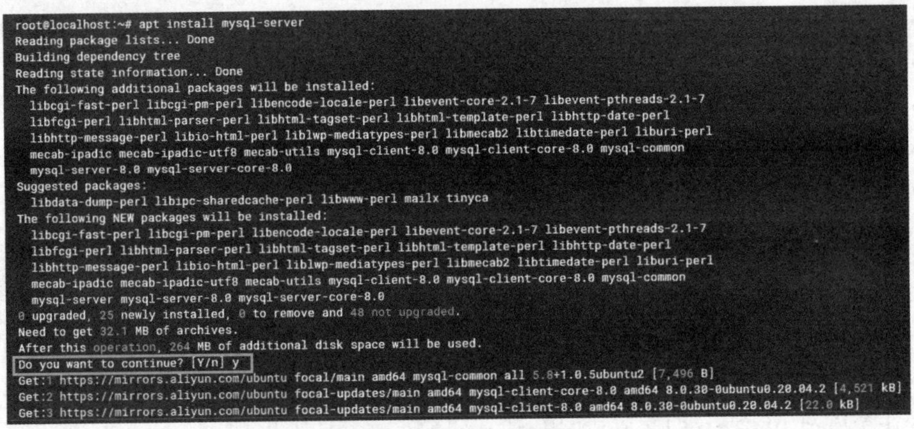

图 12-1　使用 APT 安装 MySQL

在图 12-1 中,标注部分显示安装 MySQL 将占用 264MB 的磁盘空间,是否继续安装的提示信息,此时输入 Y 继续安装 MySQL。

上述命令执行完成后,会安装 MySQL 服务器的包以及客户端和数据库公共文件的包,MySQL 关键文件的保存路径如表 12-1 所示。

表 12-1　MySQL 关键文件的保存路径

硬　件	说　明
客户端程序	/usr/bin/mysql
服务器程序	/usr/sbin/mysqld
客户端配置文件	/etc/mysql/mysql.conf.d/mysql.cnf
服务端配置文件	/etc/mysql/mysql.conf.d/mysqld.cnf
数据目录	/var/lib/mysql
错误日志	/var/log/mysql/error.log
字符集、语言等	/usr/share/mysql

3. 查看 MySQL 的状态

MySQL 安装完成后会自动启动,查看 MySQL 服务状态的命令如下。

```
root@localhost:~#systemctl status mysql
```

执行上述命令后的运行结果如图 12-2 所示。

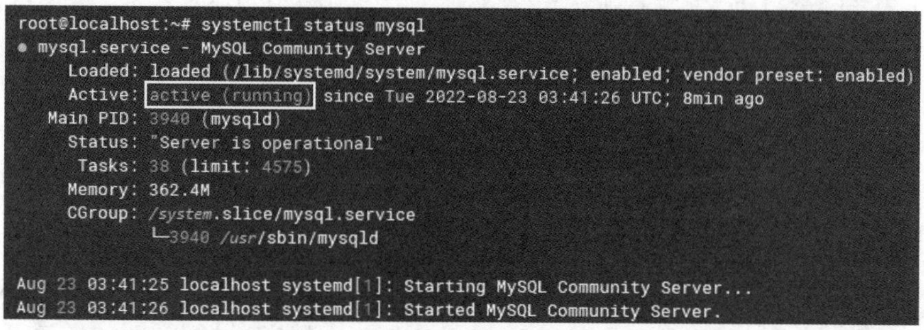

```
root@localhost:~# systemctl status mysql
● mysql.service - MySQL Community Server
     Loaded: loaded (/lib/systemd/system/mysql.service; enabled; vendor preset: enabled)
     Active: active (running) since Tue 2022-08-23 03:41:26 UTC; 8min ago
   Main PID: 3940 (mysqld)
     Status: "Server is operational"
      Tasks: 38 (limit: 4575)
     Memory: 362.4M
     CGroup: /system.slice/mysql.service
             └─3940 /usr/sbin/mysqld

Aug 23 03:41:25 localhost systemd[1]: Starting MySQL Community Server...
Aug 23 03:41:26 localhost systemd[1]: Started MySQL Community Server.
```

图 12-2　查看 MySQL 服务状态

在图 12-2 中，显示 active(running)表示 MySQL 服务已经启动。

当对 MySQL 服务器进行配置后，可以通过命令重启 MySQL 服务，当不需要运行 MySQL 服务器时，可以通过命令停止 MySQL 服务。重启和停止 MySQL 服务的命令如下。

```
#重启 MySQL 服务
systemctl restart mysql
#停止 MySQL 服务
systemctl stop mysql
```

4. 登录 MySQL 服务器并设置登录密码

使用 APT 安装 MySQL 后，使用 root 登录 MySQL 服务器，具体命令如下。

```
root@localhost:~#mysql -root -p
Enter password:
```

在上述命令中，通过 root 用户登录时，在"Enter password："的提示信息后直接按下回车键，即可登录到 MySQL 服务器，具体如图 12-3 所示。

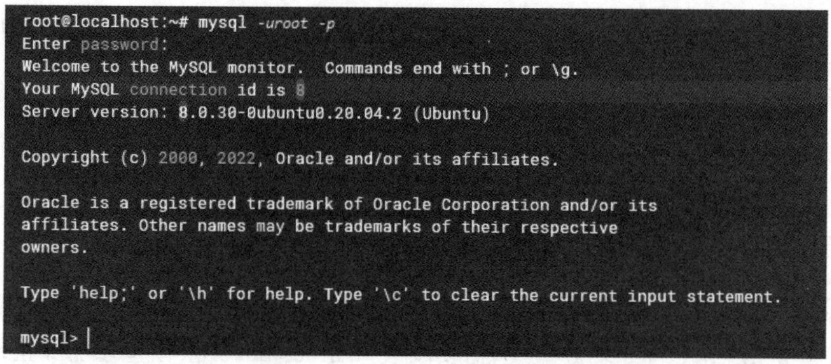

```
root@localhost:~# mysql -uroot -p
Enter password:
Welcome to the MySQL monitor.  Commands end with ; or \g.
Your MySQL connection id is 8
Server version: 8.0.30-0ubuntu0.20.04.2 (Ubuntu)

Copyright (c) 2000, 2022, Oracle and/or its affiliates.

Oracle is a registered trademark of Oracle Corporation and/or its
affiliates. Other names may be trademarks of their respective
owners.

Type 'help;' or '\h' for help. Type '\c' to clear the current input statement.

mysql>
```

图 12-3　登录 MySQL 服务器

由于 root 用户的登录密码默认为空,使用 root 用户登录 MySQL 后,给 root 用户设置登录密码,具体 SQL 语句及执行结果如下。

```
mysql>ALTER USER 'root'@'localhost'
    ->IDENTIFIED WITH 'caching_sha2_password' BY '123456';
Query OK, 0 rows affected (0.01 sec)
```

执行上述命令后,将 root 用户的登录密码设置为 123456,设置完登录密码后,就可以使用 root 用户来登录 MySQL 服务器。

📖多学一招:使用 APT 删除 MySQL

当不需要使用 MySQL 服务器时,可以将其删除。删除 MySQL 包括删除 MySQL 服务器和删除 MySQL 的相关组件,删除 MySQL 服务器的命令如下。

```
root@localhost:~#apt-get remove mysql-server
```

删除 MySQL 相关组件的命令如下。

```
root@localhost:~#apt-get autoremove
```

删除 MySQL 后,通过查看安装的软件包列表确定 MySQL 是否删除成功,具体命令如下。

```
root@localhost:~#dpkg -l | grep mysql | grep ii
```

执行上述命令后,如果结果为空表示 MySQL 删除成功。

12.1.2　编译安装 MySQL

编译安装的大致流程是下载 MySQL 源代码,使用编译工具将源代码编译成二进制文件后进行安装。编译安装的优势在于灵活性更强,用户可以在编译时指定详细的参数或修改 MySQL 的源代码后重新编译,下面对编译安装 MySQL 进行详细讲解。

1. 安装 wget 工具

wget 工具可以从网络上自动下载文件,支持 HTTP、HTTPS 和 FTP 三种常见的协议,并支持 HTTP 代理。安装 wget 工具的命令如下。

```
root@localhost:~#apt install wget
```

2. 安装编译工具和依赖包

为了编译 MySQL,需要安装编译工具和依赖包,通常使用 cmake 工具编译 MySQL,MySQL 依赖 ncurses 字符终端处理库,需要安装 ncurses-devel 依赖包才能够正确编译。

通过 APT 下载编译工具和依赖包,具体命令如下。

```
root@localhost:~#apt install cmake build-essential libssl-dev libncurses5-dev pkg-config
bison doxygen libudev-dev
```

执行安装编译工具和依赖包的命令后，会显示提示信息，具体如图 12-4 所示。

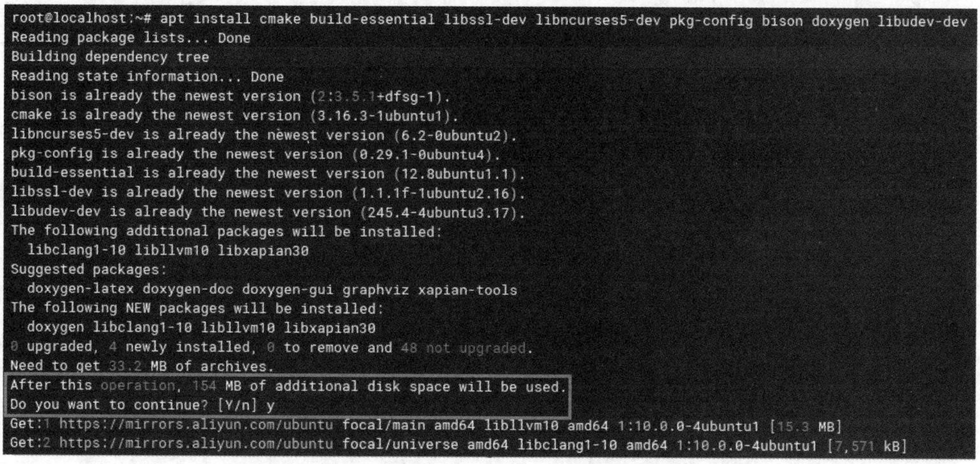
root@localhost:~# apt install cmake build-essential libssl-dev libncurses5-dev pkg-config bison doxygen libudev-dev
Reading package lists... Done
Building dependency tree
Reading state information... Done
bison is already the newest version (2:3.5.1+dfsg-1).
cmake is already the newest version (3.16.3-1ubuntu1).
libncurses5-dev is already the newest version (6.2-0ubuntu2).
pkg-config is already the newest version (0.29.1-0ubuntu4).
build-essential is already the newest version (12.8ubuntu1.1).
libssl-dev is already the newest version (1.1.1f-1ubuntu2.16).
libudev-dev is already the newest version (245.4-4ubuntu3.17).
The following additional packages will be installed:
libclang1-10 libllvm10 libxapian30
Suggested packages:
doxygen-latex doxygen-doc doxygen-gui graphviz xapian-tools
The following NEW packages will be installed:
doxygen libclang1-10 libllvm10 libxapian30
0 upgraded, 4 newly installed, 0 to remove and 48 not upgraded.
Need to get 33.2 MB of archives.
After this operation, 154 MB of additional disk space will be used.
Do you want to continue? [Y/n] y
Get:1 https://mirrors.aliyun.com/ubuntu focal/main amd64 libllvm10 amd64 1:10.0.0-4ubuntu1 [15.3 MB]
Get:2 https://mirrors.aliyun.com/ubuntu focal/universe amd64 libclang1-10 amd64 1:10.0.0-4ubuntu1 [7,571 kB]

图 12-4　安装编译工具和依赖包

在图 12-4 中，标注部分显示安装编译工具和依赖包将占用 154MB 的磁盘空间，是否继续安装的提示信息，此时输入 Y 完成安装。

3. 获取 MySQL 的源代码

在 MySQL 官方网站找到 MySQL 的源代码下载地址，如图 12-5 所示。

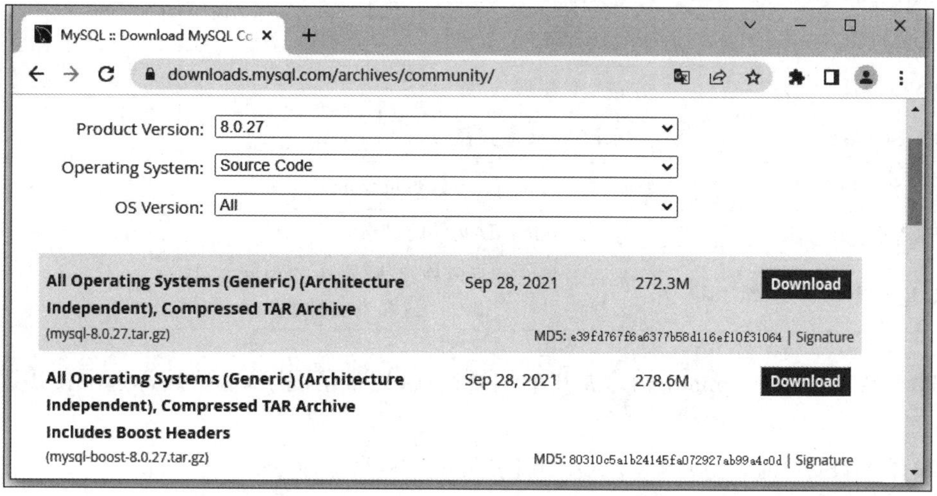
MySQL :: Download MySQL Co
downloads.mysql.com/archives/community/
Product Version: 8.0.27
Operating System: Source Code
OS Version: All
All Operating Systems (Generic) (Architecture Independent), Compressed TAR Archive
(mysql-8.0.27.tar.gz)
Sep 28, 2021
272.3M
Download
MD5: e39fd767f6a6377b58d116ef10f31064 | Signature
All Operating Systems (Generic) (Architecture Independent), Compressed TAR Archive Includes Boost Headers
(mysql-boost-8.0.27.tar.gz)
Sep 28, 2021
278.6M
Download
MD5: 80310c5a1b24145fa072927ab99a4c0d | Signature

图 12-5　MySQL 源代码下载地址

在图 12-5 中，MySQL 提供了两个版本的源代码，文件名分别为 mysql-8.0.27.tar.gz 和 mysql-boost-8.0.27.tar.gz，这两个版本的区别是 mysql-8.0.27.tar.gz 不包含 Boost 文件，mysql-boost-8.0.27.tar.gz 包含了 Boost 头文件。

为了缩短 MySQL 的安装时间，这里选择文件名为 mysql-boost-8.0.27.tar.gz 的源码包。将鼠标放在该源码包后面的 Download 按钮上，右击鼠标，选择"复制"命令复制链接地址，获取下载链接地址后，使用 wget 工具下载 MySQL 源码包，具体命令如下。

```
root@localhost:~#wget https://downloads.mysql.com/archives/get/p/23/file/mysql-boost-8.0.27.tar.gz
```

MySQL 源码包下载完成后，解压源码包到当前目录，具体命令如下。

```
root@localhost:~#tar -zxvf mysql-boost-8.0.27.tar.gz
```

查看解压后的目录，具体命令如下。

```
root@localhost:~#ls
mysql-8.0.27 mysql-boost-8.0.27.tar.gz
```

4. 编译 MySQL

编译 MySQL 分为两步，第一步是执行 cmake 命令生成 Makefile 文件，第二步是执行 make 命令编译。使用 cmake 命令时需要指定编译选项，cmake 命令常用的编译选项如表 12-2 所示。

表 12-2　cmake 命令常用的编译选项

选项名	说明	默认值
CMAKE_INSTALL_PREFIX	安装路径	/usr/local/mysql
MYSQL_DATADIR	数据目录	空
DOWNLOAD_BOOST	是否下载 boost 库	OFF
WITH_BOOST	指定 boost 库路径	空
WITH_SYSTEMD	是否启用 systemd 文件的安装	OFF
SYSTEMD_PID_DIR	systemd 下 PID 文件的目录	/var/run/mysqld
FORCE_INSOURCE_BUILD	是否强制进行源内构建，将产生的中间文件及最终目标产出物生成在当前目录	OFF

表 12-2 中列举了 cmake 命令常用的编译选项，通常情况下，这些编译选项使用默认值即可。

编译 MySQL 前，切换到 MySQL 源代码目录中，具体命令如下。

```
root@localhost:~#cd mysql-8.0.27
```

编译 MySQL，具体命令如下。

```
#执行 cmake
```

```
root@localhost:~/mysql-8.0.27#cmake -DCMAKE_INSTALL_PREFIX=/usr/local/mysql -DMYSQL_
DATADIR=/usr/local/mysql/data -DWITH_BOOST=boost -DWITH_SYSTEMD=1 -DSYSTEMD_PID_DIR=/
var/lib/mysql -DFORCE_INSOURCE_BUILD=ON
#执行 make
root@localhost:~/mysql-8.0.27#make
```

在上述命令中,cmake 命令中的"-D"用于指定编译选项,"-DWITH_SYSTEMD=1"编译选项会在源码包的 scripts 目录中生成 mysqld.service 文件,该文件用于 systemctl 管理 MySQL 服务(在本节后面的学习中会使用到),"-DSYSTEMD_PID_DIR"编译选项用来在 mysqld.service 文件中指定 pid(进程标识号)文件的保存目录,关于其他编译选项的说明可参考表 12-2 中的内容。

值得一提的是,make 命令支持并行编译,以加快编译速度。开启并行编译的命令为 "make-j 数字",数字表示并行数。MySQL 并行编译非常占用内存,如果内存不足会导致编译失败。

5. 安装 MySQL

MySQL 编译完成后就可以进行安装,安装 MySQL 的命令如下。

```
root@localhost:~/mysql-8.0.27#make install
```

上述命令执行成功后,切换到/usr/local/mysql 目录,验证 MySQL 是否安装成功,具体命令如下。

```
root@localhost:~/mysql-8.0.27#cd /usr/local/mysql
```

切换到/usr/local/mysql 目录后,输入 ls 命令查看该目录下的文件列表,具体如图 12-6 所示。

```
root@localhost:/usr/local/mysql# ls
bin        lib            LICENSE-test            mysql-test      README-test   support-files
docs       LICENSE        man                     README          run           usr
include    LICENSE.router mysqlrouter-log-rotate  README.router   share         var
```

图 12-6   /usr/local/mysql 目录下的文件列表

在图 12-6 中,/usr/local/mysql 目录下显示了 MySQL 的相关文件,说明 MySQL 已经安装成功。

6. 创建配置文件

MySQL 安装完成后,需要创建配置文件,具体命令如下。

```
root@localhost:/usr/local/mysql#vi /etc/my.cnf
```

执行上述命令后,会进入 vi 编辑器。在 vi 编辑器模式下,按 i 键进入编辑模式后,会看到屏幕左下角出现"-- INSERT --",此时就可以输入内容。在 my.cnf 中添加配置信息,具体内容如下。

```
[mysqld]
datadir=/var/lib/mysql
socket=/tmp/mysql.sock
port=3306
log-error=/var/lib/mysql/mysqld.log
symbolic-links=0
user=mysql
```

上述配置信息中,[mysqld]区段表示对 MySQL 服务器的配置,datadir 表示数据目录,socket 表示 sock 文件路径(用于 socket 连接),port 表示端口号,log-error 表示错误日志路径,symbolic-links 设为 0 表示禁用符号链接,为了提高安全性,降低被黑客攻击的风险,在 Linux 系统中通常会禁用符号链接,user 表示 MySQL 的工作用户。

添加配置信息后,按 Ese 键退出编辑模式,输入“:wq”按回车键保存并退出 vi 编辑器。

7. 创建用户组

为了保证安全性,创建 mysql 用户组和用户,并禁止登录,具体命令如下。

```
root@localhost:/usr/local/mysql#groupadd mysql
root@localhost:/usr/local/mysql#useradd -r -M -g mysql -s /bin/false mysql
```

在上述命令中,groupadd 用于创建用户组,useradd 用于创建用户,用户名和组名都是 mysql。useradd 的选项-r 表示创建系统用户,-M 表示不创建用户目录,-g mysql 表示加入 mysql 用户组,-s /bin/false 表示禁止登录。

8. 初始化数据库

创建配置文件后就可以初始化数据库,初始化数据库时需要给/var/lib/mysql 目录分配权限,具体步骤如下。

(1) 初始化数据库,并忽略安全性,具体命令如下。

```
root@localhost:/usr/local/mysql#./bin/mysqld --initialize-insecure
```

(2) 给/var/lib/mysql 目录分配权限,具体命令如下。

```
root@localhost:/usr/local/mysql#chmod 755 /var/lib/mysql
```

(3) 切换到数据目录,具体命令如下。

```
root@localhost:/usr/local/mysql#cd /var/lib/mysql
```

切换到/var/lib/mysql 目录后,输入 ls 命令查看该目录下的文件列表,具体如图 12-7 所示。

从图 12-7 的结果可以看出,初始化数据库后,会在数据目录中自动生成一些文件,这些

```
root@localhost:/var/lib/mysql# ls
 auto.cnf          client-key.pem        ibdata1          mysql                private_key.pem   sys
 ca-key.pem       '#ib_16384_0.dblwr'    ib_logfile0      mysqld.log           public_key.pem    undo_001
 ca.pem           '#ib_16384_1.dblwr'    ib_logfile1      mysql.ibd            server-cert.pem   undo_002
 client-cert.pem   ib_buffer_pool       '#innodb_temp'    performance_schema   server-key.pem
```

图 12-7　/var/lib/mysql 目录下的文件列表

文件包括数据库中的数据、日志等。

9. 管理 MySQL 服务

将 MySQL 提供的 mysqld.service 服务脚本复制到 systemd 目录中，就可以使用 systemctl 命令管理 MySQL 服务，具体步骤如下。

（1）复制 mysqld.service 脚本，具体命令如下。

```
root@localhost:~#cp /home/ubuntu/mysql-8.0.27/scripts/mysqld.service /usr/lib/systemd/
system/
```

（2）启动 MySQL 服务，具体命令如下。

```
root@localhost:~#systemctl start mysqld.service
```

（3）查看 MySQL 服务是否启动，具体命令如下。

```
root@localhost:~#systemctl status mysqld.service
```

（4）设置 MySQL 服务的开机启动，具体命令如下。

```
root@localhost:~#systemctl enable mysqld
```

（5）查看 MySQL 服务是否已经允许开机启动，具体命令如下。

```
root@localhost:~#systemctl list-unit-files | grep mysqld
mysqld.service    enabled    enabled
```

在查看 MySQL 服务是否已经允许开机启动的结果中显示 enabled 表示已经将 MySQL 服务设置为自动启动。

10. 登录 MySQL

MySQL 服务启动成功后，使用客户端工具登录 MySQL，具体步骤如下。

（1）切换到客户端工具所在的目录，具体命令如下。

```
root@localhost:~#cd /usr/local/mysql/bin
```

（2）运行客户端程序，登录 MySQL，具体命令如下。

```
root@localhost:/usr/local/mysql/bin#./mysql -uroot
```

（3）设置密码为 123456，具体命令如下。

```
mysql>ALTER USER 'root'@'localhost' IDENTIFIED BY '123456';
mysql>exit;
```

在使用客户端工具时，需要先切换到客户端所在目录，切换目录比较麻烦，可以在/usr/local/bin 目录中创建一个软链接，实现在任意目录中直接通过 mysql 命令启动客户端，具体步骤如下。

（1）创建软链接，具体命令如下。

```
root@localhost:/usr/local/mysql/bin#ln -s `pwd`/mysql /usr/local/bin/mysql
```

（2）切换到 root 用户的主目录，具体命令如下。

```
root@localhost:/usr/local/mysql/bin#cd
```

（3）登录 MySQL，具体命令如下。

```
root@localhost:~#mysql -uroot -p123456
```

在上述命令中，ln 命令的选项-s 表示创建软链接，"`pwd`/mysql"是源文件地址，`pwd`用于获取当前目录的路径，"/usr/local/bin/mysql"是目标地址。创建软链接后，就可以使用mysql 命令方便地启动 MySQL 客户端工具了。

📖多学一招：创建远程登录用户

对于独立的 MySQL 服务器，客户端和服务器不在同一台计算机上，为了允许远程客户端访问数据库，就需要在 MySQL 中创建远程登录用户。

为了方便测试，下面在 MySQL 服务器中创建一个远程用户 mydb，并给该用户授予mydb 数据库的操作权限，具体步骤如下。

（1）创建 mydb 数据库，具体 SQL 语句及执行结果如下。

```
mysql>CREATE DATABASE mydb;
```

（2）创建 mydb 用户，密码为 123456，远程地址为 192.168.48.1，具体 SQL 语句及执行结果如下。

```
mysql>CREATE USER 'mydb'@'192.168.48.1' IDENTIFIED BY '123456';
```

（3）给 mydb 用户分配 mydb 数据库的操作权限，具体 SQL 语句及执行结果如下。

```
mysql>GRANT ALL PRIVILEGES ON mydb.* TO 'mydb'@'192.168.48.1';
mysql>exit;
```

在上述操作中，mydb 用户的远程地址 192.168.48.1 是物理机 Windows 操作系统的 IP地址，读者根据自己物理机的 IP 地址来设置，后面会通过该物理机中的 MySQL 客户端来登录服务器。

Linux 的防火墙默认阻止 3306 端口的访问,需要在防火墙中开放 3306 端口,开放 3306 端口前需要先安装 firewall 工具,具体步骤如下。

(1)安装 firewall 工具,具体命令如下。

```
root@localhost:~#apt install firewalld
```

(2)开放 3306 端口,具体命令如下。

```
root@localhost:~#firewall-cmd --zone=public --add-port=3306/tcp --permanent
```

(3)执行 reload 使防火墙配置生效,具体命令如下。

```
root@localhost:~#systemctl reload firewalld.service
```

(4)测试 3306 端口是否已经打开,具体命令如下。

```
root@localhost:~#firewall-cmd --zone=public --query-port=3306/tcp
```

(5)在 Windows 系统中打开命令提示符,远程连接 MySQL 服务器,具体命令如下。

```
C:\Windows\system32>mysql -h 192.168.48.128 -u mydb -p
Enter password: ******
```

在上述命令中,192.168.48.128 是服务器的 IP 地址,读者可通过"ip addr"命令查看服务器的 IP 地址,用户名为 mydb,密码为 123456。

(6)登录成功后,使用 SHOW DATABASES 语句查看数据库,结果如下。

```
mysql>SHOW DATABASES;
+--------------------+
| Database           |
+--------------------+
| information_schema |
| mydb               |
+--------------------+
2 rows in set (0.00 sec)
```

从上述查询结果可以看出,mydb 用户可以访问 mydb 数据库。

12.2 MySQL 配置文件

利用 MySQL 配置文件可以实现数据库优化和性能优化。12.1 节已经讲解了配置文件的常用配置,本节对配置文件的其他配置进行详细讲解。

12.2.1 配置文件中的区段

MySQL 配置文件中包含多个区段(section),在 12.1.2 节中编译安装 MySQL 时的相关配置信息都写在[mysqld]区段中。MySQL 配置文件还可以使用[client]区段对客户端进行配置,下面对比这两个区段的区别,具体示例配置如下。

```
[client]
socket=/tmp/mysql.sock              #客户端配置
[mysqld]
socket=/tmp/mysql.sock              #服务器配置
```

在上述示例配置中,将客户端与服务器的 sock 文件指向了相同的路径,双方就可以进行 socket 连接。由于客户端 socket 默认值为/tmp/mysql.sock,因此可以省略客户端配置。但若将服务器的 socket 指向其他路径,则客户端也需要配置相同的 socket 路径。

由于[client]区段中的配置并不常用,此处读者了解即可。

12.2.2　基本配置

在 MySQL 服务器的配置中,有一些常用的基本配置,如 SQL 模式、默认字符集、默认校对集、默认存储引擎等,MySQL 服务器常用配置的介绍如下。

(1) sql_mode:服务器 SQL 模式,用于定义 MySQL 支持的 SQL 语法以及执行哪种数据验证检查。除非有特殊需求,一般情况下不需要配置,使用默认值即可。

(2) character_set_server:服务器的默认字符集,默认为 utf8mb4。

(3) collation_server:服务器的默认校对集,默认为 utf8mb4_0900_ai_ci。

(4) explicit_defaults_for_timestamp:服务器对 TIMESTAMP 列的默认值和 NULL 值的处理方式,默认为 ON,表示不处理 TIMESTAMP 类型的 NULL 值。

(5) max_connections:允许客户端同时连接的最大数量,默认为 151。如果连接数过多,会消耗大量系统资源;如果连接数已满,会遇到 Too many connections 错误。

(6) open_files_limit:操作系统允许 mysqld 打开的文件数,默认为 5000。

(7) default_storage_engine:服务器的默认存储引擎,默认为 InnoDB。

12.2.3　内存和优化配置

在 MySQL 的配置文件中,还有一些关于服务器内存和优化的配置。分配较大的内存空间有利于提高性能,但是也不能设置过高,以免造成操作系统频繁换页,降低系统性能。MySQL 服务器关于内存和优化配置的介绍如下。

(1) key_buffer_size:索引缓冲区大小,由所有线程共享。增加索引缓冲区大小可以获得更好处理的索引(对于读取和多次写入),默认为 8MB。

(2) table_open_cache:所有线程的打开表的缓存数量,用于更快地访问表内容,默认为 4000,但若设置过大,会占用更多的文件描述符。

(3) sort_buffer_size:为每个需要进行排序的会话分配的缓冲区大小,默认为 256KB。增加该值可以提高 ORDER BY 和 GROUP BY 的速度。

(4) read_buffer_size:对 MyISAM 表执行顺序扫描的每个线程分配的缓冲区,默认为 128KB。如果对表的顺序扫描非常频繁,增加此值可以提高速度。

(5) thread_cache_size:服务器应缓存多少线程以供重用,默认为-1(表示自动调整大小)。当客户端断开连接时,如果客户端的线程少于指定值,则将其放入缓存中。

(6) tmp_table_size:内部临时表的最大值,默认为 16MB。如果内存中的临时表超出限制,MySQL 会自动将其转换为磁盘上的临时表。

(7) innodb_buffer_pool_size：InnoDB 缓存表和索引数据的内存区域，默认为 128MB。对于多次访问相同的表数据的情况，配置较大的缓冲池可以减少磁盘 I/O，提高查询速度。

(8) innodb_log_file_size：InnoDB 重做日志的日志组中每个日志文件的大小，默认为 48MB。该值越大，缓冲池中必要的检查点刷新活动就会越少，节省磁盘 I/O。但是日志文件越大，MySQL 崩溃恢复的速度就越慢。

(9) innodb_lock_wait_timeout：InnoDB 的锁等待超时时间，默认为 50 秒。发生锁等待超时的情况下，将回滚当前语句（而不是整个事务）。

12.2.4　日志配置

MySQL 的日志主要分为 4 类，分别是错误日志、常规日志、二进制日志和慢查询日志。MySQL 服务器关于日志的常用配置介绍如下。

（1）log-error：错误日志的文件路径，保存 MySQL 启动、运行或停止时的日志信息。

（2）general-log：是否开启常规日志，用于记录客户端连接和执行的 SQL 语句，默认为 OFF。

（3）general-log-file：常规日志的文件路径。

（4）long_query_time：当查询时间超过指定的值，就会记录到慢查询日志中，默认为 10 秒。

（5）log_queries_not_using_indexes：是否在慢查询日志中记录未使用索引的查询，默认为 OFF，表示不记录未使用索引的查询。

（6）log-bin：二进制日志的保存路径，主要用于复制环境和数据恢复。

（7）max_binlog_size：二进制日志单个文件的大小限制。

（8）expire_logs_days：自动清除超过指定天数的过期日志。

慢查询日志的使用已经在 11.7.1 节中讲解过，二进制日志会在 12.3.3 节中讲解。下面演示常规日志的使用，常规日志会记录客户端信息和执行过的 SQL 语句，在配置文件的［mysqld］区段中开启常规日志，具体配置如下。

```
general-log=ON
general-log-file=/var/lib/mysql/general.log
```

配置文件修改后，执行"systemctl restart mysqld.service"命令使配置生效。

登录 MySQL 服务器，执行任意 SQL 语句后退出，使用"vi /var/lib/mysql/general.log"命令查看常规日志信息，具体内容如下。

```
/usr/local/mysql/bin/mysqld, Version: 8.0.27 (Source distribution). started with:
Tcp port: 3306 Unix socket: /tmp/mysql.sock
Time                     Id Command Argument
2022-07-29T08:39:00.793882Z  8 Connect root@localhost on using Socket
2022-07-29T08:39:00.794366Z  8 Query   select @@version_comment limit 1
2022-07-29T08:39:10.542573Z  8 Query   SHOW DATABASES
2022-07-29T08:39:12.910513Z  8 Quit
```

在上述日志信息中，Time 表示日志时间，Id 表示连接 id，Command 表示执行的命令，Argument 表示参数。从这些日志信息可知，连接的用户为 root@localhost，连接后执行了两条 SQL 语句，其中，select@@version_comment limit 1 语句是 MySQL 客户端自动执行的，用于获取版本说明，SHOW DATABASES 语句是用户执行。

12.3　数据备份和数据还原

在操作数据库时,难免会发生一些意外情况造成数据丢失。例如,突然停电或管理员的误操作等都有可能导致数据的丢失。为了保证数据的安全,可以定期对数据库中的数据进行备份,遇到突发情况时,通过备份文件可以还原数据,从而最大限度地降低损失。

在实际开发中,读者应该全面分析项目可能潜在的风险,具备防范风险的意识,防止因数据库服务器的硬件损坏导致的数据丢失,体现出应有的社会责任感和爱岗敬业的职业道德观。

读者可以扫描左方二维码查看数据备份和数据还原的详细讲解。

12.4　多实例部署和主从复制

根据实际需求,在部署 MySQL 时,可能需要进行多实例部署,或者实现主从复制。

多实例部署是指在一台服务器中运行多个 MySQL 服务,通过监听不同的端口号来区分每个 MySQL 服务。

主从复制是指将多台 MySQL 服务器中的某一台作为主数据库,其他 MySQL 服务器作为从数据库,将主服务器的数据同步到从数据库中,使得从数据库和主数据库的数据保持一致,从而实现主从复制。

读者可以扫描左方二维码查看多实例部署和主从复制的详细讲解。

12.5　动手实践：读写分离

在实际开发中,当网站的数据库非常大时,数据库的访问压力也会成倍增加。为了缓解数据库的压力,可以部署多台数据库服务器,并给数据库设置读写分离。

MyCat 是一个开源的分布式数据库系统,可以实现读写分离等功能。实现读写分离前需要准备两台 MySQL 服务器,配置好主从复制。访问数据库时先访问 MyCat 服务器,由MyCat 服务器将写数据的请求分发到主服务器,将读数据的请求分发到从服务器。

接下来,使用 MyCat 中间件实现数据库的读写分离,具体需求如下。

(1) 搭建 MyCat 服务器。

(2) 配置 MySQL 主从复制环境。

(3) 配置 MyCat 服务器,实现读写分离的效果。

说明:读者可以参考本书配套源码包中的操作文档,按照上述需求完成动手实践。

12.6　本章小结

本章主要讲解了如何在 Linux 环境中安装 MySQL 和 MySQL 的配置文件,以及如何进行数据备份和数据还原,如何部署多个实例并利用主从复制和读写分离提高数据库的负载能力。读者应重点掌握 MySQL 的安装和配置方法、数据的备份和还原的方法。